普通高等学校"十一五"规划教材

高职计算机类精品教材

# 计算机应用基础

## （第3版）

主　　编　杨克玉　张　强

副 主 编　童强民　方少卿　梁西陈

参加编写　吕立新　陈　林　张　磊

中国科学技术大学出版社

## 内 容 简 介

全书内容分为 8 章:计算机基础知识、Windows XP 操作系统、文字处理软件 Word 2003、电子表格处理软件 Excel 2003、演示文稿制作软件 PowerPoint 2003、Internet 及其应用、计算机信息系统安全和常用工具软件;另外附有:汉语拼音方案、86 五笔字型键盘字根总图、五笔字型基本字根总表、二级简码汉字列示。编写注重理论联系实践,突出案例引导、加强实际应用等原则,将知识点融合在实例中,高职特色明显,贴近高职学生实际。

本书适合作为高职高专院校学生的公共基础课教材使用。

**图书在版编目(CIP)数据**

计算机应用基础/杨克玉,张强主编. —3 版. —合肥:中国科学技术大学出版社,2013.8

ISBN 978-7-312-03319-3

Ⅰ.计…　Ⅱ.①杨…②张…　Ⅲ.电子计算机—高等职业教育—教材　Ⅳ.TP3

中国版本图书馆 CIP 数据核字(2013)第 193486 号

| | |
|---|---|
| **出版** | 中国科学技术大学出版社 |
| | 安徽省合肥市金寨路 96 号,230026 |
| | http://press.ustc.edu.cn |
| **印刷** | 合肥学苑印务有限公司 |
| **发行** | 中国科学技术大学出版社 |
| **经销** | 全国新华书店 |
| **开本** | 710 mm×960 mm　1/16 |
| **印张** | 23.5 |
| **字数** | 447 千 |
| **版次** | 2006 年 8 月第 1 版　2013 年 8 月第 3 版 |
| **印次** | 2013 年 8 月第 10 次印刷 |
| **定价** | 33.00 元 |

# 前　言

结合高职高专院校"计算机应用基础"课程的教学要求和学生的学习特点,安徽省高职教育教材建设委员会和中国科学技术大学出版社组织全省多所院校的教师于2006年8月出版了《计算机应用基础》(第1版);2009年5月又在此基础上进行修订,于9月出版了《计算机应用基础》(第2版)。

《计算机应用基础》(第2版)高度切合高职高专学生的特点,注重案例引导,实用性强,深受广大师生好评,而且在使用过程中我们不断收集各方意见,旨在进一步修订完善。考虑到书中部分内容已经陈旧以及某些软件已经逐渐淡出市场,而学生的常用软件技能亟待培养,我们于2013年6月对《计算机应用基础》(第2版)进行修订,最终形成本书。

修订后全书共分为8章,包括计算机基础知识、Windows XP操作系统、文字处理软件Word 2003、电子表格处理软件Excel 2003、演示文稿制作软件Power-Point 2003、Internet及其应用、计算机信息系统安全和常用工具软件。

本书由杨克玉、张强主编,其中第1章由安徽商贸职业技术学院童强民编写;第2章和第8章由安徽商贸职业技术学院张强编写;第3章由铜陵职业技术学院方少卿编写;第4章由安徽商贸职业技术学院杨克玉编写;第5章由宿州职业技术学院梁西陈编写;第6章和第7章由安徽商贸职业技术学院吕立新编写。另外,安徽财贸职业技术学院陈林、安徽工商职业技术学院张磊参与了本书的订正和完善。

本书在修订过程中得到了众多专家学者的帮助,采纳了众多教师、学生的意见和建议,同时也参阅了许多相关资料,在此一并表示感谢。

鉴于编者水平有限、时间仓促,不足之处敬请广大读者批评指正。

编　者
2013年6月

# 目　　录

# 第1章　计算机基础知识

◆　　学习内容

1.1　计算机系统的组成

1.2　计算机的特点及其应用

1.3　计算机中的数制与编码

1.4　中英文输入法

◆　学习目标

　　在本章的学习过程中,要求学生了解计算机系统的组成、特点及应用;了解计算机中的数制、编码及计算机语言;了解计算机的发展过程和发展前景;了解计算机的基本工作原理、分类和应用领域;掌握微机的软、硬件系统;掌握数制的转换;掌握一种以上汉字的录入方法。

**案例:**配置一台家用电脑(各部件清单见表 1-1)。

表 1-1　电脑配置单

| 配件名称 | 品牌型号 | 数量 |
|---|---|---|
| CPU | Intel 酷睿 i3 3220/散装 | 1 块 |
| 散热器 | 超频三红海 mini 静音版 | 1 只 |
| 主板 | 微星 ZH77A-G43 | 1 块 |
| 内存 | 金士顿 DDR3 1333 4G | 1 个 |
| 硬盘 | 西部数据 500G 16M SATA3 蓝盘 | 1 只 |
| 显示卡 | 影驰 GT430 虎将 D5 | 1 块 |
| 光驱 | 先锋 DVR-219CHV | 1 只 |
| 机箱 | 金河田 飓风 8209B | 1 个 |
| 电源 | 长城静音大师 400SD | 1 个 |
| 显示器 | 三星 S22B300B | 1 个 |
| 键鼠套装 | 微软精巧套装 200 | 1 套 |
| 音箱 | 漫步者 R201T06 | 1 套 |
| 摄像头 | 罗技 C170 | 1 只 |

已经安装好的家用电脑如图 1-1 所示。

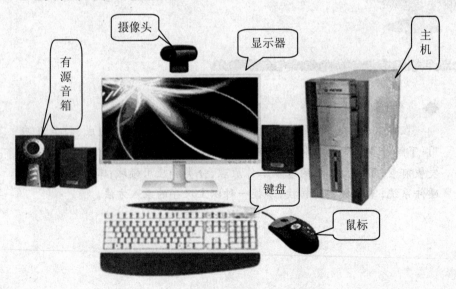

图 1-1　计算机硬件组成

# 1.1 计算机系统的组成

**例1-1** 按照表1-1电脑配置清单组装一台微机。

（1）组装主机

操作步骤如下：

① 做好准备工作、备妥配件和工具、消除身上的静电；

② 在主板上安装CPU、CPU风扇及风扇电源线，根据情况设置好主板跳线（注：目前很多主板都是免跳线主板，可省去此步骤）；

③ 在内存条插槽中安装内存条；

④ 打开机箱，在机箱底板上固定主板；

⑤ 安装显示卡、声卡、网卡（集成主板可省去此步骤）；

⑥ 安装硬盘驱动器、光驱、电源盒，连接主板、硬盘驱动器和光驱的电源线；

⑦ 连接主板、硬盘驱动器和光驱的数据线；

⑧ 连接主板与机箱面板上的开关、指示灯、电源开关等连线。

一台组装好的电脑主机如图1-2所示。

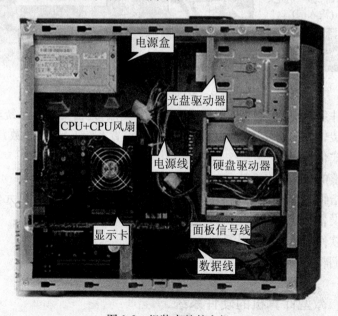

图1-2 组装完整的主机

（2）连接外设

主机安装完成后，连接外设构成微机的硬件系统，如图 1-3 所示。其操作步骤
如下：

　① 连接显示器数据线；

　② 连接键盘和鼠标；

　③ 安装并连接音箱；

　④ 连接外网插头；

　⑤ 连接摄像头数据线；

　⑥ 连接显示器电源和主机电源。

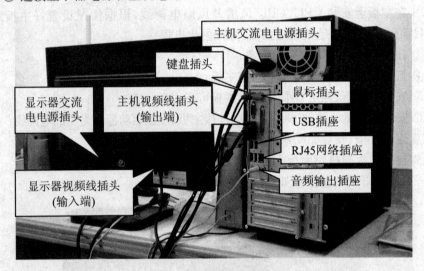

图 1-3　微机硬件背面连接

微机硬件系统安装完成后，微机还不能正常使用，还需要安装系统软件和应用
软件。在安装软件之前要运行 BIOS 设置程序，设置系统 CMOS 参数，对硬盘进行
分区高级格式化等。

一套完整的计算机系统应该由硬件和软件两大部分组成。

硬件是指组成微机的各种物理部件，主要是由电子、机械和光电元件等组成的
各种部件和设备，如显示器、主机、键盘等。人们称硬件系统为裸机。

计算机软件系统指的是计算机中的程序、数据等。

下面我们将分别介绍微型计算机的硬件系统和软件系统。

## 1.1.1　微型计算机的硬件系统

从图 1-1 中不难看出，微型计算机的硬件系统主要由主机、显示器、键盘、鼠

标、有源音箱等部件组成。

**1. 主机**

在微型计算机中,主机由机箱、中央处理器、主板、内存条、显卡、硬盘、光驱、声卡和电源等硬件设备组成。

(1)中央处理器

中央处理器(Central Processing Unit,简称 CPU)由运算器和控制器两部分组成,在微型计算机中也称为微处理器。

运算器的主要作用是对各种数据信息进行算术或逻辑运算。控制器的主要作用是用来控制计算机各部件协调一致地正常工作,是计算机的指挥和控制机构。

厂家把运算器和控制器做在一块半导体集成电路中,采用超大规模集成电路把近亿个晶体管集成到一块小小的硅片上,如 Pentium Ⅳ 的 CPU 所使用的晶体管数目就超过了 4200 万个。当前主流的 CPU 主要由 Intel 公司和 AMD 公司生产,微机中的 CPU 如图 1-4 所示。

图 1-4 微机中主流的两种 CPU

(2)内存储器

内存储器简称内存,它就像我们大脑的记忆系统,用于存放电脑运行的程序和处理的数据。内存可分为两种:一种是只读存储器(ROM),存放操作系统的基本输入输出程序(BIOS),是厂家或用户通过专用设备将程序和数据存放进去的,不会因为电源的断电使信息丢失;另一种是随机存储器(RAM),它既可以写入数据又可以读出数据,但是在断电时,存储在芯片中的数据会随之消失。所以随机存储器用来存储临时性的数据,它在实际应用中被称为内存条,在配置计算机时常说的配置 4 G 内存指的就是内存条,如图 1-5 所示。

图 1-5 内存条

存储器一般是用字节来表示存储容量的大小,这是由于计算机内部的信息采用的是二进制数表示法。存储容量的表示有下面几种方式:

① 位(bit)　一个二进制位,表示 0 或 1,是最小的信息单位。

② 字节(Byte)　八位二进制数(如 10110010),简称 B。通常还用 KB(千字节)、MB(兆字节)、GB(吉字节)表示存储容量,其换算关系为

$$1\,KB = 1024\,B$$

$$1\,MB = 1024\,KB = 1024 * 1024\,B$$

$$1\,GB = 1024\,MB = 1024 * 1024\,KB = 1024 * 1024 * 1024\,B$$

(3) 外存储器

由于内存的容量有限,并且在断电后内存中的程序和数据会随之丢失,要想长久保留、交换程序和数据,就需要有一种在任何情况下都能对程序和数据进行存储的存储设备,如磁盘、光盘、电子存储器。

① 硬盘

硬盘又称磁盘存储器或硬盘驱动器,是计算机系统中最重要、最常用的存储设备之一。它具有容量大、读写快、使用方便、可靠性高等特点,容量为 160 GB、250 GB、320 GB、500 GB、1 T 或更大,硬盘技术还在继续向前发展,更大容量的硬盘还将不断推出。图 1-6 为一些硬盘的外形,图 1-7 和 1-8 为数据线,可通过数据线将硬盘连接到主板上。

图 1-6　硬盘　　　　　图 1-7　并口数据线　　　图 1-8　串口数据线

② 移动存储器

现在移动存储器的使用越来越广泛,它可分为电子存储器(也称为优盘)和移动硬盘存储器两种。电子存储器采用半导体集成电路制作,容量大、速度快、可靠性高、即插即用;同样,移动硬盘存储器容量更大、速度也更快、即插即用。图 1-9 和 1-10 分别为朗科优盘和朗科移动硬盘,这两种可移动存储器均采用 USB 接口。

图 1-9　优盘　　　　　　图 1-10　移动硬盘

（4）主板

主板（Motherboard）也称系统板（Systemboard），是由主机的各部件构成的平台，主要由 CPU 插座、主板芯片组、内存插槽、IDE 端口、软驱端口、背板端口（COM 接口、LPT 接口、USB 接口）、前面板端口（指示灯、电源开关）、BIOS 芯片、电源插座等组成，如图 1-11 所示。

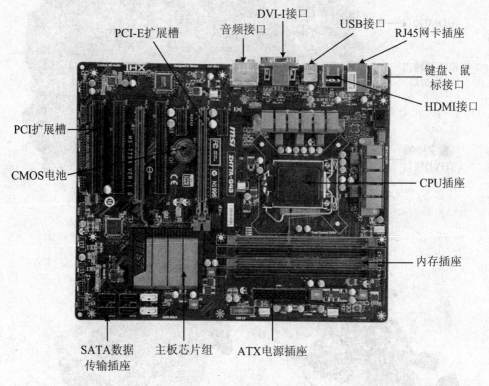

图 1-11　主板组成示意图

（5）显示卡

又称图形适配器，有独立显示卡和集成显示卡之分，独立显示卡是一块插在主板扩展槽上的接口卡，集成显示卡是集成在主板上的显示卡。显示卡负责将主机发出的数字信息转换为模拟电信号传送给显示器显示，它由显示芯片（GPU）、数字/模拟转换器（RAM DAC）、显示内存、显示卡 BIOS 等组成。显示卡的结构如图1-12 所示，要在微机的显示器上显示内容就必须配备显示卡。

独立显示卡插接在主板的扩展槽上，按扩展槽接口不同，可分为 PCI 显示卡、AGP 显示卡和 PCI-E 显示卡。目前 PCI-E 显示卡逐渐取代了 AGP、PCI 显示卡。

（6）电源

电源是将 220 V 的交流电转换成±12 V、±5 V、+3.3 V 的直流电压提供给主机的主板和磁盘驱动器,如图 1-13 所示。图中电源称为 ATX 电源,目前组装电脑的电源大都选用 ATX 电源,一般功率选择在 300 W 左右。

HDMI接口

模拟信号输出(VGA)接口

数字视频(DVI)接口

PCI-E接口

图 1-12　显示卡

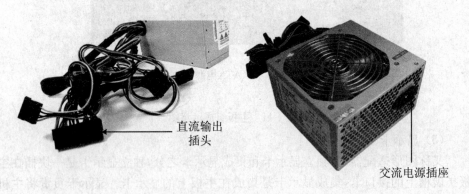

直流输出插头

交流电源插座

图 1-13　电源

（7）机箱

通过机箱内部的支撑、支架、各种螺丝或卡子等连接件将电源、主板、各种扩展板卡、光盘驱动器、硬盘驱动器等硬件部件牢固地固定在机箱内部,形成一个整体。由于箱体是铁制的,故能够保护主要板卡、电源及存储设备,还能防压、防冲击、防尘;由于铁壳本身就是磁屏蔽,因此它还能发挥防电磁干扰、防辐射的功能。

机箱从样式上可分为立式和卧式两种,如图 1-14 所示。

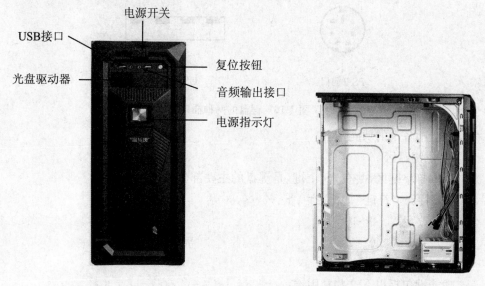

电源开关

USB接口

复位按钮

光盘驱动器

音频输出接口

电源指示灯

图 1-14 机箱

**2. 输入设备**

（1）键盘

键盘是计算机必不可少的输入设备。微机一般使用 104/107 标准键盘,即键盘上有 104 个或 107 个键。键盘由主键盘区、小键盘区、功能键区、编辑键区组成,如图 1-15 所示。

功能键区　　　　　　　　　　　　　　　　编辑键区

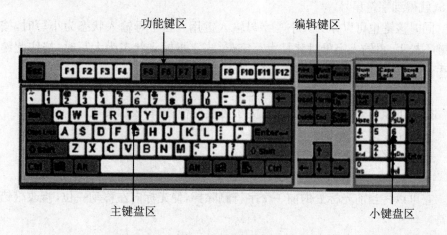

主键盘区　　　　　　　　　　　　　　　　小键盘区

图 1-15 键盘分区

键盘通过 PS/2 插头或 USB 插头插接在主板相应的插座上,如图 1-16 所示。

PS/2插口　　　　　　　　　USB插口

图 1-16　键盘的两种插口

键盘中各键的功能:

① 主键盘区

也称打字键区,共有 58 个键,是键盘的主要部分,可分为四类。

(a) 特殊字符键　!、@、#、$、%、&、* 等

(b) 数字键　0~9

(c) 字母键　A~Z

(d) 功能键

功能键包括以下这些常用键:

• Caps Lock 键:大小写字母转换键。

该键是一个双向功能键。当输入的字母为小写时按一下该键,输入的字母就是大写;若再按一下该键,输入的字母就是小写字母。

• Shift 键:换档键。

按住此键不松手再按上档键,就得到上档字符。例如:按住此键不松手再按一下 8,就得到字符星号"*"。

同时该键也可以作为大小写字母输入键用。当字母输入状态为小写时,按住此键不松手,再输入字母时就是大写字母;当字母输入状态为大写时,按住此键不松手,再输入字母时就是小写字母。

• Enter 键:回车键,也称换行键。

按一下该键表示一行内容输入完了再换一行;或者表示要执行一个命令。

• Space 键:空格键。

按一下该键产生一个空格。

• Backspace(←)键:退格键。

它可以将当前光标处的前一个字符删除掉,使光标向左移动一位,修改敲错的字符。

• Tab 键:跳格键。

又称制表定位键,按一下此键光标右移一个制表位,每按一次向右跳 8 个字符。

• Alt 键：转换键。

可进行其他功能的转换，使用该键必须按住该键不松手再按其他键。

• Ctrl 键：控制键。

与不同的其他键配合使用可产生不同的作用，使用该键必须按住该键不松手再按其他键。

例：Ctrl＋ Alt ＋Del　　用于系统的热启动

　　Alt＋F4　　　　　　关闭当前打开的窗口

　　Ctrl＋C　　　　　　在 Windows 下复制

② 功能键区

功能键区共有 13 个键：Esc、F1～F12。它们在不同操作系统下和运行不同软件时，被赋予不同的功能，故也称为软功能键。

• Esc 键：用于进入或退出菜单，常用于退出某些程序。

• F1：帮助功能，可以打开帮助对话框。

• F2：在 Windows 桌面或资源管理器中，按下 F2 则会对选定的图标、文件或文件夹重新命名。

• F3：在 Windows 桌面或资源管理器中，按下 F3 则会出现"搜索结果"文件夹窗口或"查找"对话框。

• F4：在 Windows 下，用来打开 IE 中的地址栏列表；要关闭 IE 窗口，可以用 Alt＋F4 组合键。

• F5：在 Windows 下，用来刷新 IE 或资源管理器中当前所在窗口的内容。

• F6：在 Windows 下，可以快速在资源管理器及 IE 中定位到地址栏。

• F7：在 Windows 下没有任何作用。

• F8：在 Windows 下，可以用它来显示启动菜单。

• F9：在 Windows 下同样没有任何作用。

• F10：用来激活 Windows 或程序中的菜单，按下 Shift＋F10 会出现快捷菜单。

• F11：可以使当前的资源管理器或 IE 变为全屏显示。

• F12：在 Word 中，按下它会快速弹出"另存为"文件的窗口。

③ 编辑键区（光标控制键区）

• →键：光标右移一个字符。

• ←键：光标左移一个字符。

• ↑键：光标上移一个字符。

• ↓键：光标下移一个字符。

• Home 键：光标移到屏幕的左上角。

- End 键：光标移到屏幕的右下最后一个字符的右侧。
- PageUp/PageDown 键：使光标快速向上或向下移动，具体的功能应取决于操作系统或应用程序。
- Insert 键：插入或覆盖状态转换键。
- Delete 键：删除当前光标处的一个字符。
- Print Screen 键：屏幕拷贝键。
- Scroll Lock 键：屏幕锁定键，用于停止屏幕的滚动。
- Pause/Break 键：暂停或中断键。

④ 小键盘区（也称数据键区）

该键盘区有两种功能，一是数字运算，二是光标移动。两种功能之间用 Num Lock 键转换，按一下 Num Lock 键，小键盘上的指示灯亮，这时小键盘可使用数字键；再按一次就是光标移动或其他功能键。该小键盘主要是为了输入大量的数据而设计的。

（2）鼠标

鼠标也是一种常用的输入设备，能代替键盘上的光标键进行光标定位。随着微机的发展和 Windows 操作系统的出现，应用鼠标进行操作非常方便，只要点击一两下鼠标键即能完成某种操作。鼠标虽然克服了键盘的缺点，但并不能完全取代键盘。

根据工作原理的不同，鼠标分为机械式和光电式；根据鼠标上键数的多少又分为二键、三键和二键夹—轮式鼠标，如图 1-17 所示。鼠标通过 PS/2 插头或 USB 插头（见图 1-16）插接在主板相应的插座上。由于光电式鼠标性能优越、使用寿命长，故现在基本上机械式鼠标已被淘汰了。

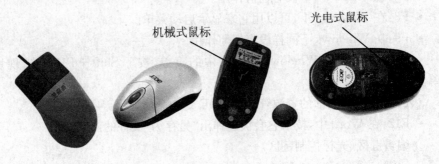

图 1-17　鼠标

（3）数码相机

数码相机，如图 1-18 所示，通过镜头拍摄人物或景物，再将这个图像转换成数字的图像文件，通过电子存储卡或者电缆传送至计算机，经计算机处理之后再送往打印机、显示器或者直接上网。

数码相机的主要技术指标有:感光度、有效像素数(万个)、最高分辨率(dpi)等。

图 1-18    数码相机

(4) 视频卡

该设备主要用于对视频信号进行处理,它插在扩展槽上,通过相应的驱动程序和视频处理软件对视频信号进行数字化转换、编码和处理。按功能视频卡可分为:视频转换卡、视频捕捉卡、视频压缩卡、视频合成卡。如图 1-19 所示是一块视频卡实物图。

(5) 扫描仪

扫描仪是图片输入设备之一,它能把一幅画、一张图片或一页文字转换成图形存储在外存储器中,然后利用相关的应用软件对图片进行编辑、显示或打印。扫描仪如图 1-20 所示。

图 1-19    视频卡                                    图 1-20    扫描仪

输入设备还有摄像头、读卡机等。

**3. 输出设备**

(1) 显示器

显示器是计算机的主要输出设备之一,是用户与计算机进行交流的桥梁。计算机的执行结果主要从显示器显示出来。

显示器主要分为 CRT 显示器与液晶显示器(见图 1-21)。

(2) 打印机

打印机的作用是将计算机中的输出信息在打印纸上打印出来,作为书面资料保存。常用的打印机分为击打式和非击打式两大类。击打式以针式打印机为主;

非击打式又分为喷墨打印机和激光打印机(见图 1-22)两类。

图 1-21  液晶显示器                             图 1-22  激光打印机

打印机用数据线接在并行口或 USB 接口上,同时需要安装相应的驱动程序才能使用。

(3)有源音箱

有源音箱是多媒体计算机不可缺少的设备之一,它把声卡输出的模拟音频信号放大,再用喇叭将声音还原出来,如图 1-23 所示。

图 1-23  音箱

有源音箱的连接比较简单,先将音箱的输入线插到声卡的线路输出端口(Line Out),再接通电源就可以了。

(4)光盘与光盘驱动器

光盘可分为 CD 和 DVD 两种类型,它的存取速度慢于硬盘。CD 型容量为 650 MB(分为只读型 CD-ROM、一次写入型 CD-R、可擦写型 CD-RW);DVD 型分为 DVD-ROM 和 DVD-RAM(可擦写)两种,其容量更大,单面单层的容量为 4.7 GB、单面双层的容量为 7.5 GB、双面双层的容量为 17 GB,读取速度也更快。图 1-24 为 DVD 光盘驱动器和光盘。

图 1-24  光盘驱动器与光盘

光驱按其传输速率用倍速来表示,单倍速光驱的数据传输率为 150 KB/s,如 40 倍、52 倍速光盘驱动器,倍速越大传输数据的速度越快。

从以上介绍不难看出微型计算机的硬件系统由控制器、运算器、存储器、输入设备、输出设备五个部分组成。

### 1.1.2　微型计算机的软件系统

软件是指程序、数据、文档等的集合。软件分为系统软件和应用软件,是计算机的灵魂。硬件离不开软件,软件要依赖硬件生存,就像鱼离不开水一样。

**1. 系统软件**

它用来支持应用软件的开发和运行,管理和控制计算机的正常运转。构成计算机系统必备的软件有操作系统、计算机语言(程序设计语言)、语言处理程序、实用程序等。

(1) 操作系统

操作系统(Operating System)是最基本、最重要的系统软件,用于控制、协调计算机各部件进行操作,管理计算机的硬件和软件资源。因此,操作系统可以看成是用户与计算机的接口或桥梁,用户通过操作系统来使用计算机。每台计算机都必须配置一个操作系统软件。常用操作系统有:磁盘操作系统(Disk Operating System,简称 DOS 操作系统)、Windows 操作系统等。

操作系统具有五大功能:内存储器管理、中央处理器管理、设备管理、文件管理和作业管理。

(2) 计算机语言

计算机语言也称为程序设计语言,是用来编写程序的。按其指令的代码可分为:机器语言、汇编语言、高级语言。

① 机器语言　是一种计算机能直接识别的二进制代码的集合,每一条二进制代码表示某一具体操作。

例:1011 0110 0000 0000　表示加操作

　　1011 0101 0000 0000　表示减操作

使用二进制的机器语言指令编写的程序可以直接在机器上运行,因此,这种程序又称为目的程序或目标程序,计算机能直接识别它们,不需翻译,执行速度快,但指令难记、难读、易出错,程序的通用性差。

② 汇编语言　是用"助记符"来编写程序的计算机语言。

例:ADD　表示加操作

　　SUB　表示减操作

虽然指令较直观,但不同的计算机助记符不同,故程序的通用性差。

③ 高级语言　指使用有限的英语单词,采用接近于生活的用语和数学公式来编写程序的计算机语言。

例:A＝5　　　　将 5 赋给变量 A

　　B＝10　　　　将 10 赋给变量 B

　　C＝A＊B　　将 5＊10 赋给变量 C

　　PRINT C　　输出显示 C 的值

使用高级语言编写的程序,可读性强,不受机器种类限制,有易学、易懂、易用的特点。常用的高级语言有 BASIC、FORTRAN、DELPHI、C、C＋＋、JAVA 等。

（3）语言处理程序

语言处理程序包括汇编程序、解释程序和编译程序。我们知道计算机只认识二进制,也就是只能直接执行机器语言编写的程序,那么,要执行用其他语言编写的程序,就需要将其翻译成机器语言。

汇编程序是将使用汇编语言编写的程序翻译成机器语言,然后再执行。

解释程序是将使用某种高级语言编写的源程序翻译成机器语言的目标程序,并且翻译一句,执行一句,翻译完毕,程序也执行完毕。

编译程序是把用高级语言编写的源程序翻译成机器语言的目标程序,然后由机器执行。

（4）实用程序

实用程序是面向计算机维护的软件,也称为服务程序。它包括诊断程序、查错程序、监控程序和调试程序等。

**2. 应用软件**

应用软件是为用户解决工作中的某项实际问题而编写的程序,是程序设计人员利用计算机及其所提供的各种系统软件编制的解决各种实际问题的软件。例如:财务管理程序、人事档案管理程序、工资管理程序、银行业务管理程序、图书资料检索程序等。

### 1.1.3　计算机系统的基本组成

一个完整的计算机系统由硬件系统和软件系统组成,如图 1-25 所示。那么计算机系统之间是什么层次关系呢? 硬件相当于裸机,安装操作系统以后才能工作,应用软件的开发、使用要在操作系统的管理下才能完成,因此,硬件在最里层,用户数据或文档在最外层,如图 1-26 所示。

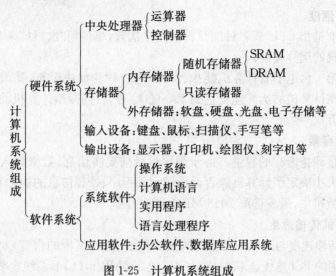

图 1-25　计算机系统组成

图 1-26　计算机系统的层次关系

不难看出它能处理数值性、字符性数据，也能处理图形、图像数据。我们把能处理图形、图像、动画、声音和视频的计算机称为多媒体计算机。

## 1.1.4　计算机的主要性能指标

### 1. 字长

字长是指每个字中二进制数字串的长度。运算器一次能同时处理的二进制数据的位数，也就是一条指令中二进制数据的位数。微型机按字长可分为 8 位、16 位、32 位和 64 位。一般情况下，字长越长，计算精度越高，处理能力就越强。因此，字长是衡量计算机性能的一个重要指标。

### 2. 主频

主频是指 CPU 的工作频率，单位是兆赫兹（MHz），1 MHz＝$10^6$ Hz。它在很大程度上决定了计算机的运行速度，主频越高，计算机的处理速度就越快。

### 3. 运算速度

运算速度是指 CPU 每秒钟能执行的指令次数,单位用"次/秒"来表示,它也用来衡量计算机的运算速度。

世界上第一台电子管计算机能执行 5000 次/秒的加法运算,我国自己研制的"银河Ⅲ"巨型计算机的运算速度达到 130 亿次/秒,目前微型计算机的运算速度也已达到数百万次/秒。

### 4. 存储容量

存储容量即指内存的容量。由于程序运行前要将信息、数据调入内存,因此,内存容量的大小决定了计算机能否运行较大的程序、处理信息的能力和综合速度。目前配置的微机中,最少选配 2048 MB(2 GB)内存。

### 5. 总线的传输速度

总线的传输速度与总线中的数据宽度(即我们通常所说的带宽)及总线周期有关。目前使用的 PCI 总线速率达 133 MB/s 或 267 MB/s,PCI-E 总线速率达 250 MB/s 或 2000 MB/s 以上。

## 1.1.5 计算机的工作原理

我们知道计算机的硬件系统是由运算器、控制器、存储器、输入设备和输出设备五大基本部件组成的,各个部件通过总线连接成一个整体,使得各部件之间能够传输数据信息。那么它是如何工作的呢? 我们首先要了解什么是指令和程序。

### 1. 指令和程序

(1) 指令是指操作者对计算机发出的工作命令,由于计算机只懂机器语言,因此,指令是采用二进制编码的形式,每条指令对应着一种基本操作,它用来通知计算机要执行哪种操作。

指令通常有两大部分内容:操作码和地址码。其格式为

| 操作码 | 地址码 |
|--------|--------|

操作码:指出机器执行什么操作。

地址码:指出参与操作的数据在存储器中的存放地址。

(2) 用户为解决某一问题而写出了一系列指令,按顺序排列的一条条指令称为程序。设计及书写程序的过程就是程序设计。

### 2. 计算机的基本工作原理

计算机的基本工作原理即"存储程序"原理,它是美籍匈牙利数学家冯·诺依曼在 1946 年提出来的。存储程序原理就是把指令或程序事先存储到内存中,机器在运行时逐一取出指令(程序),然后根据指令进行相应的操作。计算机工作原理

如图 1-27 所示。

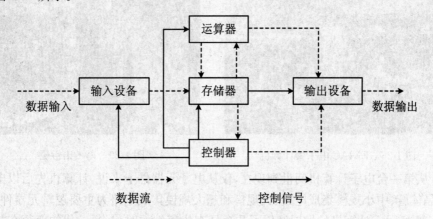

图 1-27　计算机工作原理

从图中可以看出,计算机内部有两种信息在流动:一种是数据流,另一种是控制信号。在计算机工作之前,人们需将要解决的问题用计算机语言编好程序(称为源程序),然后将程序和各种原始数据通过输入设备经运算器输入到内存储器(也可以不经过运算器直接输入到内存),系统软件将源程序翻译成相应的机器指令,由控制器按照指令顺序,从内存中逐条取出指令进行分析和解释,并按照指令的要求向存储器和运算器发出相应的控制命令。

一方面存储器不断向运算器提供运算所需要的数据,另一方面运算器将运算结果(包括中间结果)送回存储器保存。运算结束后,根据需要将结果由输出设备输出。

## 1.1.6　计算机的历史与分类

### 1. 计算机的历史

(1) 计算机的发展

世界上第一台电子计算机是 1946 年在美国研制成功的。由于它使用的主要元器件是电子管,因此被称为"电子管计算机",简称"埃尼亚克",英文名为"ENIAC"。它是一台使用了 18000 个电子管、占地 170 平方米、重 30 多吨、耗电约 150 千瓦的庞然大物。在当时,它的运算速度远远超过了任何一种机械运算工具,每秒能完成 5000 次的加法运算。它的出现为现代计算机科学的高速发展打下了技术和理论基础。图 1-28 为 ENIAC 电子管计算机,图 1-29 是冯·诺伊曼站在计算机旁。

图 1-28   ENIAC 电子管计算机                          图 1-29   冯·诺伊曼

从第一台电子计算机问世到现在,仅从电子元器件上来说,计算机先后以电子管、晶体管、中小规模集成电路、大规模和超大规模集成电路为主要逻辑元器件,如图 1-30 所示。计算机的发展经历了几个具有代表性的时代,每一代的变革在技术上都是一次新的突破、在性能上都是一次质的飞跃。

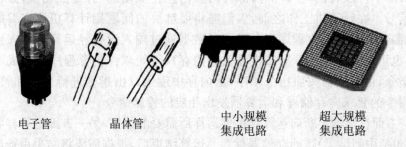

电子管              晶体管              中小规模            超大规模
                                         集成电路            集成电路

图 1-30   电子元器件

① 第一代计算机   从 1946 年到 1957 年推出的计算机使用的逻辑元器件是电子管,这一时期被称为电子管计算机时代,即第一代。它的内存容量仅有几千个字节,运算速度较低,成本很高。在这个阶段,没有系统软件,使用机器语言和汇编语言。计算机只能局限在少数尖端领域中应用,一般用于科学、军事等方面的计算。

② 第二代计算机   从 1957 年到 1964 年推出的计算机使用了晶体管作为逻辑元器件,这一时期被称为晶体管计算机时代,即第二代。其内存容量扩大到几万个字节。由于晶体管比电子管平均寿命提高了 100~1000 倍,耗电量却只有电子管的十几分之一至几十分之一,体积比电子管小得多,运算速度有明显的提高,每秒可以执行几万次到几十万次的加法运算,于是很快就取代了电子管计算机。在这个阶段出现了监控程序,提出了操作系统的概念及使用了高级语言,如 FORTRAN、ALGOL 60 等。

③ 第三代计算机   从 1964 年到 1970 年的计算机使用了集成电路作为逻辑元器件,这种器件是把几十个或几百个分立的电子元器件集中做在一块几平方毫

米的硅片上(称为集成电路芯片),这一时期称为集成电路计算机时代(中小规模集成电路时代),即第三代。集成电路的使用使计算机的体积和耗电大大减小,运算速度却大大提高,每秒钟可以执行几十万次到一百万次的加法运算,性能和稳定性进一步提高。在这个阶段,系统软件发展很快,出现了操作系统,采用了结构化程序设计的方法。

④ 第四代计算机 从 1970 年到现在,计算机使用了大规模及超大规模集成电路作为逻辑元器件,微型计算机就是在这一时期诞生的,这一时期被称为大规模、超大规模集成电路计算机时代,Pentium 4 微处理器所使用的晶体管数目就超过了 4200 万个。这个阶段计算机的体积和耗电又大大减小,运算速度又提高很多,每秒钟可以执行数亿次以上的加法运算,性能更稳定、可靠。在这个阶段出现了多种操作系统,其中 Windows 操作系统在个人使用的计算机中最普遍。应用软件已成为现代工农业不可缺少的帮手。计算机的发展进入了以计算机网络为特征的时代。

(2) 微型机的发展

随着计算技术和集成电路技术的不断发展,美国的 Intel 公司在 1971 年制造出了第一块微处理器芯片,这样,第一台微型计算机诞生了。随着时间的推移,由不同规模的集成电路构成的微处理器划分了微型机不同的发展阶段。

① 第一代微机(始于 1971 年,4 位和低档的 8 位处理器时代) 由 Intel 公司研制的 4 位微处理器 Intel 4004 装备起来的计算机称为第一代微型计算机。

② 第二代微机(始于 1973 年,8 位处理器时代) 由 Intel 公司的 Intel 8080、Motorola 公司的 M6800 和 Zilog 公司的 Z80 等装备起来的计算机被称为第二代微型计算机。第二代微处理器的功能比第一代显著增强。

③ 第三代微机(始于 1978 年,16 位处理器时代) 典型产品是 Intel 公司的 Intel 8086 微处理器。Intel 8086 比 Intel 8085 在性能上提高了 10 倍。

④ 第四代微机(始于 1985 年,32 位处理器时代) 从 1985 年起采用超大规模集成电路的 32 位微处理器,典型产品有 Intel 公司的 Intel 80386、Zilog 公司的 Z80000、惠普公司的 HP-32 等。

⑤ 第五代微机(始于 1993 年,32 位内部数据总线和 64 位外部数据总线处理器时代) 由 Intel 公司推出第五代 32 位微处理器芯片 Pentium(中文名为奔腾),它的外部数据总线为 64 位,工作频率为 66 MHz～200 MHz。

1998 年以后,Intel 公司推出 PentiumⅡ、Celeron,随后又推出 PⅢ、PⅣ。第六代采用的都是更先进的 64 位高档微处理器,工作频率为 450 MHz～3.6 GHz 以上。

(3) 计算机发展方向

目前,计算机科学正朝着巨型化、微型化、网络化、智能化的方向发展。

巨型化是运算速度更高(一般在每秒 1 亿次)、存储容量更大、功能更强的巨型计算机。它主要用于气象、科研、大型设计等处理大量数据的领域。

微型化是运用超大规模集成电路技术,研制性能优良、价格低廉、工作可靠的微型计算机。尤其是多媒体技术的发展,使微机能够处理图形、图像、动画、声音、电视信号,也使得家用彩色电视机、放像机、音响、计算机融为一体,让计算机大规模走进家庭成为现实。

网络化就是把分散在不同地点的计算机用网络适配器、通信线路连接成一个更大的系统,实现网络中的软件、硬件和数据资源的共享。它是计算机技术和通信技术相结合的产物。随着网络的迅速发展,使得计算机迅速地进入家庭,改变人们传统的生活、学习和工作方式。

智能化是近年来研究的新领域,研究的目标是想打破和超越冯·诺依曼的结构模式,研制出能够模拟人的感觉和思维能力,可以自己学习、积累知识,能用自然语言、文字、图形、图像等方式与人类对话,并更多地代替人的一部分脑力劳动的智能型计算机。

**2. 计算机的分类**

计算机的种类很多,我们可以从计算机的用途、规模和处理能力这两个方面来进行分类。

(1) 按计算机用途分类

① 通用计算机　是指为了解决各种问题和具备较强的通用性而设计的计算机。该机适用于一般的科学计算、科学研究、工程设计、工程预算和数据处理等,用途非常广泛。

② 专用计算机　是指为了适应某种特殊的应用而专门设计的计算机,该机具有运行速度快、效率高、精度高等特点。其主要用于过程控制,如智能仪表、导弹的导航、飞船的发射系统等。

(2) 按计算机的规模和处理能力分类

① 巨型计算机　巨型计算机是指运算速度快、存储容量大、处理能力强的计算机。每秒能达几万甚至十几万亿次以上的浮点运算速度,主存储器容量高达几百兆甚至几百万兆字节,主要用于复杂的、尖端的科学研究领域,特别是军事、科学计算。我国研制的"银河"和"曙光"计算机就属于这类机器。研制巨型机是衡量一个国家经济实力和科学水平的重要标志。

② 大/中型计算机　大/中型计算机是指通用性能好、外部设备负载能力强、处理速度快的一类机器。运算速度在每秒百万次至几千万次,且有较大的存储空间,往往用于科学计算、数据处理或作为网络服务器使用。

③ 小型计算机　小型计算机具有规模较小、结构简单、成本较低、操作简单、

易于维护以及与外部设备连接容易等特点,一般应用于工业自动控制、测量仪器、医疗设备中的数据采集等。

④ 微型计算机　微型计算机(简称微机或个人计算机)是以微处理器(运算器、控制器)为核心,由存储器、输入/输出设备等组成,将相关设备用系统总线有机地结合起来,结构紧凑,价格低廉,但又具有较强功能的计算机。

微型计算机的发展较快,当前主要分为两类:台式机和便携式计算机。笔记本电脑就是目前流行的便携式微型计算机。

⑤ 工作站　工作站是介于微型计算机和小型计算机之间的高档微机系统,主要是为了处理某类特殊的用途而将高性能的计算机系统、输入/输出设备与专用软件结合在一起构成的独立系统,用于计算机辅助设计等。例如,用于图形处理的工作站通常有主机、数字化仪、扫描仪、鼠标器、图形显示器、绘图仪和图形处理软件等。用它可以完成对各种图形与图像的输入、存储、处理和输出等操作。

⑥ 服务器　网络技术的发展,需要有为用户提供数据服务的共享设备,这种设备统称为服务器。一般可将服务器分为文件服务器、打印服务器、计算服务器和通信服务器等。该设备连接在网络上,网络用户在通信软件的支持下远程登录,共享各种资源服务。

实际上,计算机之间的分类界限已经愈来愈模糊。无论按哪一种方法分类,各类计算机都主要是从运算速度、存储容量及机器体积等来区分。

# 1.2　计算机的特点及其应用

我们对计算机的硬件和软件有了进一步的认识,那么计算机能为人们做些什么? 它有什么特点呢? 下面给大家做简单的介绍。

## 1.2.1　计算机的特点

### 1. 计算速度快

一般的计算机,每秒钟可以处理数十万条指令,这是任何其他运算工具所无法比拟的。有人花了 15 年的时间才把圆周率 π 的值计算到 7071 位;若用计算机计算圆周率 π 值到 1000 万位,只需用 24 小时。用计算机控制导航,要求运算速度比飞机飞得还快;气象预报要分析大量资料,运算速度必须跟得上天气变化,否则就失去预报的意义。

**2. 计算精确**

计算机在数字运算中,可保留十多位有效数字,如果需要,精度可以进一步提高。用计算机计算圆周率 π 值就是一个很好的例子。

**3. 自动化程度高**

计算机是自动化的电子装置,它的每一种操作都是按照指令来完成的。在事先编制好的程序的控制下,计算机不需要人的中间干预、不知道疲倦、也无任何怨言就能自动完成工作且性能可靠。

**4. 通用性强**

由于计算机有以上特点,使得计算机的应用范围渗透到各行各业。目前,计算机已成为必不可少的生产工具,并广泛应用于科学试验、工农业生产的各个部门及信息处理等各个领域,成为现代人工作、生活、学习、娱乐必不可少的工具。

**5. 记忆和逻辑判断**

计算机具有容量较大的存储器,它可以将大量的资料存贮起来,使得计算机具有"记忆"功能,另外,计算机还具有逻辑判断和选择能力。正是因为这两点,人们给计算机起了一个雅号——"电脑"。

## 1.2.2  计算机的应用

目前,计算机的应用已经逐渐渗透到了人类社会的各个方面,正在改变着传统的工作、学习和生活方式,从国民经济各部门到家庭生活,从生产领域到消费娱乐,到处都可以看到计算机应用的身影。总结起来,计算机的应用领域可以分为以下五个方面。

**1. 科学计算(数值计算)**

科学计算是指计算机用于数学问题的计算,是计算机应用最早的领域。它是以自然科学为对象,以解决重大科研技术问题和军事问题为目的。这方面应用的特点是数据量不大,但运算过程复杂。

过去,很多工程设计和科研课题都因计算量太大、太复杂,只好用估算的方法进行,有的甚至无法完成。电子计算机的使用使这一类问题迎刃而解,它解决了许多人工无法解决的科学计算问题,并且提高了工作质量,把科研人员从繁琐、单调的计算劳动中解放出来。以天气预报为例,如果用人工进行计算,预报一天的天气情况就需要计算几个星期,这就失去了时效。若改用高性能的计算机系统,取得近期的天气预报数据只需要计算数分钟就能完成,使预报天气成为可能。目前,在天文、地质、生物、数学等基础科学研究,以及空间技术、原子能研究等高新技术领域中,用计算机进行数值计算是必不可少的。

**2. 数据处理**

通常我们把能被计算机识别的数字、符号、图形称为数据。数据处理是指对原始数据进行收集、整理、合并、选择、存储、输出等加工的过程，人们也称数据处理为信息处理。

计算机能对大量的数据完成采集、分析、整理，并将结果以文字、报表、图形或其他形式输出。现在所有的金融业、企事业单位和政府机关纷纷用计算机来处理账册、管理仓库或统计报表，从数据的收集、存储、整理到检索统计，应用的范围日益扩大。实践证明，一个企业，只有做到心中有"数"，才能决策正确，减少失误；只有及时掌握全面的数据，才能使管理更加科学，因此，用计算机进行市场预测、情报检索，使决策者真正做到心中有"数"，管理无误。人口普查资料的分类、汇总，股市行情的实时管理等都是计算机信息处理的实例。

目前，计算机在我国财经、金融系统已广泛用来完成数据处理、报表生成和数据传送。大家知道，会计电算化软件"用友""先锋"等一批高质量的财务系统，已使传统的记账方式发生了变革。也就是说，他们用计算机的键盘和存储器取代了传统的笔和账本。数据处理已广泛地应用于办公自动化(OA)，随着网络技术的迅速发展，办公自动化技术正在逐步取代传统的办公方式。

**3. 过程控制**

过程控制是指利用计算机对生产过程或某种设备的运行过程进行实时的状态检测、采集数据，并进行分析处理，然后按人们认为的最佳值（状态）进行调节。这一自动处理并完成控制的过程称为过程控制。

我国在冶金、机械、电力、石油化工等产业中充分利用计算机进行实时控制，既提高了产品的质量、降低了成本，又减轻了劳动强度。实际上，过程控制是利用了传感器在现场采集监控对象的实时数据，当这一数据送到计算机后，由计算机按照控制模型进行计算，然后产生相应的控制信号，驱动相应的伺服装置或设备进行自动控制或调整。例如，在汽车工业领域，利用计算机控制机床及整个装配流水线，不仅可以实现精度要求高、形状复杂的零件加工自动化，而且可以使整个车间或工厂实现自动化。

计算机可用于控制锅炉的水位、温度、压力，也可用于高射炮的自动瞄准系统，它能根据飞机飞行状况计算提前量，使炮弹命中目标。火箭的发射完全是由计算机控制的，启动按钮按下后，计算机根据接收到的信息，也就是根据点火后的推力大小决定将火箭推上天还是紧急关机，升空后控制火箭进入预定轨道，控制一级或二级火箭的自动脱离。举世瞩目的神舟九号、神舟十号能够顺利返回地面，计算机立下了汗马功劳。

**4. 计算机辅助设计和辅助教学**

计算机辅助设计(Computer-Aided Design，简称 CAD)是利用计算机的应用软件来帮助设计人员进行飞机、轮船、集成电路及一些复杂工程的辅助设计。设计人员利用计算机配置的辅助设计系统来完成复杂的计算或使用专业绘图软件绘制设计图纸时,能随时修改方案。使用计算机进行辅助设计,不但速度快,而且质量高,可以缩短产品开发周期、提高产品质量。

计算机辅助教学(Computer-Aided Instruction,简称 CAI)是利用计算机进行辅助教学和学习。利用计算机的记忆功能和自动化能力,我们可以将学习资料、测试题目等存入计算机或做成课件,并实现与学生的人机交互,构成一个学习系统,以实现教学内容多样化、形象化。随着计算机网络技术的不断更新,特别是因特网(Internet)的飞速发展,利用计算机进行远程教育已成为当今计算机应用技术发展的主要方向之一,我们坐在计算机旁就能看到和听到北大、清华、浙大、人大等名校名师的讲课,完成大学本、专科以及研究生学历教育。

**5. 人工智能**

人工智能(AI)是利用计算机模仿人的感知、思维和行为能力,使计算机能像人一样具有识别语言、文字、图形和"推理"的能力。随着人工智能研究的不断深入,目前人工智能在机器人、专家咨询系统、模式识别、智能检索等方面发展迅速。

综上所述,计算机的应用是十分广泛的。由于微机技术的不断发展和完善,特别是近年数字多媒体技术的发展,使微机广泛应用在动漫和游戏设计中,这使微机的应用范围得到进一步扩大。

# 1.3 计算机中的数制与编码

我们把信息称为数据,这些数据可以是数值、字符、图形、图像和声音等,在计算机内部,这些数据都是以二进制形式表示的编码。为什么计算机内部要用二进制编码来表示呢?有以下原因:

(1) 电子器件容易实现

由于电子电路中很容易实现高电位和低电位,比如,三极管截止时输出高电位,饱和导通时输出低电位,电容充电后输出高电位,电容放电后输出低电位等。我们可以用"1"表示高电位,"0"表示低电位,这两种状态刚好是二进制的两个数码,又由于二进制电路设计简单、制作容易,故在计算机内部使用二进制。

(2) 二进制运算简单

"逢二进一,借一为二"是二进制运算的口诀,就和我们常讲的"逢十进一,借一为十"一样,如 $1+1=10, 10-1=1$。

（3）逻辑运算容易

我们可用"1"表示"真"，用"0"表示"假"，它们之间的与、或、非运算如下：

① 与运算（"·"）：$0·0=0;0·1=0;1·0=0;1·1=1$。与运算中，只有两个逻辑值都为 1 时，结果才为 1，其余都为 0。

② 或运算（"+"）：$0+0=0;0+1=1;1+0=1;1+1=1$。或运算中，两个逻辑值只要有一个为 1，结果就为 1，否则为 0。

③ 非（"−"）：非运算中，对每位的逻辑值取反。

## 1.3.1 数制

数制是指人们为了记录数据、处理数字所做的一种进位规定。通常人们习惯使用十进制记数，但根据不同情况也会使用其他进制的记数。比如，对时间的认识是 60 秒为 1 分，60 分为 1 小时，24 小时为一天；"半斤八两"就是指我国的老秤（旧制秤）16 两为 1 斤。

**1. 十进制**

有十个数码：0、1、2、3、4、5、6、7、8、9，进位规则为：逢十进一，借一为十，基数为 10。

例：$2827.42=2000+800+20+7+0.4+0.02$

$$=2×10^3+8×10^2+2×10^1+7×10^0+4×10^{-1}+2×10^{-2}$$

其中，$10^3$、$10^2$、$10^1$、$10^0$、$10^{-1}$、$10^{-2}$ 称为 2000、800、20、7、0.4、0.02 的位权。

这种以基数为底、按"位权"展开的方式称为以"权"展开。

**2. 二进制**

有两个数码：0、1，进位规则为：逢二进一，借一为二，基数为 2，位权表示为 $2^0$、$2^1$、$2^2$、$2^3$……

例：$[1100110]_2=1×2^6+1×2^5+0×2^4+0×2^3+1×2^2+1×2^1+0×2^0$

**3. 八进制**

有八个数码：0、1、2、3、4、5、6、7，进位规则为：逢八进一，借一为八，基数为 8，位权表示为 $8^0$、$8^1$、$8^2$、$8^3$……

例：$[51743]_8=5×8^4+1×8^3+7×8^2+4×8^1+3×8^0$

**4. 十六进制**

有十六个数码：0、1、2、3、4、5、6、7、8、9、A、B、C、D、E、F，进位规则为：逢十六进一，借一为十六，基数为 16，位权表示为 $16^0$、$16^1$、$16^2$、$16^3$……

例：$[B72DA]_{16}=11×16^4+7×16^3+2×16^2+13×16^1+10×16^0$

为了区别各种数值，我们可以在数值型数据的右下角分别用 2、8、10、16 或 B、O、D、H 表示，如 $[1001]_2$ 或 $[1001]_B$、$[567]_8$ 或 $[567]_O$ 等。表 1-2 为常见的四种数制之间的关系,可以通过对照表进行它们相互之间的转换。

表 1-2   常见的四种数制的对照

| 二进制 | 八进制 | 十进制 | 十六进制 | 二进制 | 八进制 | 十进制 | 十六进制 |
|---|---|---|---|---|---|---|---|
| 000 | 0 | 0 | 0 | 1000 | 10 | 8 | 8 |
| 001 | 1 | 1 | 1 | 1001 | 11 | 9 | 9 |
| 010 | 2 | 2 | 2 | 1010 | 12 | 10 | A |
| 011 | 3 | 3 | 3 | 1011 | 13 | 11 | B |
| 100 | 4 | 4 | 4 | 1100 | 14 | 12 | C |
| 101 | 5 | 5 | 5 | 1101 | 15 | 13 | D |
| 110 | 6 | 6 | 6 | 1110 | 16 | 14 | E |
| 111 | 7 | 7 | 7 | 1111 | 17 | 15 | F |

### 1.3.2   各进制之间的转换

**1. 非十进制数转换成十进制数以"权展开"即可**

例:$[304.54]_8 = 3 \times 8^2 + 0 \times 8^1 + 4 \times 8^0 + 5 \times 8^{-1} + 4 \times 8^{-2}$

$[110011.11]_2 = 1 \times 2^5 + 1 \times 2^4 + 0 \times 2^3 + 0 \times 2^2 + 1 \times 2^1 + 1 \times 2^0 + 1 \times 2^{-1}$
$+ 1 \times 2^{-2}$

**2. 十进制数转换成非十进制数**

例:求$[55.375]_{10}$的二进制数和八进制数时,要分两步计算:

① 对于整数,采用"除基取余倒排列",直至商为零。

② 对于小数,采用"乘基取整顺排序",直至余下的纯小数部分为零或满足精度为止。

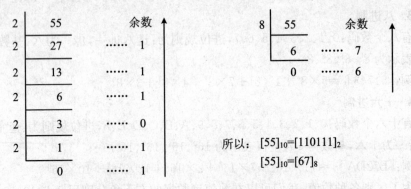

所以: $[55]_{10} = [110111]_2$

$[55]_{10} = [67]_8$

| | 整数 |
|---|---|
| 0.375 | |
| × 2 | |
| 0.750 | …… 0 |
| × 2 | |
| 1.50 | …… 1 |
| 0.5 | |
| × 2 | |
| 1.0 | …… 1 |

| | 整数 |
|---|---|
| 0.375 | |
| × 8 | |
| 3.000 | …… 3 |

所以：$[0.375]_{10}=[0.011]_2$

$[0.375]_{10}=[0.3]_8$

所以：$[55.375]_{10}=[110111.011]_2$

$[55.375]_{10}=[67.3]_8$

将十进制数转换十六进制的方法与以上相同，只是整数部分的"除 2 取余法"改为"除 16 取余法"，小数部分的"乘 2 取整法"改为"乘 16 取整法"。

**3. 非十进制之间的相互转换**

人们发现八进制可以用三位二进制表示，十六进制可以用四位二进制表示，见表 1-3、表 1-4。

**表 1-3　八进制与二进制的关系**

| 八进制 | 0 | 1 | 2 | 3 | 4 | 5 | 6 | 7 |
|---|---|---|---|---|---|---|---|---|
| 二进制 | 000 | 001 | 010 | 011 | 100 | 101 | 110 | 111 |

**表 1-4　十六进制与二进制的关系**

| 十六进制 | 0 | 1 | 2 | 3 | 4 | 5 | 6 | 7 |
|---|---|---|---|---|---|---|---|---|
| 二进制 | 0000 | 0001 | 0010 | 0011 | 0100 | 0101 | 0110 | 0111 |
| 十六进制 | 8 | 9 | A | B | C | D | E | F |
| 二进制 | 1000 | 1001 | 1010 | 1011 | 1100 | 1101 | 1110 | 1111 |

根据它们的对应关系，我们就可以很方便地进行二、八、十六进制之间的相互转换。

具体方法是：

(1) 二进制转换成八进制

以小数点为界，向左右两边每三位分组，不足三位补 0 即可，取其相应的八进制数码。若八进制转换成二进制，也以小数点为界，写出每位八进制相应的三位二进制数就可以了。

例：将$[10111011000101.100110]_2$ 转为八进制

010　111　011　000　101　.　100　110

←――――――――――――――――→

2　　7　　3　　0　　5　　.　4　　6

所以：$[10111011000101.100110]_2 = [27305.46]_8$

（2）二进制转换成十六进制

与二进制转换成八进制相似，同样以小数点为界，向左右两边每四位分组，不足四位补 0。

例：将$[110111011000101.100110]_2$ 转为十六制

0110　1110　1100　0101　.　1001　1000

←――――――――――――――――→

6　　E　　C　　5　　.　9　　8

所以：$[110111011000101.100110]_2 = [6EC5.98]_{16}$

### 4. 数的编码

怎么区分一个二进制数值的正负值呢？在计算机中，用二进制的 0 和 1 分别表示正"＋"和负"－"，放在二进制的最高位上，称这个最高位为符号位。这种带符号位表示的二进制数值通常称其为机器数，用符号"＋"和"－"来表示的二进制数一般称为真值。例如－0100111 为真值，变成机器数为 1,0100111。

在计算机中对机器数的编码方式通常有：原码、反码和补码。

① 正数：原、反、补码与该数的二进制形式一致，符号位为 0。

例：X＝＋1101001，则[X]原＝[X]反＝[X]补＝01101001

② 负数：负数的三种编码符号位均为 1，原码的数值位就是其二进制形式，反码是将原码取反，即各位 1 变 0、0 变 1，补码是将反码加 1。

例：X＝ － 1010110，则 [X]原 ＝ 11010110；[X]反 ＝ 10101001；[X]补 ＝ 10101010

### 1.3.3　ASCII 码

我们知道计算机只能识别二进制数码，对于字符、图形等非数值型数据，计算机要将它们转换成相应的二进制数进行存储。将非数值型数据变成相应的二进制数据称为编码，编码后得到的二进制数形式称为二进制代码。

目前在计算机中普遍采用的字符编码是美国信息交换标准代码（American Standard Card for Information Interchange，即 ASCII 码）。国际上通用的 ASCII 码是 7 位码。

一个字节为 8 位二进制，一个 ASCII 码占一个字节的低 7 位，最高位规定为

0,这样一个字节可表示 2 的 7 次方即 128 种状态,(00000000~01111111),每种状态与一个 ASCII 码字符唯一对应,即可表示 128 个字符,包括 26 个英文大写字符、26 个英文小写字符、10 个数字字符、33 个标点符号和 33 个控制符,见表1-5。

表 1-5  ASCII 码表

| 高位<br>低位 | 000 | 001 | 010 | 011 | 100 | 101 | 110 | 111 |
|---|---|---|---|---|---|---|---|---|
| 0000 | NUL | DLE | SP | 0 | @ | P | 、 | p |
| 0001 | SOH | DC1 | ! | 1 | A | Q | a | q |
| 0010 | STX | DC2 | " | 2 | B | R | b | r |
| 0011 | ETX | DC3 | # | 3 | C | S | c | s |
| 0100 | EOT | DC4 | $ | 4 | D | T | d | t |
| 0101 | ENQ | NAK | % | 5 | E | U | e | u |
| 0110 | ACK | SYN | &. | 6 | F | V | f | v |
| 0111 | BEL | ETB | ' | 7 | G | W | g | w |
| 1000 | BS | CAN | ( | 8 | H | X | h | x |
| 1001 | HT | EM | ) | 9 | I | Y | i | y |
| 1010 | LF | SUB | * | : | J | Z | j | z |
| 1011 | VT | ESC | + | ; | K | [ | k | { |
| 1100 | FF | FS | , | < | L | \ | l | | |
| 1101 | CR | GS | = | = | M | ] | m | } |
| 1110 | SO | RS | . | > | N | ˆ | n | ~ |
| 1111 | SI | US | / | ? | O | _ | o | DEL |

如查找大写字母"A"的 ASCII 码:先找出其纵坐标高位 100,再找出横坐标低位 0001,依次按高位至低位的顺序排列出来,得到"A"的 ASCII 码为 1000001。用同样的方法,可查到小写字母"a"的 ASCII 码为 1100001。

为了方便书写和记忆,有时也将 ASCII 码写成十进制形式,即将某字符的 ASCII 码二进制数形式转换成十进制数的形式。

例:大写字母"A"的 ASCII 码为 1000001,写成十进制即 65

小写字母"a"的 ASCII 码为 1100001,写成十进制即 97

计算机内部存储数据是按照 8 位二进制为单位,因此每个字符在计算机内部实际使用 8 位二进制代码,故需在 7 位 ASCII 码的最高位补加一个数码 0 或 1,通常为 0。

### 1.3.4　汉字编码

既然计算机只能识别二进制代码，若要让计算机能识别汉字、处理汉字信息，就只有将汉字转换成计算机能识别的二进制代码。为了统一标准，1980 年我国制定了 GB 2312-80 标准（信息交换用汉字编码字符集），习惯上称为国标码、GB 码或区位码。

**1. 国标码**

国标码是一个简化字汉字的编码，由中华人民共和国国家标准总局发布，于 1981 年 5 月 1 日开始实施。在 GB 2312-80 国标码中共收录汉字 6763 个，其中常用汉字（一级汉字）3755 个，以拼音为序；二级汉字 3008 个，以偏旁部首为序；各种字母符号 682 个，合计 7445 个。

根据规定，汉字和字符共分为 94 区（1～94），每区 94 位（1～94）。每个汉字用两个字节表示，第一个字节表示区号，第二个字节表示位号，两个字节的最高位均为 0，就是通常所说的"区位码"。为了不与 ASCII 码混淆，在微机内用作机内码时，每一个区位码的最高位都是 1。GB 2312-80 国标字符集排列如下：

01～15 区为图形、数字、制表符号及其他符号；

16～55 区为一级汉字（按拼音排序）；

56～87 区为二级汉字（按部首排序）；

88～94 区为用户扩充或自定义汉字、字符。

**2. 汉字机内码**

汉字机内码也叫汉字的内码，它是计算机内部处理和存储汉字信息而用的一套编码。机内码与区位码有着一一对应的关系，是计算机内部对汉字进行处理的一个依据，比如汉字进行比较时，就是根据汉字机内码的大小进行比较的。

GB 2312-80 国标码的内码编码范围是：A1A1H～FEFEH，汉字机内码与区位码之间有一个运算关系：

$$机内码高位字节 = 区位码高位字节 + A0_{16}$$

$$机内码低位字节 = 区位码低位字节 + A0_{16}$$

例：汉字"微"字的区位码是"4602"，要将其转换为机内码，则有：

机内码高位字节为 $46_{10} + A0_{16} = 2E_{16} + A0_{16} = CE_{16}$

低位字节为 $02_{10} + A0_{16} = 02_{16} + A0_{16} = A2_{16}$

故机内码为 $CEA2_{16}$

**3. 汉字的输入码（汉字的外码）**

用户通过键盘用字母、数字或符号将汉字按某种规律编成代码，输入这个代

码,就实现了这个汉字的输入,我们把这种代码称为汉字的外码。输入码可分为四类,即顺序码、音码、形码和音形码。

(1) 顺序码(国标码)  顺序码是指按照某种顺序排列后给每个汉字一个特定的顺序号,这个顺序号即是该汉字的编码,如"区位码"。

(2) 音码  音码就是以汉语拼音为基础的一种编码,如拼音(智能拼音、全拼、双拼、简拼)码、自然码等都是以汉语的读音作为编码的。

(3) 形码  形码是按照字形来编码,如五笔字型、笔形码、大众码。

(4) 音形码  音形码就是既有音码又有形码,两者互相取长补短,音、形结合形成的编码(音形码),如自然码、智能 ABC。

**4. 其他编码**

还有一些其他的编码,如汉字的交换码、汉字的地址码等,这些编码适用于进行专业汉字系统开发和维护的人员。

为了在计算机内表示汉字,用统一的编码方式所形成的汉字编码叫内码(如国标码),内码是唯一的。为方便汉字输入而形成的汉字编码称为输入码,属于汉字的外码,输入码的编码方式因汉字输入方法的不同而不同,是多种多样的。为显示和打印输出汉字而形成的汉字编码为字形码,计算机通过汉字内码在字模库中找出汉字的字形码,实现其转换。

# 1.4  中英文输入法

键盘是人机对话的桥梁,正确的使用键盘对于初学者来说是非常重要的。

## 1.4.1  英文输入法

对于初学者来说,养成良好的打字姿势很重要。正确姿势有利于打字的准确和速度,如果一开始就不注意,养成了不正确的习惯后就很难纠正。

正确的姿势应该如图 1-31 所示。

**1. 基本姿势**

① 身体坐正,向前微倾,双脚很自然地放在地板上;

图 1-31  正确的姿势

② 两肘轻贴于腋边两侧,手指略弯曲,轻放于基本键上,手腕悬空平直;

③ 身体重心置于椅子上,两脚平放,不能两腿交叠;

④ 眼睛看着稿子,不要盯着键盘,在熟记键位后练习盲打。

**2. 基本指法**

(1) 基本键与手指的对应关系

由于"A""S""D""F""J""K""L"";"这八个键使用率最高,故通常称为基本键。使用键盘时应将左手小指、无名指、中指、食指分别置于"A""S""D""F"键上,左手拇指轻置于空格键上;将右手食指、中指、无名指、小指分别置于"J""K""L"";"键上,右手拇指轻置于空格键上。输入过程中手指始终应置于基本键上,如图 1-32 所示。

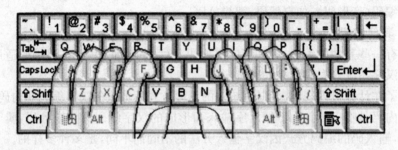

图 1-32　"基本键"的使用

在练习过程中要求手指以基本键位为"基准"去点击其他键,击到其他键后,其手指再回归原基准键位。

(2) 手指分工

在基准键位的基础上,对于其他字键采用与八个基本键的键位相对应的位置来记忆,如图 1-33 所示。凡在斜线范围内的字键,都必须由规定的手的同一手指管理,这样既便于操作,又便于记忆。

图 1-33　键盘手指分工

(3) 击键要点

① 手腕要平直,手臂要保持静止,全部动作仅限于手指部分;

② 手指要保持弯曲,稍微拱起,指尖后的第一关节微成弧形,分别轻放在字键

的中央；

③ 输入过程中,要用相同的节拍轻轻地击键,不可用力过猛。

英文输入是掌握键盘输入的关键,要熟记英文在键盘的位置,其通过一定的强化训练就可以掌握。通常使用英文练习软件来帮助初学者逐步地掌握键盘的操作和英文的输入。

### 1.4.2 中文输入法

中文输入法的选择有两种方法。

方法一:鼠标单击输入法按钮 CH 显示输入法对话框,如图 1-34 所示,在对话框中选择相应的输入法;

方法二:按 Ctrl+Shift 进行输入法转换。

**1. 86 版五笔字型输入法**

五笔字型汉字输入法由于不受地方方言的限制、重码少、词汇量大且字根在键盘上的分布规律性强,便于记忆,经过一定时间的训练,每分钟很容易达到三五十至一百多个汉字输入。目前流行的形码输入法,如"极品五笔字型输入

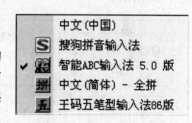

图 1-34 输入法选择

法""万能五笔字型输入法""智能五笔字型输入法""陈桥智能五笔输入法"等都是在 86 版五笔字型输入法的基础上不断改进、提高的。

(1) 五笔字型基本知识

① 汉字的字型分析 "李"是由"木"和"子"构成,"章"是由"立"和"早"构成。在新华字典中把"木""子""立""早"叫做偏旁,在五笔字型中叫做字根,将字根按一定的位置组合就构成了汉字。

② 汉字的五种笔画 在五笔字型输入法中,把汉字的笔画分为横、竖、撇、捺、折五种。为了便于记忆和应用,根据它们使用概率的高低,依次用 1、2、3、4、5 作为它们的代号,如表 1-6 所示。

表 1-6 汉字的五种笔画

| 代号 | 笔画名称 | 笔画走向 | 笔画及变形 | 说明 |
|----|------|------|------|----|
| 1 | 横 | 左→右 | 一 ノ | "提笔"视为横 |
| 2 | 竖 | 上→下 | l ｜ | 左"竖勾"为竖 |
| 3 | 撇 | 右上→左下 | ノ | |
| 4 | 捺 | 左上→右下 | 、 乀 | "点点"均为捺 |
| 5 | 折 | 带转折 | 乙 乙 フ し | 带折均为 5 |

"提笔"视为横,如"提、特、现、场、地"的左部的末笔都是"提笔";左"竖勾"为竖,如"刘、刮、利、钊、刨"的右部的末笔都是"竖";"点点"均为捺,如"学、字、家、汉、流、溜"的起始笔都为"捺",凸宝盖的左边点也归于"捺";带折均为代号5,带转折的除左竖勾外代号都是5。

③ 汉字的基本字根  在五笔字型方案中,把由基本笔画组成的相对不变的结构(偏旁、部首)称为字根。选出 130 个基本字根,为了便于编码和输入,将 130 个基本字根按照起笔代号,分为五个大区,再考虑键位设计的需要,每个区又分为五个位,然后命名区号和位号。用十位数表示区号、个位数表示位号,即 11～55 共 25 个键位代码;一区为横起笔、二区为竖起笔、三区为撇起笔、四区为捺起笔、五区为折起笔,分别将 130 个基本字根有规律地安排在这 25 个键位上,如图 1-35 所示。

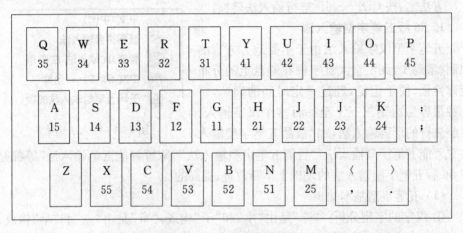

图 1-35  五笔字型键位图

在每个键位上选一个使用频率较高的又有代表性的字根作为键名字。

一区:(11～15)横起笔类有 27 个基本字根,分"王土大木工"五个位;

二区:(21～25)竖起笔类有 23 个基本字根,分"目日口田山"五个位;

三区:(31～35)撇起笔类有 29 个基本字根,分"禾白月人金"五个位;

四区:(41～45)捺起笔类有 23 个基本字根,分"言立水火之"五个位;

五区:(51～55)折起笔类有 28 个基本字根,分"已子女又纟"五个位。

五笔字型键名如图 1-36 所示。

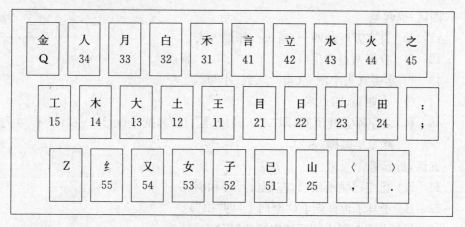

图 1-36    五笔字型键名

（2）五笔字型字根总图

根据起始笔画将键盘分为 5 个区，每个区又分为 5 个位，每个键位上安排了 3 个以上的基本字根构成了字根总图，如附录 2 所示。

① 字根助记词    为了帮助记忆，在字根总图中给出的字根助记词如下：

一区：横起笔

11   G    王旁青头戋（兼）五一（"兼"与"戋"同音）

12   F    土士二干十寸雨

13   D    大犬三（羊）古石厂（"羊"指羊字底）

14   S    木丁西

15   A    工戈草头右框七（"右框"即"匚"）

二区：竖起笔

21   H    目具上止卜虎皮（"具上"指具字的上部）

22   J    日早两竖与虫依

23   K    口与川，字根稀

24   L    田甲方框四车力（"方框"即"囗"）

25   M    山由贝，下框几

三区：撇起笔

31   T    禾竹一撇双人立（"双人立"即"彳"），反文条头共三一（"条头"即"夂"）

32   R    白手看头三二斤

33   E    月彡（衫）乃用家衣底（"家衣底"即"豕"）

34   W    人和八，三四里（"人"和"八"在 34 里边）

35   Q    金勺缺点无尾鱼（指"钅、勹"），犬旁留叉儿一点夕（指"犭、儿、夕"），

          氏无七（妻）（"氏"去掉"七"）

四区:捺起笔

41　Y　言文方广在四一,高头一捺谁人去

42　U　立辛两点六门疒

43　I　水旁兴头小倒立(指"氵、兴、小")

44　O　火业头,四点米

45　P　之字军盖建道底(即"之、宀、冖、廴、辶"),摘礻(示)衤(衣)("礻、衤"摘
　　　除末笔画即"衤")

五区:折起笔

51　N　已半巳满不出己,左框折尸心和羽

52　B　子耳了也框向上("框向上"即"凵")

53　V　女刀九臼山朝西("山朝西"即"彐")

54　C　又巴马,丢矢矣("矣"去"矢"为"厶")

55　X　慈母无心弓和匕,幼无力("幼"去"力"为"幺")

② 字根的辅助记忆特点　　如下所示:

(a) 字根首笔笔画的代号与所在区号一致;

(b) 相当一部分字根的笔画数与所在位号一致,如"丨、刂、川""一、二、三"
"乙、巜、巛"分别在1、2、3位;

(c) 字根与所在键的键名字形态相近,如"王、五""土、士、干""已、己、巳"
"子、孑";

(d) 相当一部分字根的第二笔与所在键的位号一致,如"土"第二笔为竖、代号
为2在12键位,"大"第二笔为撇、代号为3在13键位,"禾"第二笔为横、代号为1
在31键位;

(e) 少数字根例外,如"车、力"。

③ 字根间的结构关系　　按组成汉字时基本字根之间的关系可分为4种结合
方式:

(a) 单:一个字根本身就是一个汉字,而不与其他字根发生关系,这样的字根
称为成字字根,如"雨、西、早、车、用、辛"。

(b) 散:由两个以上的基本字根组成汉字时,基本字根之间保持一定的距离,
既不相连又不相交,如"讲、肥、张、性、能、修、理、雄、伟、指、挥"。

(c) 连:分两种情况。

第一种是单笔画和某个基本字根相连,如"千、且、尺、自、不";

第二种是带点的结构,如"勺、术、义、斗、寸、太、主"。

(d) 交:指几个基本字根交叉套叠的结构,如"果、农、曳、内、串"。

④ 汉字的字型　　汉字是由字根构成的,由于字根组合的位置不同,组成的汉

字也不同,如"旯"与"旭"、"只"与"叭"、"区"与"凶"。根据构成汉字的各字根之间的位置关系,可以把所有的汉字分为三种类型:左右型、上下型、杂合型,同时,也用1、2、3 给出其形状代号,如表 1-7 所示。

表 1-7　字型结构代号

| 字型代号 | 字型 | 字例 |
| --- | --- | --- |
| 1 | 左右 | 相、汉、形、略、概、微 |
| 2 | 上下 | 想、字、花、需、莫、亮 |
| 3 | 杂合 | 困、凶、同、太、自、且 |

(a) 1 型字:左右型汉字　左右型汉字的字根之间有一定距离,分两种情况:第一种为左右两个部分构成,即双合字,如"汉、机、壮、改、理、购";第二种为左中右三部分构成,即三合字,如"树、测、撤、概、锄、储"。每一部分可以由一个字根组成,也可以由几个基本字根组成。

(b) 2 型字:上下型汉字　上下型汉字也包括两种情况,有上下两个部分构成和上中下三个部分构成,如"冒、灵、整、繁、冀、美"。每一部分可以由一个字根组成,也可以由几个基本字根组成。

(c) 3 型字:杂合型汉字　杂合型汉字是指组成汉字的结构没有明显的上下型关系或左右型关系,这类汉字主要有内外型汉字和单体汉字两种,如"国、迭、同、区、壮、司"。

综上所述,属于"散"的汉字,才可以分左右、上下型,属于"连"与"交"的汉字,不分左右、上下的汉字,一律属于第 3 型。

(3) 拆码

拆码就是将汉字按照规则拆分成几个基本字根,然后取其相应的字根码。

① 拆分原则　按书写顺序,取大优先,兼顾直观,能散不连,能连不交。

(a) 按照书写顺序　就是按汉字书写的顺序,从左到右,从上到下,从外到内的原则拆分字根。

例 1-2　"树"应拆分成"木、又、寸",不能拆分成"又、木、寸";"娄"应拆分成"米、女",不能拆分成"女、米";"同"应拆分成"冂、一、口",不能拆分成"一、口、冂"。

(b) 取大优先　按照书写顺序在拆分汉字时,保证按书写顺序每次都拆分出尽可能大的字根,以保证拆分出的字根数最少。

例 1-3　"适"应拆分成"丿、古、辶",而不能拆分成"丿、十、口、辶";"果"应拆分成"日、木",而不能拆分成"口、一、木";"奉"应拆分成"三、人、二、丨",而不能拆分成"二、大、一、十"。

(c) 兼顾直观　在拆分汉字时,有时为了照顾字根的完整性,不得不暂时牺牲一下"取大优先""书写顺序"的原则,即直观性和联想性。

**例1-4** "国"应拆分成"囗、王、丶",而不能拆分成"冂、王、丶、一";"自"应拆分成"丿、目",而不能拆分成"亻、乙、三"。

(d) 能散不连　在拆分汉字的时候,要考虑到能拆分成"散"的关系,就不能拆分成"连"的关系。

**例1-5** "午"拆分成"⺧、十",不是单笔画,应视为上下结构;"占"拆分成"卜、口",也不是单笔画,应视为上下结构。

(e) 能连不交　就是说拆分的字根之间的关系能拆分成"连"的关系就不能拆分成"交"的关系。

**例1-6** "天"应拆分成"一、大",而不能拆分成"二、人",因为后者是相交的结构;同样,"于"应拆分成"一、十",而不能拆分成"二、丨"。

② 编码原则　编码就是将拆分成的字根用所在键的字母或区位号表示。为了帮助我们对单字进行编码,有一首歌诀如下:

> 五笔字型均直观,依照笔顺把码编;
>
> 键名汉字打四下,基本字根请照搬;
>
> 一二三末区四码,顺序拆分大优先;
>
> 不足四码请注意,交叉识别补后边。

这八句话简短地说明了汉字的编码规则,就是按汉字书写的顺序、取大优先取字根码,具体有如下几个方面:

(a) 键名汉字的编码　键名字有 25 个,它们的组字频率度最高,在形体上又有一定的代表性,它们当中绝大多数其本身就是汉字,只要把它们所在的键连击四次就可以了。

**例1-7** 王:(GGGG);土:(FFFF);大:(DDDD);木:(SSSS);工:(AAAA);
言:(YYYY);立:(UUUU);水:(IIII);火:(OOOO);之:(PPPP)。

(b) 成字字根汉字的编码　在每个键位上除了一个键名字根外,还安排了几种其他字根,它们中间的一部分其本身就是一个汉字,我们称为成字字根。

成字字根编码＝键名码(俗称报户口)＋首笔码＋次笔码＋末笔码

**例1-8** 贝:(MHNY);车:(LGNH);马:(CNNG);用:(ETNH)。

(c) 五种单笔划的编码　横、竖、撇、捺、折(一、丨、丿、丶、乙)安排在每个区的第一位,只要连击两次,再加两个"L"键即可。

**例1-9** 一:(GGLL);丨:(HHLL);丿:(TTLL);丶:(YYLL);乙:(NNLL)。

(d) 键外字的编码　键外字是指除键名汉字和成字字根汉字之外的汉字,也就是键面上没有的字,通称键外字。根据所拆分字根的多少可分为:

(i) 超过四个根:按书写顺序取一、二、三、末四个码。

**例1-10**　寨:(PFJS);滞:(IGKH);窒:(PWGF);薛:(AWNU);露:(FKHK);缩:(XPWJ)。

(ii) 刚好够四个字根:按书写顺序依次取码。

**例1-11**　掩:(RDJN);臆:(EUJN);野:(JFCB);雁:(DWWY)影:(JYIE)。

(iii) 不足四个码:字根码按顺序输完后要追加识别码,仍不够四个码的则需加空格键。识别码也称末笔与字型交叉识别码。

识别码＝末笔代号＋字型代号

即该字的最后一笔的代码与该字的字型代号所构成的码,如表1-8所示。

表 1-8　识别码规律表

| 识别码 末笔代号 ＼ 字型码 | 左右 1 | 上下 2 | 杂合 3 |
|---|---|---|---|
| 横　1 | 11　G　一 | 12　F　二 | 13　D　三 |
| 竖　2 | 21　H　丨 | 22　J　刂 | 23　K　川 |
| 撇　3 | 31　T　丿 | 32　R　刂 | 33　E　彡 |
| 捺　4 | 41　Y　丶 | 42　U　冫 | 43　I　氵 |
| 折　5 | 51　N　乙 | 52　B　巛 | 53　V　巛 |

从上表中可以看出识别码也很简单。

- 对于 1 型字,字根打完后,补打一个末笔画就等于添加了识别码。

**例1-12**　汉字"坝"输入字根"土、贝"后,"丶"为末笔,补打一个"丶",即 Y 键就行了;汉字"把"输入"扌、巴"后,补打一个末笔画"乙",即 N 键就行了。

- 对于 2 型字,字根打完后,补打两个末笔画就等于添加了识别码。

**例1-13**　汉字"尘"输入字根"小、土"后,加两个末笔画"二",即 F 键就行了;汉字"仓"输入字根"八、匕"后,加两个末笔画"巛",即 B 键就行了。

- 对于 3 型字,字根打完后,补打三个末笔画就等于添加了识别码。

**例1-14**　汉字"匣"输入字根"匚、甲"后,加三个末笔画"川",即 K 键就行了;汉字"句"输入字根"勹、口"后,加三个末笔画"三",即 D 键就行了。

关于末笔有如下规定:对于"进、逞、远、团"等字,以去掉"走之"或以去掉包围部分后的那部分的末笔为末笔,故"进、逞、远、团"的末笔分别为"丨、一、乙、一";对于"力、刀、九、七"等字,末笔一律为折"乙";对于"我、戈、成"等字,末笔一律为撇"丿"。

关于字型有如下规定：凡是单笔画与字根相连或带点的结构都看作是杂合型。

内外型字均属杂合型，如"困、同、匠"；二字根相交者属杂合型，如"东、果、申"；下含"走之"的字为杂合型，如"述、逃、过"；"能散不连"的原则也用于区分字型，如"矢、严、卡"为上下型。

如图 1-37 所示为五笔字型汉字编码流程图。

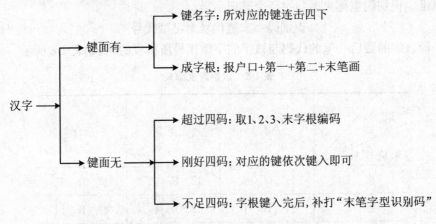

图 1-37　五笔字型汉字编码流程图

（4）简码及词组

① 简码　为了提高汉字的输入速度，我们将常用汉字只取前边一个、两个或三个字根构成编码，称为简码。

（a）一级简码　根据键位上字根的形态特征在 25 个键位上安排了 25 个常用的汉字，也称高频字；每个键一个字，编码及排列如下：

| 一 | 11(G) | 地 | 12(F) | 在 | 13(D) | 要 | 14(S) | 工 | 15(A) |
|---|---|---|---|---|---|---|---|---|---|
| 上 | 21(H) | 是 | 22(J) | 中 | 23(K) | 国 | 24(L) | 同 | 25(M) |
| 和 | 31(T) | 的 | 32(R) | 有 | 33(E) | 人 | 34(W) | 我 | 35(Q) |
| 主 | 41(Y) | 产 | 42(V) | 不 | 43(I) | 为 | 44(O) | 这 | 45(P) |
| 民 | 51(N) | 了 | 52(B) | 发 | 53(V) | 以 | 54(C) | 经 | 55(X) |

取码方法：只要击一下高频字所在键，再加一个空格即可。

（b）二级简码　取码方法：只要击一下其前两个字根码加空格键即可。

**例 1-15**　吧：口、巴（23、54，KC）；给：纟、人（55、34，XW）；

增：土、丷（12、42，FU）；寂：宀、上（45、21，PH）。

（c）三级简码　取码方法：由单字的前三个根字码组成，只要击一下其前三个字根码加空格即可。

**例 1-16**　华：全码　人七十丨（34、55、12、22，WXFJ）

简码　人七十（34、55、12，WXF）

理:全码 王日土二(11、22、12、12、GJFF)

简码 王日土 (11、22、12、GJF)

② 词汇的编码

(a) 双字词 分别取两个字的单字全码中的前两个字根代码,共四码组成。

**例 1-17** 机器:木几口口(SMKK);实践:宀丬口止(PUKH);汉字:氵又宀子(ICPB);程度:禾口广艹(TKYA)。

(b) 三字词 前两个字各取其第一码,最后一个字取其前两码,共为四码。

**例 1-18** 计算机:言竹木几(YTSM);办公室:力八宀一(LWPG);动物园:二丿口二(FTLF);研究室:石宀宀一(DPPG)。

(c) 四字词 每字各取其第一码,共为四码。

**例 1-19** 汉字编码:氵宀纟石(IPXD);繁荣昌盛:宀艹日厂(TAJD);光明日报:小日日扌(IJJR);思想感情:田木厂忄(LSDN)。

(d) 多字词 按"一、二、三、末"的规则,取第一、二、三及最末一个字的第一码,共为四码。

**例 1-20** 电子计算机:日子言木(JBYS);中华人民共和国:口人人口(KWWL);全国人民代表大会:人口人人(WLWW);广西壮族自治区(YSUA)。

(5) 模糊输入

五笔字型编码中 26 个英文字母只使用了 25 个,还有一个"Z"键没用,我们给它安排了一个重要的角色,即利用它可进行模糊输入:可用"Z"键来代替其他 25 个键中的任意一个键。也就是说,"Z"键可代替 130 个字根中的任意一个字根的代码;同时,也可代替任意一个识别码。

**例 1-21** 汉字"喊"可用"KDHZ"或"KZHZ",用"Z"代替字根;汉字"刁"可用"NGZ",用"Z"代替识别码。

虽说"Z"键可代替任意一个代码,但是这时出现了重码,影响了输入速度,它的主要目的是帮助用户在对字根、笔画、识别码模糊时的模糊输入法,是一种手段,不能依赖它。

**2. 中文 Windows 下的智能 ABC 输入法**

智能 ABC 汉字输入法是北京大学朱守涛老师发明设计的,是以汉语拼音为基础的汉字输入法,它能高速、灵活、智能化地输入汉字,称为"智能 ABC"。智能 ABC 输入法图标如图 1-38 所示。

智能 ABC 是按词或者字输入汉字音的元素编码,音的元素是指相应的汉语拼音或缩写的形式,以空格或标点结束。通常使用如下输入方法:

(1) 全拼输入

按照规范的汉语拼音,输入过程和书写汉语拼音的过程完全一致;但对于零声母的汉字(只有韵母的汉字)需加隔音符单引号"'"。

　　① 单字的输入　　只要输入其拼音的全部字母键,按空格即可;但是由于有同音字,所以需要选择字。如汉字"计"的拼音是"ji",在智能 ABC 下,输入拼音字母"ji"则显示拼音码框,如图 1-39 所示。

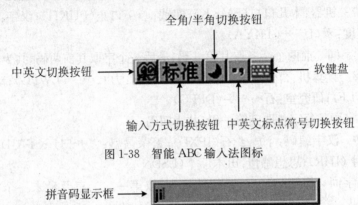

图 1-38　智能 ABC 输入法图标

图 1-39　拼音码框

　　再击一下空格键,则会出现如下两个汉字显示框,分别为当前字、词显示框(见图 1-40)和重码字、词显示框(见图 1-41)。

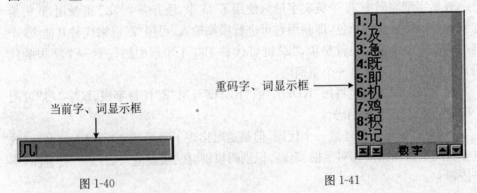

图 1-40　　　　　　　　　　　　　　　　　　　图 1-41

　　如你需要的字、词在当前字、词显示框中,只需要按一下该字前面相应的数码就可以了。若当前字、词框中没有你需要的字、词,可用加号"+"或"]"向后翻页,也可用鼠标点击重码字、词显示框中的符号"▼"向后翻一页,直到你需要的汉字出现为止,输入相应的数字键得到所要的字。(用减号"-"或"["向前翻页,也可用鼠标点击重码字、词框中的符号"▲"向前翻一页)。

　　② 词组的输入　　在智能 ABC 输入法下,用户可以输入词组中每个字的声母韵母,也可以单字、词组混合输入一句话,输入时词汇拼音连写。

　　例 1-22　　"微机"一词,输入拼音"weiji"后按空格键,当前词组框显示如图 1-42

所示,在重码词组框中选择"2"即可。

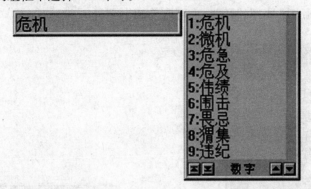

图 1-42

**例 1-23** 输入短句"计算机技术迅速发展"的声韵全拼拼音"jisuanjijishuxun-sufazhan",由于拼音码显示框最多显示 21 个字符,最多容纳 40 个字符,则此时的拼音码显示框如图 1-43 所示。刚好这句话是由四个词组组成的,按四次空格键显示就得到当前字、词显示框显示,如图 1-44 所示。

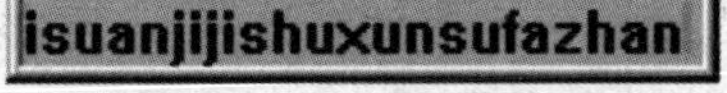

**isuanjijishuxunsufazhan**

图 1-43

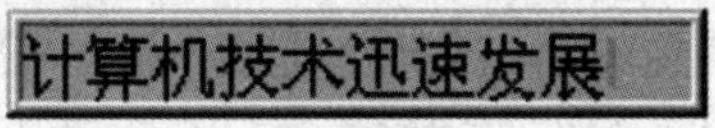

**计算机技术迅速发展**

图 1-44

再按一次空格就得到所要的短句。

若输入的短句不是由词组组成的就会出现以下情况:

**例 1-24** 输入短句"微机是不可缺少的工具"的声韵全拼拼音"weijishibuke-queshaodegongju",则显示框如图 1-45 所示。

**危机shibukequeshaodeji**

图 1-45

当前字、词框中不是需要的字词,要在重码词组框中选择"2",如图 1-46 所示,则显示如图 1-47 所示。

可见不是所需要的字词,这时要用到"退格键"干涉,在出现的重码词组框中再次选择,再按空格,直到短句输入正确。

(2)简拼输入(适合词组)

　　简拼就是用汉语拼音的简化形式,方法是:取各个音节的第一个字母,对于含有"知、吃、诗(zh、ch、sh)"的音节,也可取前两个字母。

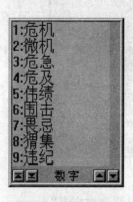

图 1-46　重码词组框

微机市布kequeshaodeg

图 1-47

**例 1-25**　输入"学习",取前两个拼音字母"xx"即可。

(3) 混拼输入(适合词组)

在词组的输入中有的字用全拼有的字用简拼。

**例 1-26**　输入"制度",取前一个字的简拼、后一个字的全拼"zhdu",或取前一个字的全拼、后一个字的简拼"zhid"即可。

　　在以上的输入中,我们用空格或隔音符来确认词汇,但是由于同音词的存在,难免有重码词,也就是说得到的词汇有时不是唯一的,需要在重码字、词框中选择。为了提高输入效率,在智能 ABC 方案中,在 24 个键上安排了 24 个高频字,见表 1-9,并安排了五六百个双字词的两个字母的简拼输入,如表 1-10 所示,对于三字及以上的词如表 1-11 所示。大部分的编码都是唯一的。

表 1-9　高频字

| 字 | 简 拼 | 字 | 简 拼 | 字 | 简 拼 | 字 | 简 拼 |
|---|---|---|---|---|---|---|---|
| 啊 | a | 个 | g | 没 | m | 是 | s |
| 不 | b | 和 | h | 年 | n | 他 | t |
| 才 | c | 一 | I | 哦 | o | 我 | w |
| 的 | d | 就 | j | 批 | p | 小 | x |
| 饿 | e | 可 | k | 去 | q | 有 | y |
| 发 | f | 了 | l | 日 | r | 在 | z |

高频字只要输入相应的字母加空格键即可。

表 1-10　二字词举例

| 词 组 | 简 拼 | 词 组 | 简 拼 | 词 组 | 简 拼 | 词 组 | 简 拼 |
|---|---|---|---|---|---|---|---|
| 爱国 | ag | 材料 | cl | 电脑 | dn | 国家 | cj |
| 安稳 | aw | 程度 | cd | 翻译 | fy | 会议 | hy |
| 部队 | bd | 单位 | dw | 飞机 | fj | 一般 | yb |

表 1-11　三字及以上的词举例

| 词 组 | 简 拼 | 词 组 | 简 拼 | 词 组 | 简 拼 |
|---|---|---|---|---|---|
| 北京市 | bjs | 俱乐部 | jlb | 邮电部 | ydb |
| 办公室 | bgs | 消费品 | xfp | 展览会 | zlh |
| 科学院 | kxy | 研究生 | yjsh | 积极性 | jjx |
| 搞活经济 | ghjj | 经济基础 | jjjc | 培训中心 | pxzx |
| 集体所有制 | jtsyz | 电子工业部 | dzgyb | 常务委员会 | cwwyh |

（4）常用的几种转换

在录入汉字的时候,往往需要录入英文字母、标点符号等非汉字内容,可用以下的方法。

① 中英文标点的转换　如表 1-12 所示。

表 1-12　中英文标点的转换

| 标点名称 | 英文标点 | 中文标点 | 标点名称 | 英文标点 | 中文标点 |
|---|---|---|---|---|---|
| 逗号 | , | ， | 单引号 | ' ' | ' ' |
| 顿号 | , | 、 | 省略号 | … | …… |
| 双引号 | " " | " " | 书名号 | 〈 〉 | 《 》 |

在输入符号时系统会自动匹配。比如第一次是左边的双引号,第二次就是右边的双引号,不需人工干预。

② 区位码的 1～9 区字符的输入　要想输入 1～9 区的图形和符号,不需要转换到"区位码"状态,可以用字母 V＋数字 1～9:V1 表示一区、V2 表示二区,依次类推……

③ 中文数量词的简化输入　以字母"I"打头,作为中文数字的标记:当字母"i"为小写时,输入小写中文数字;当字母"I"为大写时,输入大写中文数字;同时还规定了输入字母的含义,如表 1-13 所示。

**表 1-13　中文数量词的输入**

| ig | 个 | iw | 万 | in | 年 | I1 | 壹 | I5 | 伍 | I9 | 玖 | IK | 克 |
|----|----|----|----|----|----|----|----|----|----|----|----|----|----|
| is | 十 | ie | 亿 | iy | 月 | I2 | 贰 | I6 | 陆 | IS | 拾 | I$ | 元 |
| ib | 百 | iz | 兆 | ir | 日 | I3 | 叁 | I7 | 柒 | IB | 佰 |    |    |
| iq | 千 | id | 第 | it | 吨 | I4 | 肆 | I8 | 捌 | IQ | 仟 |    |    |

　　例：输入"i1999nsy1r"则显示"一九九九年十月一日"；

　　　　输入"I1w9q8b6s5 $ "则显示"壹万玖仟捌佰陆拾伍元"。

　　④ 无转换输入英文　当在中文状态下输入英文时，用字母"V"打头即可，如"vstady"，则显示"stady "。

# 思考与练习

一、单项选择题

　　1. 第一台电子数字计算机 ENIAC 诞生于＿＿＿＿。

　　　　A. 1927 年　　　　　　　B. 1936 年　　　　　　C. 1946 年　　　　　　D. 1951 年

　　2. 电子计算机与其他计算工具的本质区别是＿＿＿＿。

　　　　A. 能进行算术运算　　　　　　　　　　B. 运算速度高

　　　　C. 计算精度高　　　　　　　　　　　　D. 存储并自动执行程序

　　3. 第一代计算机主要是采用＿＿＿＿作为逻辑开关元件。

　　　　A. 电子管　　　　　　　　　　　　　　B. 晶体管

　　　　C. 大规模集成电路　　　　　　　　　　D. 中小规模集成电路

　　4. 第四代计算机的逻辑器件，采用的是＿＿＿＿。

　　　　A. 晶体管　　　　　　　　　　　　　　B. 大规模、超大规模集成电路

　　　　C. 中、小规模集成电路　　　　　　　　D. 微处理器集成电路

　　5. 个人计算机属于＿＿＿＿。

　　　　A. 巨型机　　　　　　B. 小型机　　　　　　C. 微型机　　　　　　D. 中型机

　　6. 一个完整的计算机系统是由＿＿＿＿部分组成的。

　　　　A. 主机和外部设备　　　　　　　　　　B. 主机和操作系统

　　　　C. CPU、存储器和显示器具　　　　　　D. 硬件系统和软件系统

　　7. "64 位微型机"中的"64"是指＿＿＿＿。

　　　　A. 微型机型号　　　　B. 机器字长　　　　　C. 内存容量　　　　　D. 显示器规格

　　8. 计算机系统由＿＿＿＿组成。

　　　　A. 主机和系统软件　　　　　　　　　　B. 硬件系统和软件系统

　　　　C. 硬件系统和应用软件　　　　　　　　D. 微处理器和软件系统

　　9. 在计算机领域中，所谓"裸机"是指＿＿＿＿。

　　　　A. 单片机　　　　　　　　　　　　　　C. 没有安装任何软件的计算机

　　B. 单板机　　　　　　　　　　　　　　D. 只安装了操作系统的计算机

10. "OA"的含义是_____。

　　A. 计算机科学计算　　　　　　　　　B. 办公自动化

　　C. 计算机辅助设计　　　　　　　　　D. 管理信息系统

11. 计算机内部采用_____数字进行运算。

　　A. 二进制　　　　B. 十进制　　　　C. 八进制　　　　D. 十六进制

12. 下列是四个不同数制的数,其中最大的一个是_____。

　　A. 十进制 45　　　　　　　　　　　　B. 十六进制 2E

　　C. 二进制数 11000　　　　　　　　　D. 八进制数 57

13. 计算机中的字节是个常用单位,它的英文写法是_____。

　　A. BIT　　　　　B. BYTE　　　　　C. BOUT　　　　D. BAUT

14. 在微机中,应用最普遍的编码是_____。

　　A. BCD 码　　　　B. ASCII 码　　　C. 原码　　　　D. 补码

15. 按对应的 ASCII 码值来比较,_____。

　　A. "A"比"B"大　　　　　　　　　　　B. "Q"比"F"大

　　C. 空格比逗号大　　　　　　　　　　D. "H"比"R"大

16. 一台计算机标有"P4/766",其中"766"指的是_____。

　　A. 一种微处理器的符号　　　　　　　B. 运算速度为每秒 766 百万条指令

　　C. 运算速度为每秒 766 万条指令　　D. 主频为 766 MHz

17. 存储容量通常以 MB 为单位,这里 1 MB 表示_____。

　　A. 1024×1024 个二进制位　　　　　B. 1024×1024 个字节

　　C. 1000 个字节　　　　　　　　　　D. 1000,000 个字节

18. 计算机存储器主要由_____组成。

　　A. 主存储器和辅助存储器　　　　　　B. 磁盘和磁带

　　C. 硬盘和光盘　　　　　　　　　　　D. 内存储器和磁盘

19. CPU 能直接访问的存储部件是_____。

　　A. 软盘　　　　　B. 硬盘　　　　　C. 内存　　　　D. 光盘

20. 计算机在工作时突然断电,则存储在磁盘上的程序_____。

　　A. 完全丢失　　　B. 突然减少　　　C. 遭到破坏　　　D. 仍然完好

21. 关于微机核心部件 CPU,下面说法不正确的是_____。

　　A. CPU 是中央处理器的简称　　　　B. CPU 可以替代存储器

　　C. PC 机的 CPU 也称为微处理器　　D. CPU 是计算机的核心部件

22. 一台完整的计算机硬件系统是由输入设备,输出设备,存储器和_____组成。

　　A. 键盘和打印机　　　　　　　　　　B. 系统软件

　　C. 各种应用软件　　　　　　　　　　D. CPU

23. 激光打印机属于_____。

　　A. 点阵式打印机　　　　　　　　　　B. 击打式打印机

　　C. 非击打式印字机　　　　　　　　　D. 热敏式打印机

24. 一个计算机指令用来_____。

A. 规定计算机完成一个完整任务　　　B. 规定计算机执行一个基本操作
C. 对数据进行运算　　　　　　　　　D. 对计算机进行控制

二、多项选择题

1. 下列说法正确的为_____。
   A. 开机时应先开主机,再开外部设备　　B. 微机对开机、关机顺序无要求
   C. 硬盘中的重要文件要备份　　　　　　D. 每次开机与关机之间的间隔至少要 10 秒钟

2. 计算机未来的发展方向为_____。
   A. 多极化　　　B. 网络化　　　C. 多媒体　　　D. 智能化

3. 中央处理器主要由_____组成。
   A. 存储器　　　B. 运算器　　　C. 指令译码器　　　D. 控制器

4. 计算机软件系统包括_____两部分。
   A. 系统软件　　　B. 编辑软件　　　C. 实用软件　　　D. 应用软件

5. _____不能决定微型计算机的性能。
   A. 计算机的质量　　　　　　B. 计算机的价格
   C. 计算机的 CPU 芯片　　　D. 计算机的耗电量

6. 计算机指令包括_____。
   A. 原码　　　B. 机器码　　　C. 操作码　　　D. 地址码

7. 在下列设备中,能作为微机的输出设备的是_____。
   A. 打印机　　　B. 显示器　　　C. 绘图仪　　　D. 键盘

8. 以下关于"电子计算机的特点"论述正确的有_____。
   A. 运算速度高　　　　　　　　B. 运算精度高
   C. 没有记忆和逻辑判断能力　　D. 运行过程能自动、连续进行

9. 随着微电子技术和计算机技术的飞速发展,计算机正朝_____几个方向发展。
   A. 专业化　　　B. 微型化　　　C. 智能化　　　D. 网络化

10. 在计算机中采用二进制的主要原因是_____。
    A. 两个状态的系统容易实现　　　B. 运算法则简单
    C. 十进制数无法在计算机中实现　D. 可进行逻辑运算

三、简答题

1. 简述计算机的发展阶段及各个阶段的特点。
2. 简述计算机的结构及工作原理。
3. 简述多媒体计算机的组成。
4. 简述微机组装过程。

四、上机操作题

1. 根据学校条件,到实验室实地考察计算机硬件的组成,由老师拆开一台计算机主机让同学们熟悉计算机主机的组成。
2. 练习键盘的使用:利用练习软件,如 TT、金山打字等进行英文或中文录入练习。

五、分析思考题

根据自己的需求到电脑市场进行调研,写出一份电脑配置清单。

# 第 2 章　Windows XP 操作系统

◆　学习内容

2.1　Windows XP 概述

2.2　认识 Windows XP 的工作环境

2.3　文件管理

2.4　程序管理

2.5　计算机管理

2.6　Windows XP 的附件

◆　学习目标

　　在本章的学习过程中,要求学生掌握 Windows XP 桌面、窗口、对话框及菜单的组成及操作;熟练掌握文件管理的基本操作:新建、重命名、移动、复制、删除文件及回收站的使用;掌握添加/删除应用程序和添加硬件的方法;掌握 Windows XP 的工作环境(包括桌面、开始菜单、任务栏等)的设置;掌握磁盘维护和用户管理的方法。

# 2.1　Windows XP 概述

## 2.1.1　Windows XP 的特点

中文版 Windows XP 作为从 2001 年至今一直比较稳定的操作系统,兼具 Windows NT 操作系统的稳定性和 Windows 98 的娱乐性。它是第一个既适合家庭用户,又适合商业用户的新型 Windows 操作系统。下面以 Windows XP Professional(中文版)为例,介绍 Windows XP 的特点。

**1. 可靠性强**

Windows XP 是基于 Windows 引擎构建的,它使用的是 32 位计算体系结构,并且具有一个完全受保护的内存模型,可以为所有的商业用户提供最可靠的计算体验。增强的设备驱动程序将会是最健壮的驱动程序,它可以保证系统的最大稳定性。另外,Windows XP Professional 将代码改良,它重要的内核数据结构都是只读的,驱动程序和应用程序都无法破坏它们;同时,Windows XP Professional 还对文件加强了保护,减少了早期 Windows 版本中经常出现的一些系统失败错误。

**2. 性能优越**

Windows XP Professional 最大可以支持 4 GB 的 RAM 和两个对称多处理器,具有多任务体系结构,可以允许多个应用程序同时运行,同时保证出色的系统响应能力和稳定性。

**3. 安全性高**

Windows XP Professional 带有多用户支持的加密文件系统(Encrypting File System,简称 EFS),可以使用任意产生的密钥加密文件。加密和解密过程对用户来说是透明的。同时,Windows XP Professional 还提供 IP 安全、Kerberos 支持以及智能卡支持等功能。

**4. 方便易用**

(1)可视化设计

Windows XP Professional 还提供了一个全新的可视化设计。在这个操作系统中合并和简化了常见的任务,增加了新的可视化界面,用来帮助用户使用计算机。

(2)自适应的用户环境

Windows XP Professional 可以很快、很容易地找到所需的重要数据和应用程序,自动适应用户工作的方式。

(3) 播放丰富的媒体

Windows Media Player 使用户可以轻松查看丰富的媒体信息,可以尽可能以最佳的质量接收音频和视频文件,可以接收到大约 3000 多个 Internet 电台,还可以创建自定义 CD,其速度大约比其他解决方案快 70%;同时还可观看DVD 电影。

(4) 集成的 CD 刻录

Windows XP Professional 支持在 CD-R 和 CD-RW 驱动器上刻录 CD。

(5) 疑难解答

Windows XP 可以帮助用户和管理员实现配置、优化和调试等功能,从而提高使用效率,减少桌面帮助呼叫的次数,改善客户服务。

### 2.1.2　Windows XP 操作系统的安装

在计算机的光盘驱动器中插入 Windows XP Professional 安装光盘,即可自动执行安装程序;也可以手动运行安装光盘中的 setup. exe,根据安装向导安装 Windows XP。具体操作步骤如下:

① 启动电脑,在硬件系统自检时按 Delete 键,进入 BIOS 的主界面,如图 2-1所示。用光标键移动选择"Advanced BIOS Feathures"选项,按 Enter 键,在界面中选择"First Boot device"选项,按 Enter 键,再用光标键移动选择"CD ROM"选项,按 Enter 键,再按 Esc 键返回主界面,按 F10 键保存设置,然后退出 BIOS 设置。

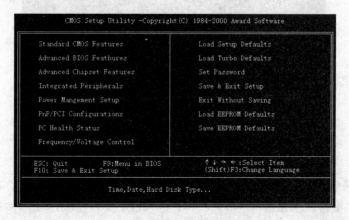

图 2-1　BIOS 主界面

② 将中文 Windows XP 安装光盘插入 CD-ROM 驱动器,重启电脑,进入光盘

引导 DOS 系统界面,紧接着进入 Windows XP 安装程序界面,如图 2-2 所示。

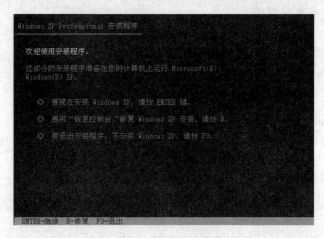

图 2-2　安装程序界面

③ 在安装程序界面按 Enter 键,进入安装 Windows XP 的用户许可协议界面,用户选择按 F8 键继续安装,否则退出安装 Windows XP。

④ 安装程序进入选择安装 Windows XP 的界面,选择安装分区,再选择文件系统,系统会自动对选中的分区进行格式化,安装程序将文件复制到 Windows 安装文件夹。此过程大约需要几分钟的时间,安装程序界面如图 2-3 所示。

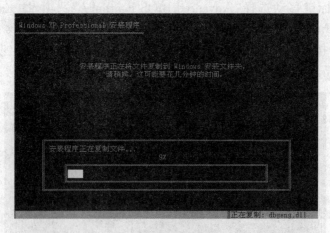

图 2-3　复制安装文件

⑤ 安装程序提示重启电脑(这时要将光驱中的光盘取出,等需要时安装程序会提示用户重新插入光盘),Windows XP 进入自动安装阶段,如图 2-4 所示。用户按照要求录入相应的内容,如录入"个人信息""产品密钥""设置计算机名和密码""设置日期和时间"等,经过一段时间后完成安装,重启电脑,进入 Windows XP 启

动界面,系统将提示用户进行一些设置,然后进入 Windows XP 界面,至此 Windows XP 安装成功。

图 2-4    自动安装界面

## 2.1.3    Windows XP 的登录与退出

### 1. Windows XP 的登录

若计算机已经安装了 Windows XP,则可以直接登录,进入 Windows XP 操作系统,具体操作步骤如下:

① 打开计算机电源,计算机进行自检、启动,进入 Windows XP 启动画面,如图 2-5 所示。

图 2-5    Windows XP 的启动画面

② 接下来看到的是 Windows XP 的欢迎画面。有时用户看到的欢迎画面出现多个登录用户,这表明这台计算机上已经建立了多个用户账户,用户通过单击自己建立的账户图标,在出现的输入密码框中输入自己设置的登录密码,就可以进入自己的工作环境了。

③ 欢迎画面结束后,即进入 Windows XP。

**2. Windows XP 的退出**

Windows XP 系统要求用户完整退出,以便保存更改后系统的信息。正确关闭计算机的具体步骤如下:

① 单击"开始"菜单,选择"关闭计算机"选项;

② 弹出"关闭计算机"对话框,选择关闭计算机的方式;

③ 单击"关闭"按钮就可以退出 Windows XP 操作系统了。

# 2.2   认识 Windows XP 的工作环境

## 2.2.1   Windows XP 桌面

桌面是用户进行操作的主要场所,几乎所有的操作用户都可以在 Windows XP 的桌面上完成。Windows XP 登录成功后,即显示 Windows XP 桌面。Windows XP 桌面主要包括桌面背景、桌面图标、"开始"按钮、任务栏和语言栏等部分,如图 2-6 所示。

图 2-6   桌面

**1. 桌面背景**

桌面背景是操作系统为用户提供的一个图形界面,作用是让系统的外观变得更美观。用户可根据需要更换不同的桌面背景。

**2. 桌面图标**

桌面上的每个图标代表一个程序、文件或文件夹等,双击某个图标即可启动相应的程序或打开相应的文件或文件夹。但这些图标并不是刚开始就存在的,第一次登录操作系统时,只会在桌面的右下角显示"回收站"图标 ,其他图标的生成则是通过手动添加或在安装程序时自动生成。

**3. "开始"按钮**

位于桌面左下角的 ■ 开始 按钮即是"开始"按钮,单击该按钮在弹出的"开始"菜单中可对 Windows XP 进行各种操作。

**4. 任务栏**

默认情况下任务栏位于桌面的底端,是一个长条形区域,通过它可以进行相关的任务操作,包括快速启动程序、快速打开某个文件夹、切换打开的窗口、查看系统时间和事件(如收到电子邮件或网络连接状态)通知等,因此任务栏主要由快速启动栏、任务按钮和通知区域等部分组成,如图 2-7 所示。

快速启动栏　　　　　　　任务按钮　　　　　　　　　　　　　通知区域

图 2-7　任务栏

(1)快速启动栏

在默认情况下,Windows XP 的任务栏上没有显示快速启动栏,若要将其显示出来,可在任务栏的空白处单击鼠标右键,在弹出的快捷菜单中选择"工具栏"菜单项的子菜单"快速启动",如图 2-8 所示。显示出来的快速启动栏位于 ■ 开始 按钮

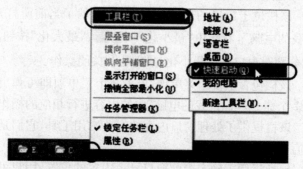

图 2-8　显示快速启动栏

的右侧,单击任意图标即可快速打开相应的程序。对于这些快捷图标,用户可自行添加或删除。

(2) 任务按钮

Windows XP 中每打开一个窗口,在任务栏中都会显示相应的任务按钮。当在 Windows XP 中打开多个窗口时,单击某个任务按钮即可切换到对应的窗口。

(3) 通知区域

通知区域位于任务栏的最右侧,主要显示了当前的时间、某些正在后台运行的程序快捷方式图标以及 Windows 的通知图标等。当该区中包含多个图标时,系统将自动隐藏近期没有使用的程序图标,单击 按钮可显示隐藏的图标。

**5. 语言栏**

语言栏是一个浮动的工具条,如图 2-9 所示,它总是位于所有窗口的最前面,

图 2-9　语言栏

以方便用户选择需要的输入法。其默认状态为 图标,表示处于英文输入状态,单击 图标,在弹出的菜单中可选择其他输入法。单击语言栏右侧的 按钮可将其缩小到任务栏中。

### 2.2.2　Windows XP 的窗口和菜单

**1. 窗口**

(1) 认识窗口

在 Windows XP 系统中打开任何一个窗口(程序、文件除外),界面中的命令按钮均一样,在这里我们以"我的电脑"为例来介绍其功能。双击桌面上的"我的电脑"图标 即可打开"我的电脑"窗口,打开其他窗口的方法与此类似,通过它可以对存储在电脑中的所有资料进行操作。"我的电脑"窗口的组成如图 2-10 所示,下面就以"我的电脑"窗口为例进行介绍。

① 标题栏　该栏位于窗口的顶部,在其左端显示了当前所打开对象的名称,这里显示的是"我的电脑",右端由"最小化"按钮 、"最大化"按钮 和"关闭"按钮 组成,可以分别对窗口进行最小化、最大化和关闭操作。

② 菜单栏　该栏包含了多个菜单项,单击某个菜单项即可弹出相应的下拉菜单,其中又包含多个命令,可对"我的电脑"中的内容进行相应的操作。

③ 工具栏　该栏提供了处理窗口内容的一些常用工具,它们是一些常用命令的快捷按钮,可直接单击进行操作。

④ 地址栏　地址栏用于确定当前窗口显示内容的位置,用户可以通过在地址栏中输入或单击其右侧的 按钮,在弹出的下拉列表中选择要打开的窗口地址。

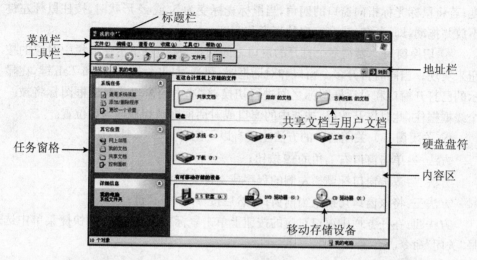

图 2-10 "我的电脑"窗口

⑤ **任务窗格** 是 Windows XP 中的新增功能。它位于窗口的左侧,由"系统任务"、"其它位置"和"详细信息"三个部分组成,其作用是为窗口操作提供常用命令、经常访问的对象以及经常查看的信息,如图 2-11 所示。

⑥ **内容区** 内容区中显示了当前打开窗口中的内容及执行操作后的结果。

（2）窗口的基本操作

窗口的基本操作包括移动窗口、最大/最小化窗口、改变窗口大小、切换窗口、选择命令、操作窗口中的对象和关闭窗口等。

图 2-11 任务窗格

① **移动窗口** 窗口是显示在桌面上的,当打开的窗口遮盖了桌面上其他的内容,或打开的多个窗口出现重叠现象时,可通过移动窗口位置来显示其他内容。移动窗口的方法是:单击窗口标题栏后按住鼠标左键不放,然后拖动窗口标题栏到适当位置后释放鼠标左键即可。

② **最大/最小化窗口** 单击标题栏中 ▢ 和 ▬ 按钮,可对窗口进行最大化、最小化操作。单击 ▢ 按钮可使窗口最大化,此时窗口将布满整个屏幕,且该按钮变成"还原"按钮 ▭ ;单击 ▭ 按钮可将窗口还原为原来的大小;单击 ▬ 按钮可将窗口最小化为任务栏中的一个任务按钮。

③ **改变窗口大小** 要改变窗口的大小,可将鼠标光标移动到窗口的四边,当鼠标光标变为←→或↕形状时按住鼠标左键不放并拖动,即可改变窗口的宽度或高

度;若将鼠标光标指向窗口的四角,当鼠标光标变为 ↘ 或 ↗ 形状时,按住鼠标左键不放并拖动,即可同时改变窗口的高度和宽度。

④ 切换窗口   要在多个打开的窗口之间切换,可通过单击任务栏中对应的按钮来实现。当同时打开多个窗口和对话框时,可通过同时按 Alt 键和 Tab 键,在显示的已打开窗口和对话框图标之间进行切换,被选中的窗口或对话框图标将被一个线框框住,此时松开按键,被选中的窗口或对话框即被切换成当前位置。

⑤ 关闭窗口   关闭窗口的方法主要有以下四种。

方法一:单击窗口右上角的 ☒ 按钮;

方法二:双击窗口标题栏左侧的程序或文件夹图标;

方法三:将该窗口切换至当前窗口,然后按"Alt+F4"键;

方法四:在任务栏中窗口对应的按钮上单击鼠标右键,在弹出的快捷菜单中选择"关闭"命令。

**2. 菜单**

应用程序窗口的菜单栏由若干个菜单项组成,每个菜单项都有对应的一个下拉式菜单,下拉式菜单由若干个与菜单项相关的命令组成,如图 2-12 所示,用鼠标或键盘选择命令,应用程序就会执行相应的功能。菜单中用一些特殊符号或显示效果来表示命令的状态。

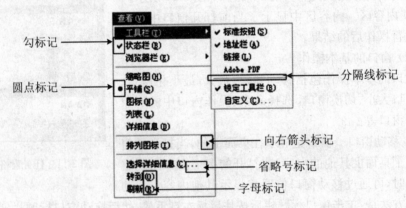

图 2-12   菜单及子菜单

① 勾标记   该标记又被称为复选标记。若选择命令后出现该标记,则表示该项已被选中,该命令对应的功能已执行,再次选择可取消选中状态。

② 圆点标记   该标记又被称为单选标记,表示该组命令中只能选择其中一个,当用户选择了该组菜单中的另一命令后,系统将自动在其前面显示"●"标记。

③ 向右箭头标记   表示在该菜单命令下还有一个子菜单,将鼠标光标移至该菜单命令上或单击该菜单命令就会将其打开。

④ 省略号标记　表示在执行这类命令时,系统将打开一个对话框,需要用户进行设置才能完成此命令。

⑤ 字母标记　通常在菜单项或菜单命令后面都有一个用括号括起来的带下划线的字母,该字母为该菜单项或菜单命令的快捷键。在弹出下拉菜单后按对应的字母键,将执行相应的菜单命令。

⑥ 分隔线标记　其作用是将整个菜单中的同类命令分为一组,方便用户操作。

### 2.2.3　鼠标和键盘的操作

**1. 鼠标**

鼠标是极其重要的输入设备,通过拖动鼠标或点击鼠标的按键可实现对电脑的各种控制操作。目前常用的三键鼠标的外观如图 2-13 所示。要想轻松熟练地使用鼠标,应先掌握其正确的握法。正确的握法为食指和中指自然放在鼠标的左键和右键上,拇指横向放在鼠标左侧,无名指和小指放在鼠标右侧,拇指与无名指及小指轻轻握住鼠标,手掌心贴住鼠标后部,手腕自然垂放在桌面上,如图 2-14 所示。

图 2-13　鼠标外观图　　　　　　　图 2-14　鼠标的正确握法

鼠标对电脑的控制操作是通过鼠标光标来完成的,在移动鼠标时屏幕上会出现指示图标,形状为"$\&$"即为鼠标光标。鼠标的基本操作可根据实现的功能不同分为五种,其功能和作用分别如下:

① 指向　移动鼠标,将鼠标光标放置到目标对象上。

② 单击　将鼠标光标指向目标对象后,用食指按下鼠标左键后快速松开按键,常用于选择对象、打开菜单或发出命令等操作。

③ 双击　将鼠标光标指向目标对象后,用食指快速并连续地按鼠标左键两次,常用于启动某个程序、打开窗口和文件夹等操作。

④ 右击　将鼠标光标指向目标对象后,用中指按下鼠标右键后快速地松开按键,常用于弹出目标对象的快捷菜单等操作。

⑤ 滚动　在浏览网页或长文档时,滚动鼠标中间的滚轮,此时文档将向滚轮

滚动方向移动。

在使用鼠标进行上述操作或系统处于不同的工作状态时,鼠标光标会变为不同的形状,表 2-1 列举了几种常见鼠标光标的形状及其所代表的含义。

表 2-1　鼠标光标形状与含义

| 指针形态 | 含义 |
| --- | --- |
| ↖ | 表示 Windows XP 准备接受输入命令 |
| ↖⧖ | 表示 Windows XP 正处于忙碌状态 |
| ⧖ | 表示系统正在处理较大的任务,用户需等待 |
| Ⅰ | 此光标出现在文本编辑区,表示此处可输入文本内容 |
| ↔ ↕ | 鼠标光标位于窗口的边缘时出现该形状,此时拖动鼠标即可改变窗口大小 |
| ↘ ↗ | 鼠标光标位于窗口的四角时出现该形状,拖动鼠标可同时改变窗口的高度和宽度 |
| ✋ | 表示鼠标光标所在的位置是个超链接 |
| ✛ | 该鼠标光标在移动对象时出现,拖动鼠标可移动对象位置 |
| ＋ | 该鼠标光标常出现在制图软件中,此时可做精确定位 |
| ⊘ | 表示鼠标光标所在的按钮或某些功能不能使用 |
| ↖? | 鼠标光标变为此形状时单击某个对象可以得到与之相关的帮助信息 |

**2. 键盘和鼠标的配合使用**

通常情况下,鼠标和键盘都是分开使用的,但在操作的过程中也可将鼠标和键盘配合使用,从而提高工作效率。下面介绍几种常用的键盘和鼠标配合使用的方法:

① Ctrl＋单击　在选择对象时,按住 Ctrl 键,再用鼠标逐个单击对象,可选择相邻或不相邻的多个对象。在不同的软件中,"Ctrl＋单击"的作用可能有所不同。例如,在 Word 文档中按住 Ctrl 键再单击鼠标时,会选择光标所在的整个句子。

② Shift＋单击　在选择对象时,先单击第一个对象,然后按住 Shift 键的同时再单击另一个对象,则两个对象之间的所有顺序排列的对象均会被选中。例如,在 Word 文档中先将鼠标光标定位到文档中的某一位置,按住 Shift 键并单击其他位置,则两个位置之间的所有文本都将被选择。

③ Alt＋单击　这个组合方式应用较少。例如,在 Word 文档中按住 Alt 键再

拖动鼠标,则可选择一个矩形文字区域。

④ 右击＋按键 在用鼠标右击某一对象时,通常会弹出相应的快捷菜单,通过它可以按其命令快捷键进行一些与该对象相关的操作。

### 2.2.4 使用联机帮助

Windows XP 针对操作系统中的所有功能提供了广泛的帮助。通过"帮助和支持中心"不仅可以检索 Windows XP 中自带的"帮助"文件,还可以非常容易地从联机的 Microsoft 公司技术支持人员那里获取帮助或在 Windows 新闻组中与其他 Windows XP 用户交换问题和答案,同时还可使用"远程协助"让朋友、同事或支持部门的人员给予帮助。获取帮助经常使用以下三种方法:

(1) 选择"开始"菜单中的"帮助和支持"菜单项;

(2) 按 F1 键可获取当前活动窗口的帮助信息;

(3) 选择应用程序的"帮助"菜单,获取对该应用程序及其操作的帮助信息。

Windows XP 的帮助系统以 Web 页的风格显示内容,以超链接的方式打开相关的主题,通过帮助系统可以快速了解 Windows XP 的新增功能以及各种常规的操作。

在"帮助和支持中心"窗口中,用户可以通过各种途径找到自己需要的内容,如图 2-15 所示,下面向用户推荐四种方式:

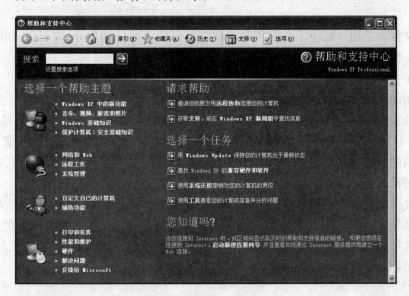

图 2-15 帮助和支持中心

（1）从"帮助和支持中心"主页的顶级目录开始，按目录浏览所有主题。例如，单击"Windows 基础知识"可以了解 Windows 的相关知识。

（2）选择"帮助和支持中心"主页上的某个任务，可以了解所选择的任务的相关知识。

（3）单击该窗口顶部导航栏上的"索引"，然后输入关键词或滚动浏览关键词列表，也可以查找自己所需要的内容。

（4）在"搜索"框中输入词语或短语，然后从查询结果中选择一个主题。例如，要查找关于快捷方式的内容，在"搜索"文本框中输入"快捷方式"。

（5）使用"支持"获得远程在线帮助。

# 2.3 文 件 管 理

对于十分繁杂的磁盘中的文件系统，要能够对所有的文件或文件夹进行快速、有序的管理。在 Windows XP 系统中，管理文件或文件夹的工作主要由"Windows 资源管理器"或"我的电脑"来完成。

## 2.3.1 文件和文件夹的概念

文件就是用户赋予了名字并存储在存储介质上的信息集合，它可以是用户创建的文档，也可以是可执行的应用程序或一张图片、一段声音等。

每个文件都有自己的文件名称，DOS 和 Windows 就是按照文件名来识别、存取和访问文件的。文件名由文件主名和扩展名（类型符）组成，两者之间用小数点"."分隔。文件主名一般由用户自定义，文件的扩展名标识了文件的类型和属性，由 1～3 个字符组成，一般都有比较严格的定义。Windows 中允许使用长文件名，文件名的长度最多不能超过 255 个 ASCII 字符，且不能使用 \、/、:、 、?、"、〈、〉和 |等字符。

文件都包含着一定的信息，而根据其不同的数据格式和意义使得每个文件都具有某种特定的文件类型。Windows 利用文件的扩展名来区别每个文件的类型，每个文件对应显示一个图标，文件图标往往因其类型的不同而不同，系统正是以不同的图标来向用户提示文件的类型。常见文件的类型如表 2-2 所示。

表 2-2  文件基本类型及其扩展名和图标一览表

| 文件类型 | 扩展名 | 图标 | 文件类型 | 扩展名 | 图标 |
|---|---|---|---|---|---|
| Word 文档 | . doc | | 压缩文件 | . rar | |
| Excel 电子表格 | . xls | | 可执行程序 | . exe | |
| PowerPoint 演示文稿 | . ppt | | 帮助文件 | . hlp | |
| 文本文档 | . txt | | Web 网页 | . htm | |

Windows 采用树形目录结构,文件夹树的最高层成为根文件夹,在根文件夹中建立的文件夹成为子文件夹,子文件夹还可以再含子文件夹。文件夹的命名规则与文件命名规则相同。

每个文件或文件夹的路径是一个地址,表示文件或文件夹的存放位置。例如,C 盘 Program Files 文件下的 Java 子文件夹中文件的路径,用 C:\ Program Files\ Java 表示。

## 2.3.2  查看文件和文件夹

"我的电脑"和"Windows 资源管理器"是 Windows XP 系统提供的两个非常重要的对计算机软硬件资源进行管理的应用程序。

其中,资源管理器以分层的方式显示计算机所有文件的图标。使用资源管理器可以更方便地实现浏览、查看、移动和复制文件(夹)等操作,用户可以不必打开多个窗口,仅在一个窗口中就可以浏览所有的磁盘和文件夹。

启动资源管理器有多种方法。常用的有以下四种方法:

(1) 选择"开始"菜单下"所有程序"子菜单中的"Windows 资源管理器"菜单项;

(2) 右击"开始"按钮,在弹出的快捷菜单中选择"资源管理器"选项;

(3) 右击桌面上"我的电脑"图标,在弹出的快捷菜单中选择"资源管理器"命令;

(4) 在 Windows XP 系统中,先打开"我的电脑"窗口,然后单击工具栏上"文件夹"按钮,打开"资源管理器"。

### 1. 展开和折叠文件夹

资源管理器窗口包含了两个区域,如图 2-16 所示,左边区域为文件夹树,它以树形目录结构显示了所有对象,包括桌面、我的电脑、网上邻居、回收站和各级文件夹等对象;右边区域为内容区,它显示了左边区域中被选定文件夹(文件夹呈打开状)的内容。可以用鼠标拖动左右区域之间的分割线调整窗口的大小。

图 2-16 　"资源管理器"

在资源管理器窗口的文件夹树中,文件夹图标前有"+"号,表示该文件夹中含有子文件夹,并且没有被显示出来(称为折叠或收缩)。单击"+"号,其子文件夹结构就会显示出来(称为展开或扩展),同时"+"变成了"-";类似地,单击"-"号,其子文件夹结构就会被隐藏起来,同时"-"变成了"+"。单击文件夹名称,文件夹中的所有内容包括子文件夹和文件会显示在右边的内容显示区。图中右边区域显示的是 C 盘 Program Files 文件夹的内容,左边区域则是展开该文件夹的子文件夹列表。

**2. 文件和文件夹的显示方式**

窗口中的文件(夹)可以以缩略图、平铺、图标、列表和详细信息等五种方式显示。例如,单击"查看"菜单项,选择"详细信息"菜单项,Program Files 文件夹中的内容以如图 2-17 所示方式显示;也可以在窗口空白处右击,从弹出的快捷菜单中选择"查看"菜单项,从中选择一种显示方式。

**3. 图标的排列**

当窗口中有多个图标时,如果不进行排列,就会显得非常凌乱,不利于用户选择所需要的对象,而且影响视觉效果。使用排列图标命令,可以使窗口看上去整洁而富有条理。

文件排序可以按名称、大小、类型或修改时间分别进行设置。

① 名称　　按图标名称开头的字母或拼音顺序排列。

② 大小　按图标所代表文件大小的顺序来排列。

③ 类型　按图标所代表文件的类型来排列。

④ 修改时间　按文件最后一次修改的时间来排列。

图 2-17　文件以详细信息方式显示

操作方法有以下三种：

① 从资源管理器的"查看"菜单中的"排列图标"菜单选项中,选择"按名称"、"按类型"、"按大小"或"按日期"排列。

② 在窗口右边区域的空白处右击,在弹出的快捷菜单中选择"排列图标"选项。

③ 在"详细信息"显示方式下,单击"详细信息"列表首行的"名称""大小""修改时间"标题,也可对文件进行排序。例如,第一次单击图中"修改日期"标题时按升序排列文件,再次单击同一个标题时,则按降序排列。

**4. 查看文件的扩展名**

文件扩展名代表文件类型,当需要在资源管理器中显示文件的扩展名以了解其类型时,可以按如下步骤操作：

① 打开资源管理器,选择"工具"菜单下的"文件夹选项"选项,打开"文件夹选项"对话框,单击"查看"选项卡,如图 2-18 所示;

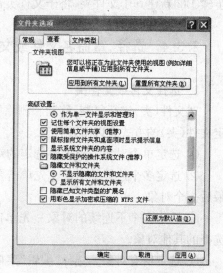

图 2-18　"文件夹选项"对话框

② 在"查看"选项卡的"高级设置"里,选择"隐藏已知文件类型的扩展名"复选框并改变复选标记,即复选标记"√"出现则表示隐藏扩展名,取消"√"则表示显示扩展名;

③ 单击"确定"按钮进行确认。

### 2.3.3　新建文件或文件夹

如果收集了很多的文章、图片和音乐等资料,若将这些文件任意放置的话,将不利于快速查阅和管理,因此,可以建立相应的文件夹将这些资料归类。

例如,在 E 盘创建"资料"文件夹,并在该文件夹中创建"论文"、"视频"、"音乐"和"图片"等子文件夹,操作步骤如下:

① 打开资源管理器,单击 E 盘驱动器,定位到 E 盘;

② 单击"文件"菜单下"新建"子菜单中的"文件夹"选项,或在内容区空白处右击,在弹出的快捷菜单中执行"新建"菜单中的"文件夹"选项,即可新建一个文件夹;

③ 在新建文件夹的名称框中输入文件夹的名称"资料",按 Enter 键或单击其他地方;

④ 双击内容区的"资料"文件夹,或单击左边区域中的"资料"文件夹,再按照步骤①②新建其子文件夹,将子文件夹命名为"论文"等。

### 2.3.4　选择、重命名文件或文件夹

**1. 选择文件或文件夹**

对文件(夹)进行复制、移动和删除等操作之前,必须先选定要操作的对象。选定文件(夹)的方式有以下几种。

① 选定单个对象　单击要选定的对象即可。

② 选定多个连续的对象　先单击要选定的第一个对象,按住 Shift 键,再单击最后一个对象。

③ 选定多个不连续的对象　先单击第一个对象,按住 Ctrl 键,再一次单击要选择的其他对象。

④ 选定所有对象　选择"编辑"菜单下的"全选"选项,或按"Ctrl＋A"键。

⑤ 反向选择对象　如果非选定的文件(夹)较少,可先选择不需要的文件(夹),然后执行"编辑"菜单下的"反向选择"选项,这样原来没有选定的变为选定,而原来选定的变为没有选定。

对于所选定的文件(夹),按住 Ctrl 键不放,单击某个已经选定的文件(夹),即可取消对该文件(夹)的选定;如果单击文件(夹)列表外任意空白处,可取消全部选定。

**2. 重命名文件或文件夹**

在建立一个文件(夹)时,需要分配一个与之内容意义相关的名称。建立文件(夹)后,若发现名称和其内容意义不贴切时,可以使用重命名操作为其改名。

例如,要把"资料"文件夹下的"图片"子文件夹改名为"我的照片",操作步骤如下:

① 打开资源管理器,定位到"资料"文件夹,选定"图片"子文件夹;

② 选择"文件"菜单下的"重命名"选项,或右击"图片"文件夹,在弹出的快捷菜单中选择"重命名"命令,名称框将处于编辑状态;

③ 在名称框中输入"我的照片"后,按 Enter 键确认,结果如图 2-19 所示。

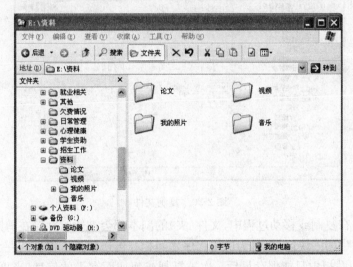

图 2-19 重命名文件夹

### 2.3.5 移动、复制、删除文件或文件夹

**1. 移动、复制文件或文件夹**

在实际应用中,有时需要将文件(夹)移动或者复制到另一位置。移动文件(夹)就是将文件(夹)放到其他地方,执行移动命令后,原位置的文件(夹)消失,出现在目标位置;复制文件(夹)就是将文件(夹)复制一份,放到其他地方,执行复制命令后,原位置和目标位置均有该文件(夹)。

例如,要将 D 盘"Music"文件夹中扩展名为 mp3 的文件都复制到 E 盘"资料"

文件夹下的"音乐"子文件夹中,操作步骤如下:

① 打开资源管理器,定位到"Music"文件夹;

② 选定要复制的文件,由于要复制的是同一类型文件,为了便于选择,可以先按"类型"排列图标,使得相同类型的文件排列在一起,然后单击第一个 mp3 的文件,按住 Shift 键,再单击最后一个 mp3 文件;

③ 执行"编辑"菜单下的"复制"选项("剪切"用于移动);

④ 定位到 E 盘"资料"文件夹下的"音乐"子文件夹中;

⑤ 执行"编辑"菜单下的"粘贴"选项,则所有选定的文件都被复制到"音乐"文件夹下,结果如图 2-20 所示。

图 2-20  复制文件

**提示**  在复制或移动过程中,文件(夹)的副本都会被暂时存储在剪贴板上,剪贴板是内存中的一块区域,是为应用程序之间相互传送信息所提供的一个缓存区。Windows 剪贴板中只能保存最后一次被复制或剪切而存入的信息,当再进行复制或剪切其他内容时,剪切板就被刷新,原有内容会被最新的内容覆盖,其内容可以被多次粘贴。当关闭计算机或者退出 Windows 时,剪贴板中的内容会丢失。

可以通过鼠标拖放进行复制或移动文件(夹)。将选定的文件(夹)拖动到相同驱动器中的另一位置时,是移动文件(夹);如果拖动的同时按 Ctrl 键,则会复制文件(夹)。将选定的文件(夹)拖动到另一驱动器中的某个位置时,是复制文件(夹);如果拖动的同时按 Shift 键,则是移动文件(夹)。用右键拖动文件至目标位置也可以实现移动或复制。

**2. 删除文件或文件夹**

当有的文件(夹)不再需要时,用户可将其删除掉,以利于对文件(夹)进行管理。删除后的文件(夹)将被放到"回收站"中,"回收站"也是一个文件夹,用来临时存储从硬盘上删除的文件(夹)。

例如,要删除"音乐"文件夹中的 All Rise. mp3 文件,具体操作如下:

① 选定要删除的文件(夹),这里选择 E 盘"资料"文件下"音乐"子文件夹中的 All Rise. mp3 文件;

② 选择"文件"菜单下的"删除"选项,或右击要删除的对象,在弹出的快捷菜单中选择"删除"命令;

③ 在弹出的"确认文件删除"对话框中,单击"是"按钮。

**提示**　也可以将选定的文件(夹)直接拖到"回收站"中进行删除。若想彻底删除文件(夹),而不是将其放入"回收站"中,则选定该文件(夹),按"Shift+Delete"键。

**3. 回收站**

回收站是 Windows XP 用于存储键盘上被删除的文件、文件夹和快捷方式的场所,是硬盘上的一块区域。它为用户提供了一个恢复误删除的机会。

对于误删除的文件(夹),如果删除操作是刚进行的,则可以使用"资源管理器"工具栏的"撤销"按钮撤销刚才的删除操作,将文件还原到原来位置。同时,可以使用"回收站"将其恢复到原来的位置。如果确定是不再需要的文件(夹),可以在回收站中将文件(夹)彻底删除。

删除或恢复"回收站"中文件(夹)的操作步骤如下:

① 双击桌面上的"回收站"图标,打开"回收站"窗口,如图 2-21 所示;

图 2-21　"回收站"窗口

② 若要还原某个文件(夹),可右击该文件(夹),在弹出的快捷菜单中选择"还原"选项;若要还原所有的文件(夹),可单击"回收站任务"窗格中的"还原所有项目"选项;

③ 放在回收站中的文件(夹),如果确实不再需要,可以彻底删除以腾出空间。可在"回收站"窗口中选定要删除的文件(夹),然后选择"文件"菜单中的"删除"选项,或者右击要删除的文件(夹),在快捷菜单选择"删除"选项;若要删除"回收站"中的所有文件(夹),可单击"回收站任务"窗格中的"清空回收站"选项。

**提示** 删除"回收站"中的文件(夹),意味着将该文件(夹)彻底删除,无法再恢复;当回收站充满后再删除文件(夹)时,Windows XP 将自动清除"回收站"中的部分空间以存放最近删除的文件(夹)。

### 2.3.6 设置文件或文件夹的属性

文件(夹)包含三种属性:只读、隐藏和存档。对于不希望被别人修改的文件,可以设置文件的"只读"属性来进行保护;若某文件(夹)设置为"隐藏"属性,则该文件(夹)在常规显示中将不被看到,可以防止其他人知道该文件的存在,还可以预防因为偶然的操作将其删除;Windows 用文件的"存档"属性来跟踪文件是否被改变,对于一个已经存盘的文件,每次被改变时,系统先清除其"存档"属性,然后改变文件的内容,再次保存时,系统将设置"存档"属性,这样备份程序只需要备份上次存盘后被改变的部分,而不需要备份全部文件。

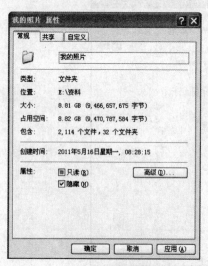

图 2-22   文件(夹)属性对话框

例如,将"资料"文件夹下的"我的照片"子文件夹设置成只读、隐藏,操作步骤如下:

① 打开资源管理器,选定要更改属性的文件夹"我的照片";

② 选择"文件"菜单下的"属性"菜单项,或右击选定的对象,在弹出的快捷菜单中选择"属性"选项,打开"属性"对话框,选择"常规"选项卡,如图 2-22 所示;

③ 在"常规"选项卡中选中"只读"和"隐藏"复选框;

④ 单击"应用"按钮,弹出"确认属性更改"对话框,如图 2-23 所示;

⑤ 在该对话框中可选择"仅将更改应用于该文件夹"或"将更改应用于该文件夹、

子文件夹和文件"选项,单击"确定"按钮关闭该对话框;

　　⑥ 在"常规"选项卡中,单击"确定"按钮即可应用该属性。

　　**提示**　设置为"隐藏"属性的文件(夹),是否要在资源管理器中显示,可以通过单击"工具"下拉菜单中的"文件夹选项"选项,在"文件夹选项"对话框的"查看"选项卡中进行设置。

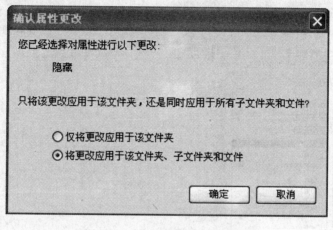

图 2-23　"确认属性更改"对话框

## 2.3.7　搜索文件或文件夹

　　有时候用户需要查看某个文件(夹)的内容,却忘记了该文件(夹)的名称或存放的具体位置,这时候 Windows XP 系统提供的搜索文件(夹)功能就可以帮用户查找该文件(夹)。

　　例如,在"我的文档"中搜索以"b"打头的 10 KB 以上的 JPG 图像文件,其创建日期介于 2010-4-2 到 2013-5-3,操作步骤如下:

　　① 选择"开始"菜单下的"搜索"选项,打开"搜索结果"窗口(见图 2-24);

　　② 在"要搜索的文件(夹)名为(M)"文本框中输入"b＊.jpg";

　　③ 在"搜索范围"下拉菜单框内选择"我的文档"文件夹;

　　④ 单击"搜索选项",选中"日期"复选框,选择搜索文件的"日期"方式为"修改过的文件",并设置日期;

　　⑤ 选中"大小"前的复选框,大小条件设为至少 10 KB;

　　⑥ 单击"立即搜索"按钮,系统将开始搜索文件(夹),并将搜索结果显示在搜索窗口右边的内容区。

　　**提示**　在搜索文件(夹)时,用户可以提供文件名、内容、大小、日期和搜索范围等作为搜索的线索,提供的线索越多,查找目标就越集中、准确;搜索时若不知道确切的文件名,可以使用通配符"＊"或"?"。"＊"可以通配 0 到多个字符,而"?"只能通配一个字符。例如,要搜索以 b 打头的文本文件,则可以在"名称"文本框中输入"b＊.txt"。

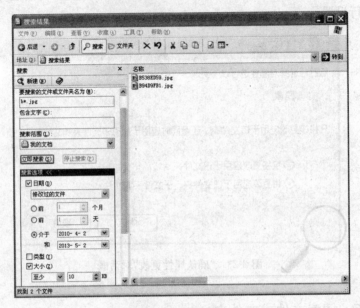

图 2-24　搜索窗口

# 2.4　程序管理

## 2.4.1　安装与卸载应用程序

应用程序是指利用计算机及其提供的系统软件为解决人们某个实际问题而开发、编制的计算机程序。例如,文字处理软件 Word 和 WPS、图形处理软件 Photo-Shop 和 CorelDraw、浏览器 Internet Explorer 等。随着 Windows 逐渐成为个人计算机操作系统的主流,大量的 Windows 应用程序被开发使用。用户需要对应用程序进行有效地管理。

**1. 应用程序的安装**

在 Windows 中,安装应用程序非常容易。一般情况下,用户只需要运行其自动安装程序 Setup. exe 或 Install. exe;对于一些小的应用程序,直接双击 exe 文件

即可,如 QQ2005. exe,根据安装向导的提示一步一步地操作,正确完成应用程序的安装。

**2. 应用程序的卸载**

用户可能在安装了应用软件之后,因怕影响系统的性能或者不再使用等原因,想要删除应用程序,其在执行删除操作时以为直接把相应的文件夹删掉就可以了,其实,文件虽然被删除,但是文件安装时的注册信息仍在注册表中并未删除,系统的性能也并未得到真正的改善。因此,要想真正地删除文件,必须使用卸载工具。

(1) 使用应用程序自带的卸载程序

如果应用程序本身为用户提供了卸载程序 Uninstall 或 Unsetup,在需要删除这些应用程序时,运行其提供的卸载程序即可卸载掉应用程序。例如,系统安装了腾讯软件应用程序,要卸载应用程序腾讯软件 QQ2013,则选择"开始"菜单下"所有程序"子菜单中"腾讯软件"菜单项中的"QQ2013"下面的"卸载腾讯 QQ"选项,即可按向导完成卸载,如图 2-25 所示。

图 2-25　自带卸载程序

(2) 使用"添加或删除程序"

Windows XP 在"控制面板"中包含了"添加/删除程序"图标,可通过其提供的向导来安装和卸载程序。如要卸载 Corel VideoStudio 12,操作步骤如下:

① 单击"开始"菜单中的"控制面板"菜单项,打开"控制面板"窗口(控制面板有经典视图和分类视图两种,默认是分类视图);

② 双击"添加/删除程序"图标,打开"添加或删除程序"窗口,窗口中列出了目前机器中安装的程序,如图 2-26 所示;

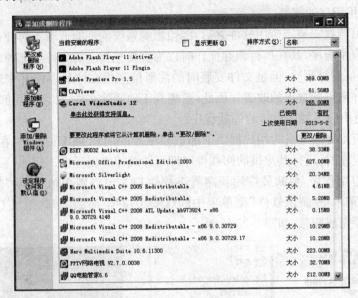

图 2-26  "添加或删除程序"窗口

③ 选中 Corel VideoStudio 12,可以看到详细的信息,比如应用程序所使用的磁盘空间、使用频率、上次使用日期等;

④ 单击"更改/删除"按钮,即可按向导卸载应用程序。

## 2.4.2  程序的启动、切换和退出

### 1. 应用程序的启动

在 Windows XP 系统中,启动应用程序有多种方法,下面介绍四种最常用的方法:

(1)启动桌面上的应用程序

如果应用程序或其快捷方式被放置在桌面上,则直接双击桌面上的应用程序图标。

(2)通过"开始"菜单启动应用程序

单击"开始"菜单按钮,在"所有程序"或其子菜单中找到并单击要启动的应用程序的快捷方式。

(3)通过浏览驱动器和文件夹启动应用程序

并不是所有的应用程序都位于"开始"菜单中或者放置在桌面上,要运行这些

程序的一个有效方法是使用"我的电脑"或"Windows 资源管理器"浏览驱动器和文件夹,找到应用程序文件,然后双击。例如,定位到 C:\Program Files\Microsoft Office\Office11 文件夹(假定 Word 安装在此文件夹中),双击 Winword. exe 图标,启动 Word。

(4) 使用"开始"菜单中的"运行"命令启动应用程序

其操作步骤如下:

① 单击"开始"菜单中的"运行"选项,弹出如图 2-27 所示的"运行"对话框;

图 2-27 "运行"对话框

② 在下拉列表框中输入应用程序的路径及文件名,或者通过"浏览"按钮寻找应用程序。用"运行"命令时,执行过的应用程序将会出现在下拉列表框中,如果需要再次执行,则从下拉列表框中选择应用程序;

③ 单击"确定"按钮,即可启动应用程序。

**2. 在多个程序之间切换**

由于 Windows 是一个多任务的操作系统,它允许同时打开多个应用程序,通过这些应用程序的配合来完成一项工作。对于打开的多个应用程序,它们在任务栏上都将显示一个按钮。在所有打开的应用程序中,只有一个是当前正在使用的,其对应的窗口即为当前活动窗口。当前应用程序的按钮在任务栏中呈高亮显示状态(颜色比较深),该程序的窗口显示在其他程序窗口的上方。

当需要改变当前应用程序时,只要在任务栏上单击所需应用程序按钮,或者单击该应用程序窗口的任何可见部分即可。

**3. 退出应用程序**

应用程序使用完毕后应及时将其关闭,退出应用程序,以释放所占用的内存空间,同时防止意外的损失。退出应用程序主要有以下几种方法:

(1) 单击应用程序标题栏右侧的"关闭"按钮。

(2) 选择应用程序的"文件"菜单下的"退出"选项。

(3) 单击应用程序窗口上的控制菜单按钮,在弹出的控制菜单上选择"关闭"。

（4）双击应用程序的控制菜单按钮。

（5）按"Alt＋F4"键。

（6）右击任务栏上该应用程序的按钮，在其快捷菜单中选择"关闭"。

在退出应用程序前，如果用户没有将已做修改的文档保存，在退出时将会显示一个提示对话框，询问"是否保存对文档所作的修改？"

### 2.4.3　创建和使用快捷方式

快捷方式是一种特殊的文件，其中包含要启动一个应用程序、编辑一个文档或打开一个文件夹所含的全部信息。快捷方式可以说是一个指向程序、文档或文件夹的指针，当双击快捷方式时，Windows 就根据快捷方式里记录的信息找到这个项目，再打开它。

用户可以为一些经常使用的应用程序、文件、文件夹、打印机或网络中的计算机等创建桌面快捷方式，这样在需要打开这些项目时，就可以通过双击桌面快捷方式快速打开了。

例如，如果最近正在撰写论文，相关资料都在 D 盘"资料"文件夹下的"论文"文件夹中，可以将"论文"文件夹的快捷方式建在桌面上以方便使用，操作步骤如下：

① 打开资源管理器，定位到"资料"文件夹；

② 右击"论文"图标，在其快捷菜单中，选择"发送到/桌面快捷方式"；

③ 系统将在桌面上创建一个名为"论文"的快捷方式，双击该快捷方式就可以打开"论文"文件夹。

**提示**　将选定的若干文件（夹）用右键拖动到目标位置放开，在快捷菜单中选择"复制到当前位置"（或"移动到当前位置"）命令，可以实现文件（夹）的复制和移动；若选择"在当前位置创建快捷方式"命令，可以同时为多个文件（夹）创建快捷方式。

### 2.4.4　Windows 任务管理器

在 Windows XP 系统中，用户可以使用任务管理器来完成多种任务的查看与管理，当用户在键盘上按"Ctrl＋Alt＋Del"键或右击任务栏空白处后，在弹出的快捷菜单中选择"任务管理器"命令，即可打开"Windows 任务管理器"窗口，如图 2-28 所示。

任务管理器的用户界面提供了"文件"、"选项"、"查看"、"窗口"、"关机"和"帮助"六大菜单项。例如，"关机"菜单项可以完成待机、休眠、关闭、重新启动、注销和切换等操作。窗口中还有"应用程序"、"进程"、"性能"、"联网"和"用户"等五个选项卡,窗口底部则是状态栏,从这里可以查看到当前系统的进程数、CPU 使用比率、更改的内存容量等数据。

图 2-28   "任务管理器"窗口

（1）"应用程序"选项卡

显示了所有当前正在运行的应用程序,不过它只会显示当前已打开窗口的应用程序,而 QQ、MSN Messenger 等最小化至通知区域的应用程序并不会显示出来。可单击"结束任务"按钮直接关闭某个应用程序;若单击"新任务"按钮,可直接打开相应的程序、文件夹、文档或 Internet 资源,如果不知道程序的名称,可单击"浏览"按钮进行搜索,其实"新任务"的功能有些类似于"开始"菜单中的"运行"命令。

（2）"进程"选项卡

显示了所有当前正在进行的进程,包括应用程序和后台服务等,那些隐藏在系统底层深处运行的病毒程序或木马程序都可以在这里找到,当然前提是要知道它的名称。找到需要结束的进程名,然后右击,在快捷菜单中选择"结束进程"命令,就可以强行终止,不过这种方式将丢失未保存的数据,而且如果结束的是系统服务,则系统的某些功能可能无法正常使用。

（3）"性能"选项卡

用户可以通过图表了解 CPU 处理数据的进程以及有关物理内存和核心内存的情况。

（4）"联网"选项卡

显示了本地计算机所连接的网络通信量的指示，可以查看有关网络的应用状态。

（5）"用户"选项卡

显示了当前已登录和未连接到本机的用户数、标识（标识可更改计算机上会话的数字 ID）、活动状态（正在运行、已断开）和客户端名。可以单击"注销"按钮重新登录，或者通过"断开"按钮断开与本机的连接。

# 2.5　计算机管理

## 2.5.1　自定义工作环境

就像每个人都有自己的个性特征一样，对 Windows 工作环境的设置也有个性化的问题。相关设置除了可以体现与众不同的一面之外，更重要的是可以使在用的 Windows XP 系统更符合个人的工作习惯，提高工作效率。

**1. 管理桌面图标**

在桌面上创建了快捷方式图标后，可能使桌面看上去杂乱无章，用户希望可以对桌面图标进行排列。可在桌面上的空白处右击，在弹出的快捷菜单中选择"排列图标"命令，在子菜单项中包含了多种排列方式，有按名称排列、按大小排列、按类型排列、按修改时间排列和自动排列。

不论按什么方式排列图标，系统总是先排列 Windows 默认的桌面图标，即"我的文档"、"我的电脑"、"回收站"和"Internet Explorer"等图标，然后排列个人的快捷方式图标。可以使用删除文件（夹）的方法删除桌面快捷方式图标。

**2. 自定义任务栏**

任务栏是位于桌面最下方的一个小长条，它显示了系统正在运行的程序和打开的窗口、当前时间等内容，用户通过任务栏可以完成许多操作，也可以对它进行一系列的设置。

（1）任务栏的组成

任务栏可分为"开始"菜单按钮、快速启动工具栏、窗口按钮栏和通知区域（又称系统托盘，包括语言栏、音量控制器、日期指示器等）等几部分，如图 2-29 所示。

① "开始"菜单按钮　单击此按钮，可以打开"开始"菜单，在用户操作过程中，要用它打开大多数的应用程序。

② 快速启动工具栏　它由一些小型的按钮组成，单击按钮可以快速启动程

序,一般情况下,它包括网页浏览工具 Internet Explorer 按钮、收发电子邮件的程序 Outlook Express 按钮和显示桌面按钮等。

"开始"　　快速启动　　　　　窗口按钮栏　　　　　　　　　　　　　　　通知区域
菜单按钮　任务栏

图 2-29　任务栏

③ 窗口按钮栏　当用户启动某项应用程序而打开一个窗口后,在任务栏上会出现相应的有立体感的按钮,表明当前程序正在运行。

④ 语言栏　单击  按钮,在弹出的菜单中可以选择输入法。语言栏可以最小化按钮的形式在任务栏上显示,单击右上角的还原小按钮,它也可以独立于任务栏之外。

如果用户还需要添加某种语言,可按下列步骤操作:

(a) 在语言栏的位置右击,在弹出的快捷菜单中选择"设置"选项,即可打开"文字服务和输入语言"对话框,如图 2-30 所示;

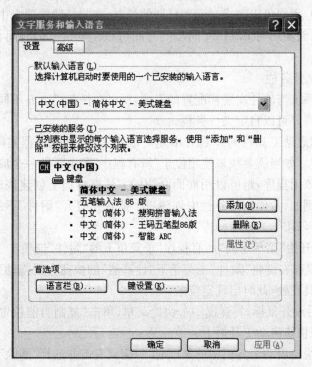

图 2-30　"文字服务和输入语言"对话框

(b) 单击"添加"按钮,打开"添加输入语言"对话框,如图 2-31 所示,在"键盘布局/输入法"下拉列表框中选择所需输入法,例如,"微软拼音输入法 2003",然后单击"确定"按钮。

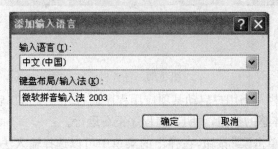

图 2-31   "添加输入语言"对话框

⑤ 音量控制器   即任务栏上小喇叭形状的按钮,单击它后会出现一个音量控制对话框,用户可以通过拖动上面的小滑块来调整扬声器的音量。

⑥ 日期指示器   在任务栏的最右侧,显示了当前系统时间,把鼠标放在上面停留片刻,会出现当前的日期,双击后打开"日期和时间属性"对话框。在"日期和时间"选项卡中,用户可以完成时间和日期的校对;在"时区"选项卡中,用户可以进行时区的设置;而使用与 Internet 同步的时间可以使本机上的时间与互联网上的时间保持一致。

(2) 自定义任务栏

由于操作系统与软件安装和配置的不同,所以在任务栏上有不同的图标,根据个人的需要和喜好可以自定义任务栏。

首先,快速启动工具栏的外观并不是一成不变的,可以根据实际需要进行改变,以方便操作。如当需要频繁使用位于"所有程序"菜单下的一个应用程序时,希望能快速打开该用程序,则可以用前面介绍的方法在桌面上创建该程序的一个快速启动按钮。例如,希望在任务栏中创建一个能快速打开"附件"下的"计算器"的快速按钮,则可以按下列步骤操作:

(a) 选择"开始"菜单下的"所有程序"子菜单下的"附件"选项;

(b) 按住鼠标右键将"附件"子菜单下"计算器"的快捷方式拖动到任务栏左边的快速启动工具栏处,此时出现定位条;

(c) 定位后放开鼠标,将弹出一个快捷菜单,单击"复制当前位置"选项,则"计算器"按钮出现快速启动工具栏上。

想要删除快速启动工具栏中的某项时,只需要右击并选择"删除"即可。

其次,用户在任务栏上的非按钮区域右击,在弹出的快捷菜单中选择"属性",即可打开"任务栏和「开始」菜单属性"对话框,单击"任务栏"选项卡,如图 2-32 所示,可以设置任务栏的外观。

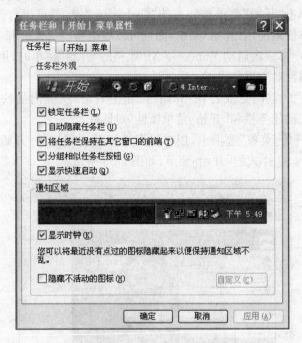

图 2-32 "任务栏和「开始」菜单属性"对话框

① 锁定任务栏　当锁定后,任务栏不能被随意移动或改变大小。

② 自动隐藏任务栏　当用户不对任务栏进行操作时,它将自动消失,当用户需要使用时,可以把鼠标放在任务栏位置,它会自动出现。

③ 将任务栏保存在其它窗口的前端　如果用户打开很多的窗口,任务栏总是在最前端,而不会被其他窗口盖住。

④ 分组相似任务栏按钮　把相同的程序或相似的文件归类分组使用同一按钮,这样不至于在用户打开很多的窗口时,按钮变得很小而不容易辨认,使用时,只要找到相应的按钮组就可以找到要操作的窗口名称。此设置虽然可以让任务栏少开窗口按钮,保持简洁,但对于一些需要打开同类多个窗口的工作非常不便。

⑤ 显示快速启动　选择后将显示快速启动工具栏。

⑥ 通知区域　在该选项组中,用户可以选择是否显示时钟,也可以把最近没有单击过的图标隐藏起来以便保持通知区域的简洁明了。

**3. 自定义"开始"菜单**

Windows XP 系统中默认的"开始"菜单充分考虑到用户的视觉需要,设计风格清新明朗,"开始"按钮由原来的灰色改为鲜艳的绿色,打开后的显示区域比以往更大,而且布局结构也更利于用户使用。通过"开始"菜单可以方便地访问 Internet、收发电子邮件和启动常用的程序。

　　在桌面上单击"开始"菜单按钮或按"Ctrl＋Esc"键,就可以打开"开始"菜单。用户不但可以方便地使用"开始"菜单,而且可以根据自己的爱好和习惯自定义"开始"菜单。当用户第一次启动 Windows XP 风格的"开始"菜单时,用户可以通过改变"开始"菜单属性对它进行设置：

　　① 在任务栏的空白处或者在"开始"按钮上右击,从弹出的快捷菜单中选择"属性"命令,打开"任务栏和「开始」菜单属性"对话框。

　　② 单击"「开始」菜单"选项卡,用户可以选择系统默认的「开始」菜单,或者是经典的 Windows 98 样式的「开始」菜单,如图 2-33 所示。

图 2-33　"开始"菜单选择

　　③ 在"开始菜单"选项卡中单击"自定义"按钮,打开"自定义开始菜单"对话框,如图 2-34 所示。

　　• 在"常规"选项卡的"为程序选择一个图标大小"选项组中,可以选择在"开始"菜单显示大图标或者是小图标；

　　• 在"程序"选项组中,可以指定在"开始"菜单中显示常用程序快捷方式的数目,默认为六个,系统会自动统计使用频率最高的程序,然后在"开始"菜单项中启动；

　　• 在"在「开始」菜单上显示"选项组中,可以分别为 Internet 和电子邮件指定

所使用的程序。

图 2-34 "自定义「开始」菜单"对话框

④ 单击"确定"按钮,关闭对话框,当用户再次打开"开始"菜单时,所做的设置就会生效。

**提示** 默认的菜单和经典的菜单并没有本质的区别,只是根据不同的使用习惯对图标采用了不同的整理归类方法。可以对"开始"菜单中的用户快捷方式进行移动、复制、删除等操作。

**4. 显示属性的设置**

Windows XP 系统为用户提供了设置个性化桌面的空间。系统中包含一套精美的图片集,可以从中挑选图片以定制计算机桌面,也可以从网络上获取照片或图片作为背景。通过显示属性的设置,可以改变桌面的外观或选择屏幕保护程序,还可以为背景加上声音。通过这些设置,可以使用户的桌面更加赏心悦目。

在进行显示属性设置时,打开"显示属性"对话框的方法有两种:

一是在桌面的空白处右击,在弹出的快捷菜单中选择"属性"命令;

二是选择"开始"菜单下的"控制面板"菜单项,在"控制面板"窗口单击"外观和主题"选项,然后双击"显示"图标或单击"选择一个任务"选项组下的任意命令项,这时会出现"显示属性"对话框。

一般的 Windows XP 系统中,"显示属性"对话框包含"主题"、"桌面"、"屏幕保护程序"、"外观"和"设置"五个选项卡。用户可以在各选项卡中进行个性化设置。

（1）主题

桌面主题是计算机个性化的直接体现，是图标、字体、颜色、声音和其他窗口元素的预定义的集合，它使用户桌面具有与众不同的外观。用户可以切换主题、创建自己的主题（通过更改某个主题，然后以新的名称保存）或者恢复传统的 Windows 经典外观作为主题。例如，要想将桌面还原成 Windows 经典桌面，可在显示属性对话框的"主题"选项卡的"主题"列表框中选择"Windows 经典"项，如图 2-35 所示。

图 2-35　"主题"选项卡

（2）桌面

一个绚丽的桌面不仅仅要有好的风格，更要有一幅动人的画卷通过背景来展现，所以选择一幅好的图片作为背景非常重要。在"桌面"选项卡中用户可以设置自己的桌面背景。

① 打开"显示属性"对话框，选择"桌面"选项卡，如图 2-36 所示。

② 在"背景"列表框中，提供了多种风格的图片，可根据自己的喜好来选择，也可以通过"浏览"按钮从已保存的文件中调入自己喜爱的图片。若想用纯色作为桌面背景颜色，可在"背景"列表中选择"无"选项，在"颜色"下拉列表中选择喜欢的颜色。

③ 在"位置"下拉列表中有居中、平铺和拉伸三种选项，可调整背景图片在桌

面上的位置。

图 2-36 "桌面"选项卡

④ 单击"自定义桌面"按钮,可打开"桌面项目"对话框,如图 2-37 所示。如果想使用传统 Windows 系统桌面的快捷方式,包括"我的文档"、"网上邻居"、"我的电脑"和"Internet Explorer",只需要选中"桌面图标"选项组中的相应复选框即可。

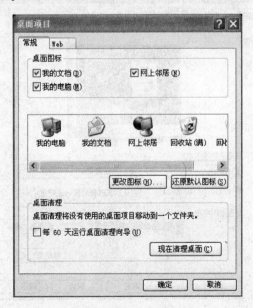

图 2-37 "桌面项目"对话框

⑤ 单击下方的"更改图标"按钮后,用户可以给这些快捷方式更改图标,这些图标文件可以是系统提供的,也可以是用户自己导入的图片或者是其他图标文件。相反,如果用户不喜欢修改后的图标,可以单击"还原默认图标"按钮,将这些快捷方式图标恢复到初始状态。

⑥ 如果用户经常在计算机中安装新的应用程序,而许多应用程序在安装的时候会自动地在桌面上添加一个快捷方式,这样时间一长众多的图标会使桌面混乱不堪。启用"桌面项目"对话框的"桌面清理"栏中的"每 60 天运行桌面清理向导"功能后,系统会自动提示用户将 60 天未用的图标放入一个指定的文件夹,以保持桌面整洁。同时用户也可以单击"现在清理桌面"按钮,在弹出的"桌面清理向导"的提示下完成对桌面的及时清理。

(3) 屏幕保护程序

在实际应用中,若彩色屏幕的内容一直固定不变,间隔时间较长后可能会造成屏幕的损坏,可以使用屏幕保护程序对屏幕进行保护。当用户暂时不对计算机进行任何操作时,在屏幕上显示变化的图像,有效地保护显示器,并且可以设置密码防止他人在计算机上进行任意的操作,从而保证数据的安全。使用屏幕保护程序的步骤如下:

① 打开"显示属性"对话框,选择"屏幕保护程序"选项卡,如图 2-38 所示;

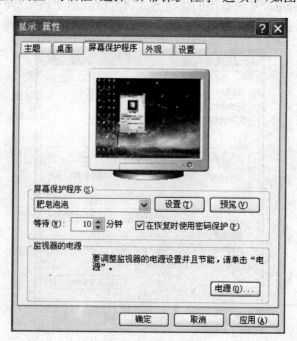

图 2-38  "屏幕保护程序"选择卡

② 在该选项卡的"屏幕保护程序"选项组中的下拉列表中选择一种屏幕保护程序,在选项卡的显示器中即可看到该屏幕保护程序的显示效果;

③ 单击"设置"按钮,可以在弹出的对话框中对所选的屏幕保护程序的属性进行修改,根据所选的屏幕保护程序的不同,弹出对话框中的属性值也不同;

④ 单击"预览"按钮,可预览该屏幕保护程序的效果,移动鼠标或操作键盘即可结束屏幕保护程序;

⑤ 在"等待"文本框中输入或对微调按钮进行调节来设置等待时间,确定计算机在多长时间无人使用时则启动该屏幕保护程序;

⑥ 选中"在恢复时使用密码保护"复选框将启用密码保护功能。当系统运行屏幕保护程序后,用户只有提供登录密码才能停止屏幕保护程序,回到之前的工作界面。

**提示** 如果要调整监视器的电源设置来节省电能,单击"电源"按钮,可打开"电源选项属性"对话框,可以在其中指定适合自己的节能方案。

(4) 外观

在"外观"选项卡中,用户可以改变桌面、消息框、活动窗口和非活动窗口等的样式、颜色、字体大小等。

① 打开"显示属性"对话框,选择"外观"选项卡,如图 2-39 所示;

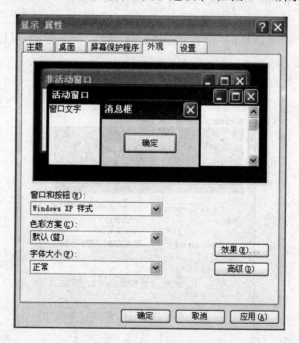

图 2-39 "外观"设置选项卡

② 在该选项卡中的"窗口和按钮"下拉列表框中选择一种样式;

③ 在"色彩方案"和"字体大小"下拉列表框中分别选择颜色和大小;

④ 单击"效果"按钮,打开"效果"对话框,如图 2-40 所示,在这个对话框中可以为菜单和工具提示使用过渡效果,可以使屏幕字体的边缘更平滑,尤其是对于液晶显示器的用户来说,使用这项功能,可以大大地增加屏幕显示的清晰度,除此之外,还可以使用大图标、在菜单下设置阴影显示等;

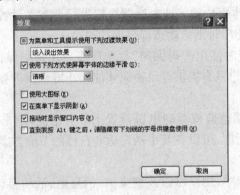

图 2-40   "效果"设置对话框

⑤ 单击"应用"和"确定"按钮即可应用所选项设置。

(5) 设置

在"显示属性"对话框的"设置"选项卡中,如图 2-41 所示,可以设置屏幕的分辨率和颜色质量。

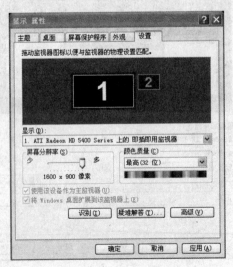

图 2-41   "设置"选项卡

在"屏幕分辨率"选项卡中,可以拖动小滑块来调整其分辨率。分辨率越高,在屏幕上显示的信息就越多,画面就越逼真,但屏幕上的东西看起来却越小。在"颜色质量"下拉列表框中有中(16 位)、高(24 位)和最高(32 位)三种选择。显卡所支持的颜色质量位数越高,显示画面的质量就越好。在进行调整时,要注意自己的显卡配置是否支持高分辨率,如果盲目调整,则会导致系统无法正常运行。

## 2.5.2　磁盘管理

磁盘是计算机的存储介质,用来存放各种数据和信息。一直以来磁盘管理在计算机的发展中扮演着重要的角色,合理、高效地使用和管理磁盘是操作系统的一大主要功能。

### 1. 查看磁盘属性

Windows XP 系统中的每个磁盘分区都有一组属性,用户可以通过查看磁盘属性来了解磁盘当前状况。

在"我的电脑"或"资源管理器"中,右击要查看的磁盘驱动器,在弹出的快捷菜单中选择"属性"命令,打开"属性"对话框,如图 2-42 所示。

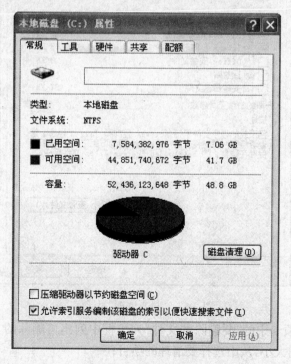

图 2-42　"属性"对话框

在其"常规"选项卡中显示了该分区的卷标名、磁盘类型、文件系统、磁盘容量、已用空间和可用空间的大小。

**2. 磁盘清理**

计算机在工作时会产生许多临时文件,回收站里也存有很多被删除的文件以及上网时留下的许多 Internet 临时文件等都会占用磁盘空间。可以使用磁盘清理工具,在磁盘中搜索可以安全删除的文件,来帮助用户释放硬盘上的空间,以提高系统性能。

执行磁盘清理程序的操作步骤如下:

① 在"开始"菜单的"所有程序"子菜单中,选择"附件"菜单下"系统工具"菜单的"磁盘清理"菜单项,弹出"选择驱动器"对话框;

② 选择要进行清理的驱动器,并单击"确定"按钮,可打开该驱动器的"磁盘清理"对话框,如图 2-43 所示;

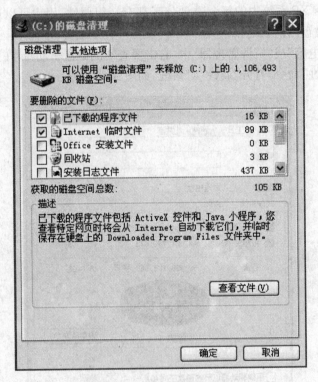

图 2-43  "磁盘清理"对话框

③ 在该选项卡中的"要删除的文件"列表框中列出可删除的文件类型及其所占用的磁盘空间大小,从中选择要清理的项目;

④ 单击"确定"按钮,将弹出"磁盘清理确认删除"对话框,单击"是"按钮,系统

将删除选定的文件。

### 3. 整理磁盘碎片

计算机使用久了,磁盘上保存了大量的文件,这些文件并非保存在一个连续的磁盘空间上,而是把一个文件分散地放在许多地方,这些零散的文件被称作磁盘碎片,这些碎片会降低整个 Windows 的性能;同时,由于磁盘中的可用空间也是零散的,创建新文件(夹)的速度也会降低。使用磁盘碎片整理程序可以重新安排文件在磁盘中的存储位置,将文件的存储位置整理到一起,同时合并可用空间,实现提高运行速度的目的。

运行磁盘碎片整理程序的具体操作如下:

① 在"开始"菜单的"所有程序"子菜单中,选择"附件"菜单下"系统工具"菜单的"磁盘碎片整理程序"菜单项,打开"磁盘碎片整理程序"对话框,如图 2-44 所示,在该对话框中显示了磁盘的一些状态和系统信息;

图 2-44 "磁盘碎片整理程序"对话框

② 选择一个磁盘,单击"碎片整理"按钮,即可开始整理磁盘碎片,系统会以不同形状的颜色条来显示文件的零碎程度及碎片整理的进度;

③ 在磁盘碎片整理完毕后,将出现"磁盘碎片整理程序"对话框,单击"关闭"按钮,完成碎片整理工作。

### 4. 磁盘查错

用户在经常进行文件的移动、复制、删除及程序的安装、删除等操作后,可能会出现坏的磁盘扇区,这时可执行磁盘查错程序,以修复文件系统的错误、修复坏扇区等。

执行磁盘查错程序的具体操作步骤如下:

① 打开"我的电脑"或"资源管理器"窗口;

② 右击需要进行磁盘查错的磁盘驱动器，在弹出的快捷菜单中选择"属性"选项，打开"磁盘属性"对话框，选择"工具"选项卡，如图 2-45 所示；

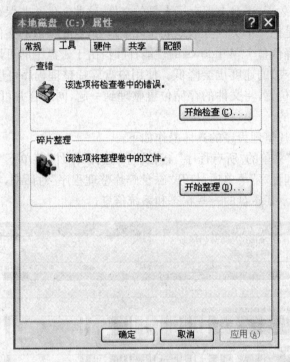

图 2-45　"工具"选项卡

③ 在该选项卡中有"查错"和"碎片整理"两个选项组，单击"查错"选项组中的"开始检查"按钮，弹出"检查磁盘"对话框，如图 2-46 所示；

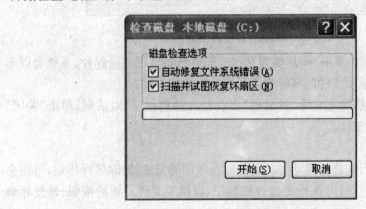

图 2-46　"检查磁盘"对话框

④ 在该对话框中用户可选择"自动修复文件系统错误"和"扫描并试图恢复坏

扇区"选项,单击"开始"按钮,即可开始进行磁盘查错,在进度框中可看到磁盘查错的进度;

⑤ 磁盘查错完毕后,单击"确定"按钮。

### 2.5.3 用户管理

在实际生活中,用户避免不了在家或办公室与别人共用一台计算机。Windows XP 系统允许多用户登录,不同的用户可以使用同一台计算机而进行不同的个性化设置,这样,各个用户在使用公共系统资源的同时,可以设置有个性的工作空间。

Windows XP 系统提供了强大的用户管理功能,主要包括账户的创建、设置密码、修改账户等内容。

Windows XP 系统的用户账户分为两种类型:一种是"计算机管理员"类型,另一种是"受限"类型。两种类型的权限是不同的,"计算机管理员"拥有对计算机操作的全部权利,可以创建、更改和删除账户,安装和卸载程序,访问计算机的全部文件资料;而"受限"类型用户账户只能修改自己的用户名和密码等,也只能浏览自己创建的文件和共享的文件。

设置多用户使用环境的具体操作步骤如下:

① 选择"开始"菜单下的"控制面板"选项,打开"控制面板"窗口;

② 双击"用户账户"图标,打开"用户账户"窗口,如图 2-47 所示;

图 2-47 "用户账户"窗口

③ 在该窗口中的"挑选一项任务"选项组中可选择"更改账户"、"创建一个新账户"或"更改用户登录或注销的方式"三种选项,在"或挑一个帐户做更改"选项组中选择"Administrator"账户或"Guest"账户;

④ 用户账户建立后,可以对用户账户进行一系列的修改,比如设置密码、更改账户类型、修改账户图片、删除账户等,例如,用户要对计算机管理员账户进行更改,单击"计算机管理员"账户,打开"更改用户账户"窗口,如图 2-48 所示,可以对账户信息进行重新设置;

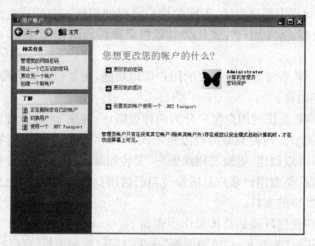

图 2-48　更改用户账户

⑤ Guest 账户不需要密码即可访问计算机,但是只有最小权限,不能进行更改设置和删除安装程序等操作,如果不希望其他人通过这个账户进入自己的计算机,可以在"用户账户"窗口中,单击"Guest"账户,选择"禁用来宾账户"就可以关闭Guest 账户了。

**提示** 若用户要更改其他用户账户选项或创建新的用户账户等,可单击相应的命令选项,按提示信息操作即可。

### 2.5.4　设备管理

**1. 设置鼠标**

利用控制面板中的鼠标应用程序图标,可以设置鼠标的左右键功能互换、鼠标双击的速度、鼠标移动的速度、鼠标指针形状、鼠标的轨迹等属性。具体步骤为:

① 选择"开始"菜单下的"控制面板"选项,打开"控制面板"窗口;

② 单击"打印机和其他硬件",打开"打印机和其他硬件"窗口;

③ 单击"鼠标"图标,打开"鼠标属性"对话框,如图 2-49 所示,该对话框有"鼠

标键"、"指针"、"指针选项"、"轮"和"硬件"五个选项卡。

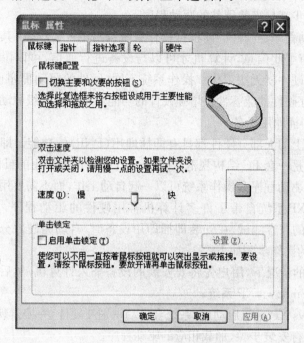

图 2-49 "鼠标属性"对话框

（a）"鼠标键"选项卡 选中"切换主要和次要的按钮"复选框，使左右键功能互换，以适用于习惯左手的用户。移动"速度"一栏中的滑块调节双击速度，可以双击右边的以适用于习惯左手的用户；移动"速度"一栏中的滑块调节双击速度，可以双击右边的文件夹窗口，如果不能打开或关闭该文件夹，则尝试调节较低的速度。

（b）"指针"选项卡 用于设置鼠标指针在正常、帮助选择、后台工作和忙碌等情况下的显示形状和大小。

（c）"指针选项"选项卡 主要用于设置鼠标的移动速度、是否自动将指针移动到对话框中的默认按钮和是否显示指针的移动轨迹等。

（d）"轮"选项卡 对于有滚轮的鼠标，可以设定滚轮每转动一个单位上下页面所滚动的行数。

（e）"硬件"选项卡 在当前窗口中显示了鼠标的型号、接口类型和生产商等信息。

**2. 添加新硬件**

在用户使用计算机的过程中，有时会因为工作和学习的需要而添加各种新的硬件，比如想要使得自己的计算机连入 Internet，就必须先在机器上安装调制解调器或网卡；想要将文档打印到纸上，就必须先安装打印机。

安装新硬件一般包括两个步骤：第一步要将所有添加的硬件与自己的计算机进行连接，第二步就是安装硬件的驱动程序。

**提示** 驱动程序是硬件厂商根据操作系统编写的配置文件，其中包含有硬件设备的信息。有了此信息，计算机才可以与设备进行通信，可以说若没有驱动程序，计算机中的硬件就无法工作。操作系统不同，硬件的驱动程序也不同，各个硬件厂商为了保证硬件的兼容性及增强硬件的功能会不断地升级驱动程序。

（1）添加即插即用设备

目前，市场上的大部分硬件都具有即插即用（PNP）的功能。即插即用既是一种硬件技术，又是一套 PC 结构规范。Microsoft 公司即插即用的目标是使计算机、附加硬件设备、驱动程序和操作系统可以一起自动工作，而不需要用户的干预。

Windows XP 系统自带了许多计算机常用硬件的驱动程序，并且都通过了 Microsoft 公司的兼容测试，在安装即插即用设备时，自动为硬件分配资源。添加即插即用设备的操作步骤如下：

① 在关机的情况下，用户先将要安装的设备插入计算机，然后打开计算机电源，自动开启 Windows XP 系统；

② Windows XP 系统启动后，系统会自动识别新硬件，并搜索新硬件的驱动程序，然后开始执行安装步骤，加载相应的驱动程序。

（2）添加打印机

打印机是计算机常见的输出设备之一，如果用户安装了打印机就可以将各种文档和图片的内容打印出来，这为用户的工作和学习提供了极大的方便。

与其他设备一样，用户需要安装打印机的驱动程序才能使用打印机。在安装打印机驱动程序之前，首先要确认是否已将打印机连接到计算机的正确端口。一般在关机的情况下，把打印机的信号线与计算机的 LPT1（并行）端口相连，并且接通电源，连接好之后，就可以开机启动系统，准备安装驱动程序。其操作步骤如下：

① 选择"开始"菜单下的"打印机和传真"选项，打开"打印机和传真"窗口。

② 在"打印机任务"栏中，单击"添加打印机"选项，即可打开"添加打印机向导"对话框，该向导引导用户安装打印机。

③ 单击"下一步"按钮，打开"本地或网络打印机"对话框，如图 2-50 所示。用户可以选择安装本地或者是网络打印机，在这里选择"连接到此计算机的本地打印机"。

**提示** 当选择"自动检测并安装即插即用打印机"复选框时，系统将自动检测打印机的型号、连接端口等，并自动搜索、安装它的驱动程序，如果找不到，将会弹出对话框，要求用户指定驱动程序所在的位置。

④ 单击"下一步"按钮，打开"选择打印机端口"对话框，大多数计算机使用 LPT1 端口与本地打印机通信，所以在"使用以下端口"下拉列表框中选择"LPT1"

（推荐的打印机端口）。

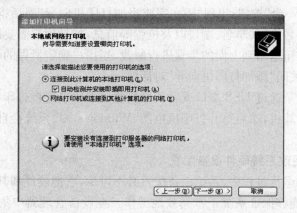

图 2-50 "本地或网络打印机"对话框

⑤ 单击"下一步"按钮，打开"安装打印机软件"对话框，如图 2-51 所示。在左侧的"厂商"列表中选择打印机生产厂商，在右侧的"打印机"列表中选择产品型号；如果安装的打印机制造商和型号未在列表中显示，可以使用打印机所附带的安装光盘进行安装，单击"从磁盘安装"按钮。

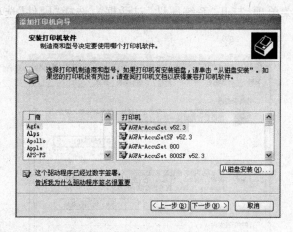

图 2-51 "安装打印机软件"对话框

⑥ 单击"下一步"按钮，打开"命名您的打印机"对话框。用户可以为该打印机命名，并将其设置为默认打印机。

⑦ 单击"下一步"按钮，打开"打印机共享"对话框。如果用户要将安装的打印机在局域网上共享，则选择"共享名"单选按钮，并在文本框中输入打印机的共享名称；如果用户个人使用这台打印机，选择"不共享这台打印机"单选按钮。

⑧ 单击"下一步"按钮，打开"打印测试页"对话框，如果用户要确认打印机是否连接正确且是否顺利安装了驱动程序，单击"是"单选按钮，这时打印机就可以开

始工作,进行测试页的打印。

⑨ 单击"下一步"按钮,出现"正在完成添加打印机向导"对话框。在此显示所添加的打印机的名称、共享名、端口以及位置等信息,如果用户需要改动的话,可以单击"上一步"按钮返回到上面的步骤进行修改,当用户确定所做的设置无误时,单击"完成"按钮,关闭"添加打印机向导"对话框。

**提示** 如果是通过 USB 端口或者其他热插拔端口来连接打印机,只要将打印机的电缆插入计算机,然后打开打印机电源,Windows XP 系统会自动安装打印机驱动程序。

### 3. 查看或更改系统硬件设备配置

在计算机的运行过程中,系统设备配置必不可少,它把硬件和其他驱动程序紧密地联系起来,能够保证系统正常高效地工作。在设备管理器中集合了所有硬件的信息,在这里用户可以方便地配置硬件,查看硬件工作状态等。

如果用户需要了解有关系统设备的详细信息,可以执行下面的操作:

① 在桌面上用鼠标右击"我的电脑"图标,从弹出的快捷菜单中选择"属性"菜单项,即可打开"系统属性"对话框(或单击"开始"菜单下的"控制面板"子菜单,从弹出的"控制面板"窗口中选择"性能和维护"菜单项,再从弹出的"性能和维护"窗口中选择"系统"菜单项,打开"系统属性"对话框),选择"硬件"选项卡,如图 2-52 所示;

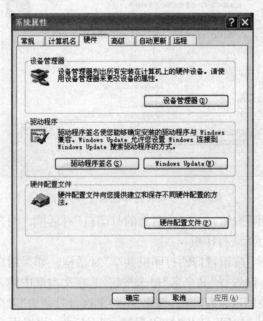

图 2-52 "硬件"选项卡

② 单击"设备管理器"按钮,打开"设备管理器"窗口,如图 2-53 所示;

图 2-53 "设备管理器"窗口

③ 在"设备管理器"窗口中,可以看到本地计算机上的各种设备,单击"＋"号可以展开某类型硬件分支,单击"－"号将折叠该类型硬件分支;

④ 双击设备可查看该设备的属性,例如,双击即插即用监视器,打开"即插即用监视器属性"对话框,如图 2-54 所示;

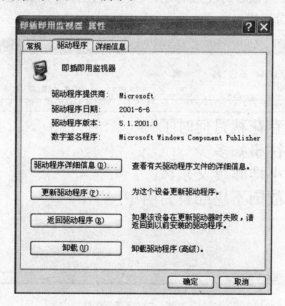

图 2-54 "即插即用监视器属性"对话框

⑤ 如果要更新硬件设备的驱动程序,选择"驱动程序"选项卡,单击"更新驱动程序"按钮,出现"硬件更新导向"对话框,根据向导提示,就可以完成硬件驱动程序的更新;

⑥ 如果某个设备不能正常使用或者不再使用时,可以单击"卸载"按钮卸载
设备;

⑦ 单击"确定"按钮,完成属性设置。

# 2.6  Windows XP 的附件

### 2.6.1  记事本与写字板

写字板是一个文档处理应用程序,可用来建立、编辑和打印文档。而记事本就
是简易的写字板,其功能和文档长度都受到限制。

**1. 写字板**

当用户要使用写字板时,可执行以下操作:选择"开始"菜单下"所有程序"子菜
单下的"附件"菜单中的"写字板"菜单项,这时就可以进入"写字板"界面,如图 2-55
所示。从图中用户可以看到,它由标题栏、菜单栏、工具栏、格式栏、水平标尺、工作
区和状态栏几部分组成。

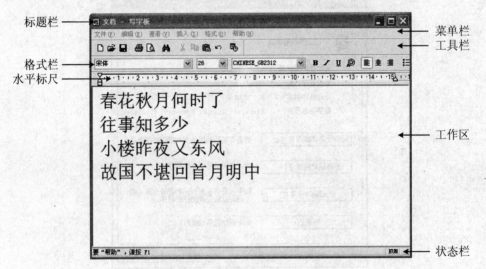

图 2-55  "写字板"界面

(1) 新建文档

当用户需要新建一个文档时,可单击"新建"菜单,弹出"新建"对话框,用户可
以选择新建文档的类型,默认的为 RTF 格式的文档。单击"确定"按钮后,即可新

建一个文档,如图 2-56 所示。

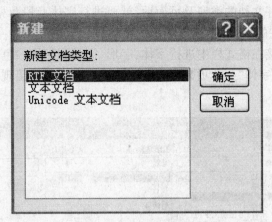

图 2-56 "新建"对话框

设置好文档格式后,还要进行页面的设置。在"文件"菜单中选择"页面设置"菜单项,弹出"页面设置"对话框,在其中用户可以选择纸张的大小、来源及使用方向,还可以进行页边距的调整,如图 2-57 所示。

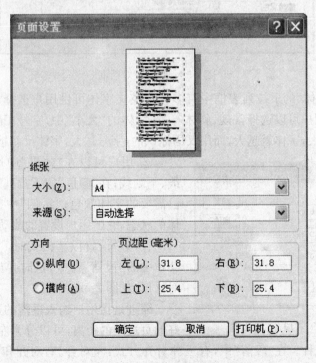

图 2-57 "页面设置"对话框

(2) 字体及段落格式

当用户设置好文档的类型及页面后,就要进行字体及段落格式的选择了。比如,文档用于正式的场合,要选择庄重的字体;反之,可以选择一些轻松活泼的字体。用户可以直接在格式栏中进行字体、字形、字号和字体颜色的设置,通过选择"格式"菜单中的"字体"菜单项来实现,选择这一命令后,将出现"字体"对话框,如图 2-58 所示。

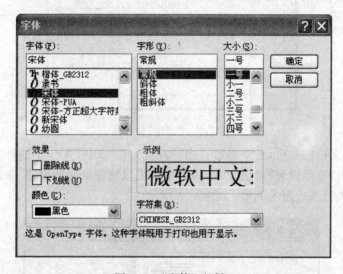

图 2-58 "字体"对话框

① 在"字体"的下拉列表框中有多种中英文字体可供用户选择,默认为宋体;在"字形"中用户可以选择常规、斜体等;在字体的"大小"中,字号用阿拉伯数字标识的,字号越大,字体就越大,而用汉语标识的,字号越大,字体反而越小。

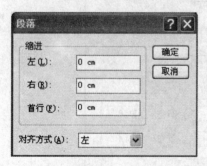

图 2-59 "段落"对话框

② 用户可以在"效果"中选择添加删除线、下划线;在"颜色"的下拉列表框中选择自己需要的字体颜色;"示例"中显示了当前字体的状态,它随用户设置的改动而变化。

在用户设置段落格式时,可选择"格式"菜单中的"段落"命令,这时弹出一个"段落"对话框,如图 2-59 所示。

缩进是指用户输入段落的边缘离已设置好的页边距的距离,可以分为左缩进、右缩进和首行缩进三种。在"段落"中,有三种对齐方式:左对齐、右对齐和居中对齐。有时,用户会编写一些属于并列关系的内容,这时,若加上项目符号便可使全文简洁明了,更加具有条理性。用户可以选中需要操作的对象,然后选择"格式"菜单下的

"项目符号样式"菜单项,或者可以通过在格式栏上单击项目符号按钮来添加项目符号。

(3) 编辑文档

可以通过各种方法对文档进行编辑,如复制、剪切、粘贴等操作,使文档符合用户的需要。下面来简单介绍几种常用的操作:

① 选择  按下鼠标左键不放手,在所需要操作的对象上拖动,当文字呈反白显示时,说明已经选中对象。当需要选择全文时,可选择"编辑"菜单下的"全选"菜单项,或者使用快捷键"Ctrl+A",即可选定文档中的所有内容。

② 删除  当用户想清除不再需要的对象时,可以在键盘上按下 Delete 键,也可以在"编辑"菜单中执行"清除"或者"剪切"命令,即可删除内容。所不同的是,"清除"是将内容放入到回收站中,而"剪切"是把内容存入了剪贴板中,等待粘贴等进一步操作。

③ 移动  先选中对象,当对象呈反白显示时,按下鼠标左键拖到所需要的位置再放手,即可完成移动的操作。

④ 复制  用户如要对文档内容进行复制时,可以先选定对象,使用"编辑"菜单中的"复制"命令,也可以使用快捷键"Ctrl+C"来进行。移动与复制的区别在于,进行移动后,原来位置的内容不再存在,而复制后,原来位置的内容还存在。

⑤ 查找和替换  有时,用户需要在文档中寻找一些相关的字词,如果全靠手动查找,会浪费很多时间,利用"编辑"菜单中"查找"和"替换"就能轻松地找到所想要的内容,这样能提高用户的工作效率。在进行"查找"时,可选择"编辑"菜单中的"查找"菜单项,弹出"查找"对话框,用户可以在其中输入要查找的内容,单击"查找下一个"按钮即可,如图 2-60 所示。

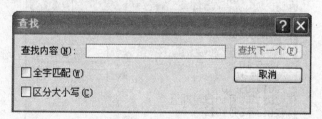

图 2-60  "查找"对话框

如果用户需要对某些内容进行替换时,可以选择"编辑"菜单下的"替换"菜单项,出现"替换"对话框,如图 2-61 所示。

在"查找内容"框中输入原来的内容,即要被替换掉的内容,在"替换为"框中输入替换后的内容,输入完成后,单击"查找下一个"按钮,即可查找到相关内容,单击"替换"按钮只替换一处的内容,单击"全部替换"按钮,则在全文中替换掉所有要替换的内容。为了提高工作效率,用户可以利用快捷键,或者通过在选定对象上右击后所产生的快捷菜单中进行操作,同样也可以完成各种操作。

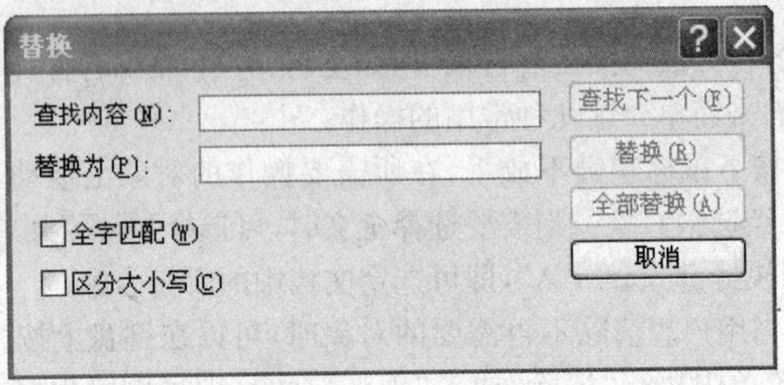

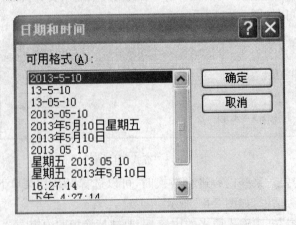

图 2-61 "替换"对话框

⑥ 全字匹配 主要针对英文的查找,选择"全字匹配"后,只有找到完整的单词后才会出现提示,而其缩写则不会被查找到。

⑦ 区分大小写 当选择"区分大小写"后,在查找的过程中,会严格地区分大小写。

这两项一般都默认为不选择,用户如需要时,可选择其复选框。

(4) 插入菜单

用户在创建文档的过程中,常常要进行时间的输入,利用"插入"菜单可以方便地插入当前的时间。用户在使用时,先选定将要插入的位置,然后选择"编辑"菜单中的"日期和时间"菜单项,弹出"日期和时间"对话框。在该对话框中为用户提供了多种格式的日期和时间,用户可随意选择,如图 2-62 所示。

图 2-62 "日期和时间"对话框

在写字板中用户可以插入多种对象,当选择"插入"菜单中的"对象"菜单项后,即可弹出"插入对象"对话框,用户可以选择要插入的对象。"结果"中显示对所选

项的说明,单击"确定"后,系统将打开所选的程序,用户可以选择所需要的内容插入,如图 2-63 所示。

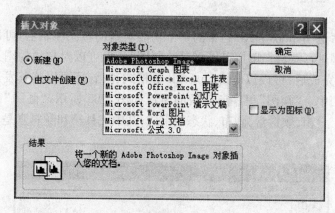

图 2-63　"插入对象"对话框

## 2. 记事本

记事本用于纯文本文档的编辑,功能没有写字板强大,适于编写一些篇幅短小的文件,由于它使用方便、快捷,应用也是比较多的,比如一些程序的 READ ME 文件通常是以记事本的形式打开的。启动记事本的操作步骤为:单击"开始"菜单下的"所有程序"子菜单,选择"附件"菜单下的"记事本"菜单项,即可启动记事本,如图 2-64 所示,它的界面与写字板的界面基本一样。

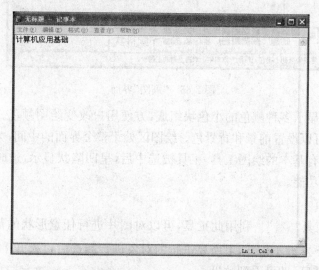

图 2-64　"记事本"界面

关于记事本的一些操作几乎都和写字板一样,在这里不再过多讲述,用户可参照写字板的介绍来使用记事本。

### 2.6.2　画图

画图程序是 Windows XP 自带的一个功能丰富的位图编辑器,可以对各种位图格式的图画进行编辑。用户可以自己绘制图画,也可以对扫描的图片进行编辑修改,在编辑完成后,可以以 bmp,jpg,gif 等格式存档,还可以将其发送到桌面和其他文本文档中。"画图"程序启动后的窗口如图 2-65 所示,"画图"窗口有标题栏、菜单栏、工具箱、颜料盒、画布、状态栏组成,其中工具箱和颜料盒是主要的绘图工具。

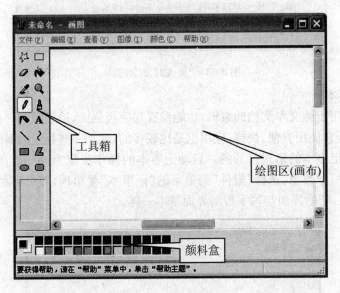

图 2-65　"画图"界面

颜料盒由显示多种颜色的小色块组成,方便用户改变绘图颜色。它提供各种不同的颜色,可以设置前景和背景色。绘图区处于整个界面的中间,为用户提供画布。工具箱中有基本的绘图工具,工具被选中后,呈凹陷状显示,这时鼠标指针有不同的形状和功能。

**1. 工具箱**

① 裁剪工具"▨"　利用此工具,可以对图片进行任意形状的裁切。单击此工具按钮,按下左键不松开,对所要进行的对象进行圈选后再松开手,此时出现虚框选区,拖动选区,即可看到效果。

② 选定工具"▱"　此工具用于选中对象。使用时单击此按钮,拖动鼠标左键,可以拉出一个矩形选区对所要操作的对象进行选择,用户可对选中范围内的对

象进行复制、移动、剪切等操作。

③ 橡皮工具"✐" 用于擦除绘图中不需要的部分。用户可根据要擦除对象的范围大小,来选择合适的橡皮擦;橡皮工具根据背景而变化,当用户改变其背景色时,橡皮会转换为绘图工具,类似于刷子的功能。

④ 填充工具"▸" 运用此工具可对一个选区进行颜色的填充,来达到不同的表现效果。用户可以从颜料盒中进行颜色的选择,选定某种颜色后,单击改变前景色,右击改变背景色。在填充时,一定要在封闭的范围内进行,否则整个画布的颜色会发生改变,达不到预想的效果。在填充对象上单击填充前景色,右击填充背景色。

⑤ 取色工具"✐" 此工具的功能等同于在颜料盒中进行颜色的选择。运用此工具时可单击该工具按钮,若在要操作的对象上单击,颜料盒中的前景色随之改变;而对其右击,则背景色会发生相应的改变。当用户需要对两个对象进行相同颜色填充,而这时前景色和背景色的颜色已经调乱时,可采用此工具,能保证其颜色的相同。

⑥ 放大镜工具"🔍" 当用户需要对某一区域进行详细观察时,可以使用放大镜进行放大。选择此工具按钮,绘图区会出现一个矩形选区,选择所要观察的对象,单击即可放大,再次单击回到原来的状态,用户可以在辅助选框中选择放大的比例。

⑦ 铅笔工具"✐" 此工具用于不规则线条的绘制。直接选择该工具按钮即可使用,线条的颜色依前景色而改变,可通过改变前景色来改变线条的颜色。

⑧ 刷子工具"🖌" 使用此工具可绘制不规则的图形。使用时单击该工具按钮,在绘图区按下左键拖动即可绘制显示前景色的图画,按下右键拖动可绘制显示背景色图画。用户可以根据需要选择不同的笔刷粗细及形状。

⑨ 喷枪工具"🖋" 使用喷枪工具能产生喷绘的效果。选择好颜色后,单击此按钮,即可进行喷绘,在喷绘点上停留的时间越久,其浓度越大,反之,浓度越小。

⑩ 文字工具"A" 用户可采用文字工具在图画中加入文字。单击此按钮,"查看"菜单中的"文字工具栏"便可以用,执行此命令,这时就会弹出"文字工具栏",用户在文字输入框内输完文字并且选择后,可以设置文字的字体、字号,给文字加粗、倾斜、加下划线,改变文字的显示方向等等。

⑪ 直线工具"╲" 此工具用于直线线条的绘制。先选择所需要的颜色以及

在辅助选择框中选择合适的宽度，单击直线工具按钮，拖动鼠标至所需要的位置再松开，即可得到直线。在拖动的过程中同时按 Shift 键，可起到约束的作用，这样可以画出水平线、垂直线或与水平线成 45°的线条。

⑫ 曲线工具"⟪" 此工具用于曲线线条的绘制。先选择好线条的颜色及宽度，然后单击曲线按钮，拖动鼠标至所需要的位置再松开，然后在线条上选择一点，移动鼠标则线条会随之变化，调整至合适的弧度即可。

⑬ 矩形工具"▢"、椭圆工具"▱"、圆角矩形工具"▣" 这三种工具的应用基本相同，当单击工具按钮后，在绘图区直接拖动即可拉出相应的图形。在其辅助选择框中有三种选项，包括以前景色为边框的图形、以前景色为边框同时背景色填充的图形、以前景色填充且没有边框的图形，在拉动鼠标的同时按 Shift 键，可以分别得到正方形、正圆、正圆角矩形工具。

⑭ 多边形工具"⬩" 利用此工具用户可以绘制多边形。选定颜色后，单击工具按钮，在绘图区拖动鼠标左键，当需要弯曲时松开，如此反复，最后双击鼠标即可得到相应的多边形。

**2. 图像菜单**

在画图工具栏的"图像"菜单中，用户可对图像进行简单的编辑。

(1) 在"翻转和旋转"对话框内，有三个复选框：水平翻转、垂直翻转及按一定角度旋转，用户可以根据自己的需要进行选择，如图 2-66 所示。

(2) 在"拉伸和扭曲"对话框内，有"拉伸"和"扭曲"两个选项组，用户可以选择水平和垂直方向拉伸的比例和扭曲的角度，如图 2-67 所示。

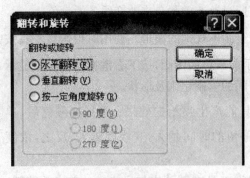

图 2-66 "翻转和旋转"对话框

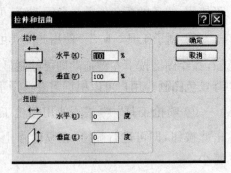

图 2-67 "拉伸和扭曲"对话框

(3) 选择"图像"下的"反色"命令，图形即可呈反色显示，如图 2-68、图 2-69 是执行"反色"命令前后的两幅对比图。

图 2-68　"反色"前

图 2-69　"反色"后

（4）在"属性"对话框内，显示了保存过的文件属性，包括保存的时间、大小、分辨率以及图片的高度、宽度等，用户可在"单位"选项组下选用不同的单位进行查看，如图 2-70 所示。

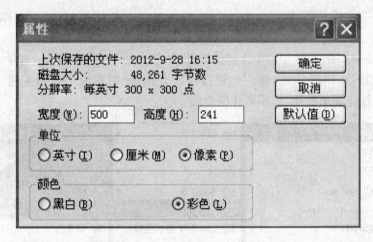

图 2-70　"属性"对话框

（5）选择"颜色"菜单中的"编辑颜色"菜单项，弹出"编辑颜色"对话框，用户可以根据需要选择颜色，如图 2-71 所示。

当用户的一幅作品完成后，可以设置为墙纸，还可以打印输出，具体的操作都是在"文件"菜单中实现的，用户可以直接执行相关的命令，根据提示进行操作，这里不再过多叙述。

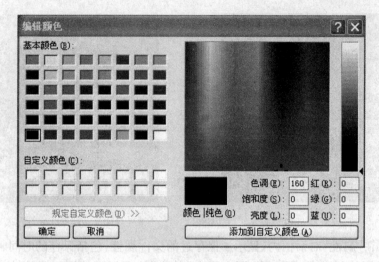

图 2-71　"编辑颜色"对话框

### 2.6.3　娱乐工具

Windows XP 提供了三个多媒体工具,即 Windows Media Player、录音机和音量控制,如图 2-72 所示,方便用户进行播放音频、录制编辑声音和控制计算机音量。由于操作简单易用,故不再详细介绍。

图 2-72　启动"娱乐"工具

## 思考与练习

一、单项选择题

1. 在 Windows XP 中,各应用程序之间的信息交换是通过_____进行的。

　　A. 记事本　　　　　　B. 剪贴板　　　　　　C. 画图　　　　　　D. 写字板

2. 在 Windows XP 环境中,整个显示屏幕被称为_____。

A. 桌面　　　　　　　B. 窗口　　　　　C. 资源管理器　　D. 图标

3. Windows XP 是_____操作系统。

　　A. 多用户多任务　　　　　　　　　　B. 单用户多任务

　　C. 多用户单任务　　　　　　　　　　D. 单用户单任务

4. 在 Windows 环境中,屏幕上可以同时打开若干个窗口,其排列方式是_____。

　　A. 只能由系统决定,用户无法改变　　B. 既可以平铺也可以层叠,由用户选择

　　C. 只能平铺　　　　　　　　　　　　D. 只能层叠

5. 操作系统的主要功能是_____。

　　A. 实现软、硬件转换　　　　　　　　B. 管理系统中所有的软、硬件资源

　　C. 把源程序转化为目标程序　　　　　D. 进行数据处理

6. 在搜索或显示文件目录时,若用户使用通配符"＊",则其搜索或显示的结果为_____。

　　A. 所有含有"＊"的文件　　　　　　　B. 所有扩展名中含有"＊"的文件

　　C. 所有文件　　　　　　　　　　　　D. 所有不可执行的文件

7. 以下有关 Windows XP 删除操作的说法,不正确的是_____。

　　A. 从网络位置删除的项目不能恢复

　　B. 从移动磁盘上删除的项目不能恢复

　　C. 超过回收站存储容量的项目不能恢复

　　D. 直接用鼠标拖入回收站的项目不能恢复

8. 格式化磁盘即_____。

　　A. 删除磁盘上原信息,在盘上建立一种系统能识别的格式

　　B. 可删除原有信息,也可不删除

　　C. 保留磁盘上的原有信息,对剩余空间格式化

　　D. 删除原有部分信息,保留原有部分信息

9. 文件夹中不可直接存放_____。

　　A. 文件　　　　　　B. 文件夹　　　　C. 多个文件　　　D. 字符

10. 在 Windows XP 中,切换输入法的快捷键是_____。

　　A. Alt＋Enter　　B. Alt＋Shift　　C. Ctrl＋Alt　　D. Ctrl＋Shift

11. 在 Windows XP 中,_____不属于窗口的组成部分。

　　A. 标题栏　　　　　B. 状态栏　　　　C. 菜单栏　　　　D. 对话框

12. 要更改桌面的属性,可用鼠标右键单击桌面空白处,然后单击"属性"命令,或者在_____中双击显示图标。

　　A. 活动桌面　　　　B. 控制面板　　　C. 任务栏　　　　D. 打印机

13. 在 Windows XP 中,浏览系统资源可通过"我的电脑"或_____来完成。

　　A. 公文包　　　　　B. 文件管理器　　C. 资源管理器　　D. 程序管理器

14. 在 Windows XP 资源管理器中,要查看文件夹的大小、属性以及包括多少文件等文件夹信息,通常可选择_____菜单下的功能。

　　A. 文件　　　　　　B. 编辑　　　　　C. 查看　　　　　D. 工具

15. 下列有关 Windows XP 的说法中,不正确的是_____。

A. 资源管理器不能制作系统盘

B. 资源管理器是对文件和文件夹进行组织和管理的工具

C. 图标也是一个窗口,只不过是尺寸最小的窗口

D. 用拖动的方法移动文件和文件夹的前提是必须保证源图标和目标图标均可见

16. Windows 中的剪贴板是_____。

A. "画图"的辅助工具

B. 存储图形或数据的物理空间

C. "写字板"的重要工具

D. 各种应用程序之间数据共享和交换的工具

17. 关闭窗口可通过单击_____来实现。

A. 标题栏          B. 控制菜单图标      C. 状态栏          D. 工具栏

18. Windows 系统安装并启动后,由系统安排在桌面上的图标是_____。

A. 资源管理器                    B. Microsoft Foxpro

C. Microsoft Word                D. 回收站

19. 在 Windows 中,欲对图形做裁剪或修改时,通常可在_____中进行。

A. 写字板          B. 画图          C. 记事本          D. 剪贴板

20. 用打印机打印文档时,可同时给打印机发送_____文档。

A. 2个            B. 3个            C. 多个            D. 只有一个

21. "控制面板"中的图标可以_____。

A. 复制快捷图标    B. 删除          C. 移动            D. 复制

22. 在 Windows 中移动窗口时,鼠标指针要停留在_____处拖动。

A. 菜单栏          B. 标题栏          C. 边框            D. 状态栏

23. 在 Windows 中,用户可以同时启动多个应用程序,在启动了多个应用程序之后,用户可以按组合键_____在各个应用程序之间进行切换。

A. Alt+Tab        B. Alt+Shift      C. Ctrl+Alt       D. Ctrl+Tab

24. 在中文版 Windows 中,用_____快捷键切换中、英文输入法。

A. Ctrl+空格      B. Alt+Shift      C. Shift+空格     D. Ctrl+Tab

25. 单击 Windows 的"开始"按钮,将会出现开始菜单,在开始菜单中的_____菜单中将含有最近使用过的文档。

A. 所有程序                      B. 我最近的文档

C. 搜索                          D. 运行

26. Windows 部分附件工具没有安装时,应执行_____。

A. 重装 Windows                  B. 设置工具栏

C. 设置显示器                    D. "控制面板"中的"添加或删除程序"

27. 资源管理器中的文件夹图标前有"+",表示此文件夹_____。

A. 含有子文件夹                  B. 不含有子文件夹

C. 是桌面上的应用程序图标        D. 含有文件

28. 如果使用鼠标拖动在同一个磁盘中复制文件,拖动鼠标时应按住_____键。

A. Shift          B. Ctrl          C. Ctrl+Shift     D. Ctrl+Alt

29. 快捷方式是 Windows 所独创的一种快速、简捷的操作方法，在通常情况下，用户可以通过_____，在屏幕上弹出一个快速菜单来进行创建。

A. 单击鼠标左键                    B. 单击鼠标右键

C. 双击鼠标左键                    D. 双击鼠标右键

30. 在 Windows 中通过控制面板中的_____图标调整显示器的刷新频率。

A. 系统         B. 辅助选项      C. 显示        D. 添加新硬件

31. Windows XP 的"开始"菜单包括其系统的_____。

A. 全部功能      B. 主要功能      C. 部分功能     D. 初始化功能

32. 在 Windows XP 下，_____是能安全关闭计算机的操作。

A. 选程序中的 MS DOS 方式，再按住主机面板上的电源按钮

B. 选"开始"菜单下的关闭计算机选项

C. 直接按主机面板上的电源按钮

D. 直接拔掉电源关闭计算机

33. 在 Windows XP 中，若系统长时间不响应用户的请求，为了结束该任务，所使用的组合键是_____。

A. Ctrl+Shift+Alt                 B. Ctrl+Alt+Delete

C. Ctrl+Shift+Delete              D. Shift+Alt+Delete

34. 在 Windows XP 的资源管理器中，当已选定文件夹后，下列操作中不能删除该文件夹的操作是_____。

A. 在键盘上按 Delete 键

B. 用鼠标左键双击该文件夹

C. 在"文件"菜单中选择"删除"命令

D. 用鼠标右键单击该文件夹，选择"删除"命令

35. 在 Windows XP 默认环境中，下列哪种方法不能运行应用程序_____。

A. 用鼠标左键双击应用程序图标

B. 用鼠标左键双击应用程序快捷方式

C. 用鼠标右键单击应用程序图标，然后按 Enter 键

D. 用鼠标右键单击应用程序图标，在弹出的菜单中选择"打开"命令

36. Windows 是一个多任务操作系统，多任务指的是_____。

A. Windows 可运行多种类型各异的应用程序

B. Windows 可同时管理多种资源

C. Windows 可同时运行多个应用程序

D. Windows 可供多个用户同时使用

37. 在 Windows 资源管理器的右边窗格中，若已选定了若干个文件，如果要取消其中几个文件的选定，应该进行的操作是_____。

A. 按住 Ctrl 键，然后用鼠标左键依次单击各个要取消的文件

B. 按住 Shift 键，然后用鼠标左键依次单击各个要取消的文件

C. 按住 Ctrl 键,然后用鼠标右键依次单击各个要取消的文件

D. 按住 Shift 键,然后用鼠标右键依次单击各个要取消的文件

38. 在 Windows 中,剪贴板是程序和文件间用来交换信息的临时存储区,此存储区是_____。

    A. 内存的一部分                 B. 硬盘的一部分

    C. 软盘的一部分                 D. 回收站的一部分

39. Windows 中,"回收站"是_____。

    A. 内存中的一块区域            B. 硬盘上的一块区域

    C. 软盘上的一块区域            D. 高速缓存中的一块区域

40. 在 Windows XP 中,"休眠"模式是将内存中的所有内容保存到硬盘上的一个_____中,然后关闭计算机。

    A. 快捷方式图标                 B. 映像文件

    C. 图片                         D. ASCII 文件

41. Windows 的文件组织结构是一种_____。

    A. 表格结构     B. 树型结构     C. 网状结构     D. 线性结构

42. 在 Windows 系统中,按_____键可得到帮助信息。

    A. F1           B. F2           C. F3           D. F10

43. 在 Windows 环境下,进入 DOS 窗口后,若要退出 DOS 窗口返回 Windows,则可使用_____命令操作。

    A. Alt+Q       B. Exit       C. Ctrl+Q       D. Space

44. 下列关于剪贴板的操作,_____是"移动"操作。

    A. 先复制再粘贴                 B. 先剪切再粘贴

    C. 先剪切再复制                 D. 先复制再剪切

45. 在 Windows 中,关于快捷方式的说法,不正确的是_____。

    A. 删除快捷方式将删除相应的程序

    B. 可以在文件夹中为应用程序创建快捷方式

    C. 删除快捷方式将不影响相应的程序

    D. 可以在桌面上为应用程序创建快捷方式

二、多项选择题

1. 中文 Windows XP 中常见的窗口类型有_____。

    A. 文档窗口     B. 应用程序窗口     C. 对话框窗口     D. 命令窗口

2. 以下查找功能可以在 Windows XP 中实现的有_____。

    A. 按名称和位置查找           B. 按文件的大小查找

    C. 按日期查找                   D. 按删除的顺序查找

3. 下列操作中,_____能打开资源管理器。

    A. 右击"开始"按钮,从快捷菜单中选择"资源管理器"

    B. 双击"我的电脑",从窗口中选择"资源管理器"

    C. 右击"我的电脑",从快捷菜单中选择"资源管理器"

D. 单击"开始"按钮,从系统菜单中选择"程序"子菜单中的"Windows 资源管理器"

4. 在 Windows XP 中,文件的属性有_____。

　A. 正常　　　　　B. 只读　　　　　C. 系统　　　　　D. 隐藏

5. 在下列操作中,能实现建立一个新文件夹(即目录)的是_____。

　A. 进入 MS-DOS 工作方式,然后在提示符后键入命令 MD

　B. 在系统菜单中选择"运行"命令项并在其对话框里回答程序名为 MD

　C. 在"桌面"上双击"我的电脑"并选择好磁盘或文件夹后,在其窗口的"文件"菜单里依次选择"新建""文件夹"

　D. 进入"资源管理器"窗口并选择好磁盘或文件夹后,在窗口的"文件"菜单里依次选择"新建""文件夹"

6. 在 Windows XP 中,安装一个应用程序的方法是_____。

　A. 用鼠标单击"开始菜单"中的"运行"项

　B. 把应用程序从软盘 CD-ROM 光盘上直接复制到硬盘上

　C. 在"控制面板"窗口内用鼠标双击"添加/删除程序"图标

　D. 在"控制面板"窗口内用鼠标单击"添加/删除程序"图标

7. 下列叙述中,正确的是_____。

　A. "剪贴板"可以用来在一个文档内部进行内容的复制和移动

　B. "剪贴板"可以用来在一个应用程序内部几个文档之间进行内容的复制和移动

　C. "剪贴板"可以用来在多个应用程序内部几个文档之间进行内容的复制和移动

　D. 一部分应用程序之间可以通过"剪贴板"进行一定程序的信息共享

8. 在 Windows 中,更改文件名的正确方法包括_____。

　A. 用鼠标右键单击文件名,然后选择"重命名",键入新文件名后按回车

　B. 用鼠标左键单击文件名,然后从"文件"菜单中选择"重命名",键入新文件名后按回车

　C. 用鼠标左键单击文件名,然后按 F2 键

　D. 先选定要更名的文件,然后再单击文件框,键入新文件名后按回车

9. 在中文 Windows XP 中,_____可以被文件夹窗口中的状态栏显示出来。

　A. 窗口中文件(夹)的数量　　　　　B. 窗口中文件(夹)的大小

　C. 文件(夹)的属性　　　　　D. 文件的内容

10. 在打开的文件夹中显示其中的文件(夹),有_____方式。

　A. 大图标　　　　　B. 小图标　　　　　C. 列表　　　　　D. 详细资料

## 三、上机操作题

1. 完成下列文件及文件夹的相关操作。

```
            ┌── SUT—ONE. EXE
            ├── BXLE—GOOD. TXT
  XUE ──────┼── SE—YUU—NU. EXE
            ├── RAM—EEM. DOC
            └── TOUN—REN
```

① 将 XUE 文件夹下 SUT 文件夹中的文件 ONE. EXE 复制到同一文件夹中,文件更名为

TWO. EXE；

② 在 XUE 文件夹下 BXLE 文件夹中建立一个新文件 MYFIRST. TXT；

③ 将 XUE 文件夹下 SE\YUN 文件夹中的文件 NU. EXE 设置成隐藏和只读属性；

④ 将 XUE 文件夹下 BXLE 文件夹中的文件 GOOD. TXT 删除；

⑤ 将 XUE 文件夹下 RAM 文件夹中的文件 EEM. DOC 移动到 XUE 文件夹下 TOUN\REN 文件夹中，更名为 TYU. XLS。

2. 完成下列计算机管理（在 Windows XP 中）操作。

(1) 屏幕保护字幕设置：

① 打开"显示属性"对话框，单击"屏幕保护程序"选项卡；

② 在"屏幕保护程序"下拉列表框中选择"字幕"选项；

③ 单击"设置"按钮，在打开的对话框中输入"计算机应用基础"。

(2) 账户管理：

① 在控制面板中打开"用户账户"窗口；

② 创建一个新的用户，类型为"计算机管理员"，用户名和密码自行设定。

# 第 3 章　文字处理软件 Word 2003

◆　学习目标

　　在本章的学习过程中,要求了解 Word 2003 的编辑窗口和基本功能,掌握文档的创建、打开、编辑、修改与保存;掌握文档页面设置与打印;掌握文本的操作;掌握格式化字符及段落;掌握长文档的编辑操作;掌握文档中表格操作与计算;掌握文档的图片操作与设置;掌握艺术字插入、文本框插入与数学公式的使用。

　　通过本章的学习,要求学生能够按指定格式要求独立完成一份文档的创建与编排。

引例一：高校毕业生自荐信

## 自 荐 信

**尊敬的领导：**

感谢您在百忙之中翻阅我的自荐材料！我叫梁正华，是中国 XX 大学计算机学院 2009 届软件工程专业的本科毕业生。

在大学的前三年中，我学习了本专业及相关专业的理论知识，并以优异的成绩完成了相关的课程，为以后的实践工作打下了坚实的专业基础。同时，我注重外语的学习，具有良好的英语听、说、读、写能力，并通过了大学英语国家四级测试，初步学习了初级日语的基本知识。在科技迅猛发展的今天，我紧跟科技发展的步伐，不断汲取新知识，熟练掌握了计算机的基本理论和应用技术，并顺利通过了国家计算机二级（C 语言）考试。现在，我正在为了通过国家计算机三级而努力。

三年来，我一直担任学生工作，致力于学生的自我管理和组织学生活动，曾先后担任校学生会体育部副部长，院学生会体育部部长、常委、副主席等职务。三年的学生工作培养了我的团队协助精神，提高了我的组织协调能力。在组织学生活动的同时，我也参加学校和社会的各项活动，努力培养自己的各种兴趣爱好，积极参加文体娱乐活动、社会实践调查等。通过组织活动和参与活动，我养成了良好的工作作风和处世态度。

在院领导老师的支持和自身的努力下，我在学习和工作中都取得了优异的成绩，不仅完善了知识结构，还锻炼了我的意志，提高了我的能力并光荣地加入了中国共产党。

| **个人荣誉** | **奖学金** |
|---|---|
| ➤ 荣获 2005～2006 学年"优秀学生干部"称号 | ➤ 大学一年级获得一等奖学金 |
| ➤ 2006、2007 年连续两年荣获"优秀团员"称号 | ➤ 大学二年级获得二等奖学金 |
| ➤ 2007 年荣获首届××大学网页设计大赛二等奖 | ➤ 大学三年级获得二等奖学金 |

恕冒昧，如果我能成为贵公司的一员，我定当用我的热情和能力投入到我的工作中去。请相信：**你们所要实现的正是我想要达到的！**

此致

敬礼

自荐人：梁正华

2009 年 4 月 20 日

**今天我以加入贵公司为荣，明日公司将因我而骄傲！**

# 个人求职简历

| 姓　　名 | 梁正华 | 性　　别 | 男 |  |
|---|---|---|---|---|
| 生 源 地 | 安徽铜陵 | 毕业学校 | 中国××大学 | |
| 专　　业 | 软件工程 | 学　　历 | 大学本科 | |
| 政治面貌 | 中共党员 | 曾任职务 | 学生分会常委、副主席 | |
| 联系地址 | 中国××大学 | 电　　话 | 13451955886 | |

| | 技　　能 | | | |
|---|---|---|---|---|
| 主要技能 | ☆英语通过大学英语四级，有良好的听、说、读、写能力；学习了日语的基本知识<br>☆计算机通过国家二级（C 语言），熟练掌握 Office 系列办公、Dreamweaver 网页制作及局域网的构建，还学习了 Foxpro、Access 等数据库知识 | | | |
| 专业课程 | 数据结构、软件工程、电子商务、计算机原理、JAVA、数据库等 | | | |

| | 经　　历 | | | |
|---|---|---|---|---|
| 学生工作经历 | 本人从入学开始一直参与学生工作，有较强的组织协调能力，先后担任班级体育委员，校学生会体育部部长，学生分会常委、副主席。在任职期间，组织的重要活动有：<br>➤ 组织首届"人文杯"足球赛(2005.11)<br>➤ 参与组织策划首届中国××大学体育文化节(2006.05)<br>➤ 参与组织中国××大学"成才杯"足球赛(2007.11) | | | |
| 社会实践经历 | 在组织学生活动的同时，我也积极参加社会及学校的多项活动，进一步提高自身的工作能力和团队精神：<br>➤ 参加市金属学会网站设计项目(2007.06)<br>➤ 入选信息工程系 03 级足球联队(2008.11) | | | |

| | | 专　业　成　绩 | | | | | | | | |
|---|---|---|---|---|---|---|---|---|---|---|
| 专业课程 | 课程 | 数据结构 | 计算机网络 | 数据库 | 电子商务 | 计算机原理 | JAVA | 面向对象程序设计 | 软件工程 | 毕业设计 | 平均成绩 |
| | 大一 | 85 | | 75 | | | | | | | |
| | 大二 | | 86 | | | 86 | | 84 | | | 84.25 |
| | 大三 | | | 88 | | | | | | 82 | |
| | 大四 | | | | | | 87 | | | 88 | |

从这一引例可以看出，在一份文档制作过程中，涉及文字的录入、字体字号及对齐方式设定等文字格式设置、版面的设定，还涉及在文档中插入图片、表格等，所有这些都可借助微软公司的 Office 组件中的文字处理软件 Microsoft Word 2003来完成，通过本章的学习，能够制作出美观大方、图文并茂的文档，要达到这一目标首先要了解 Microsoft Word 2003 的基本功能，掌握其使用方法。本章围绕这个引例，系统地阐述了 Microsoft Word 2003 的界面、菜单及其主要功能和使用方法。

# 3.1　熟悉 Word 2003 窗口

Microsoft Word 2003 是由美国微软公司推出的功能强大的文字处理软件，也是目前最优秀、最普及的文档处理与编辑软件，它简单易学，操作方便。本节我们将了解并逐步熟悉 Microsoft Word 2003 的界面、启动和退出。

## 3.1.1　启动 Word

启动 Word 2003 有多种方法：

方法 1：单击"开始"菜单中"程序"菜单"Microsoft Office"的子菜单项"Microsoft Word 2003"；

方法 2：双击桌面上的 Microsoft Word 2003 快捷图标 ；

方法 3：单击"开始"菜单中的"运行"菜单项，在"运行"对话框中输入"winword"后，如图 3-1 所示，单击"确定"；

方法 4：打开"我的文档"或"我的电脑"或"资源管理器"，找到要打开的 word 文档后双击鼠标左键。

图 3-1　"运行"对话框

### 3.1.2 熟悉 Word 2003 的工作界面

**1. 熟悉 Word 2003 窗口**

利用上述四种方法之一启动 Word 2003 后,用户可以看到如图 3-2 所示的 Word 2003 窗口,该窗口由标题栏、菜单栏、工具栏、编辑区、任务窗格、状态栏、滚动条、标尺、视图按钮等组成。

(1)标题栏

如图 3-2 所示,默认情况下,标题栏位于窗口最顶端,显示了当前文档的名称和应用程序名"Microsoft Word";最右端显示有"最小化"、"最大化/还原"和"关闭"三个按钮;最左端还有"控制菜单"按钮,用鼠标单击该按钮则弹出控制菜单,如图 3-3 所示。

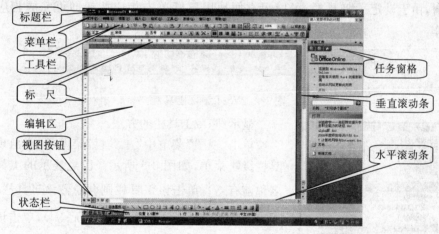

图 3-2  Word 2003 窗口

(2)菜单栏

位于标题栏下端,如图 3-2 所示,用鼠标单击这些菜单项,可打开一个下拉菜单,用鼠标单击这些下拉菜单则可实现 Word 2003 的许多功能,有的打开下一级菜单,有的则打开一个对话框。各菜单功能及使用方法将在本章中陆续介绍。

① 用鼠标单击选择菜单项

用鼠标指向某菜单单击,则可以打开一个下拉菜单,在下拉菜单中选择某菜单单击鼠标,则可以完成该菜单的功能。

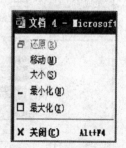

图 3-3  Word 控制菜单

如果一个菜单项有很长时间没有被使用的话,Word 就会自动把它隐藏起来,减少菜单中直接显示菜单项的数目。此时如果要使用隐藏起来的菜单项,只要单击菜单中的向下双箭头或者双击这个菜单就可以了。

②　使用快捷键选择菜单项

在菜单栏菜单名称后用括号括起来的字符,则为用户提供了一种选择菜单的快捷方式,用户可以用 Alt 键加上此字符键(热键)进行快速选择菜单项,如"Alt+E"键则打开"编辑"菜单;而下拉菜单名称后的提示字符则为该菜单的快捷键,如要执行"复制",可按"Ctrl+C"键来实现,而"粘贴"则需按"Ctrl+V"键来完成。

(3)　工具栏

位于菜单栏下方,Word 2003 将一些常用的菜单制作成工具按钮,按照不同的功能置于不同的工具栏中。默认情况下,只显示"常用"工具栏与"格式"工具栏,如图 3-4 所示。其他工具栏可以由用户自选设定是否显示。用户在使用一些常用功能时,由于设定了工具栏,可以很方便地用鼠标单击相应按钮即可完成相应的操作。

图 3-4　Word 2003 工具栏

图 3-5　"视图/工具栏"菜单

显示/隐藏工具栏的方法:

单击"视图"菜单中"工具栏"菜单项,会出现工具栏级联菜单,如图 3-5 所示。已经显示的工具栏名称前有 √ ,单击该工具栏则会隐藏该工具栏;对于未显示的工具栏(工具栏名称前无 √ ),单击该工具栏,此时该工具栏前会出现 √ ,同时该工具栏会显示出来。

对于工具栏的使用不是很熟的用户,可将鼠标指向要使用的工具按钮停顿 2 秒,这时会出现该按钮的提示。

(4)　标尺

标尺主要用于显示横纵坐标,用户也可以通过移动标尺来改变对文档的布局。

标尺由两部分组成:水平标尺和垂直标尺。默认情况下,水平标尺位于"格式"工具栏下方。可以通过选项来显示与隐藏标尺:单击"视图"菜单中的"标尺"菜单项,"标尺"菜单前出现 ,此时标尺显示出来,如图 3-5 所示;当再次单击"视图/标尺"时,此时"标尺"菜单前不出现 ✓,标尺就被隐藏起来了。

水平标尺下方的空白区域为编辑区,用户可以在这个区域内输入文字、插入图表和修改文档内容。

(5)滚动条

与标尺一样,滚动条也分为水平滚动条和垂直滚动条两种,分别包围在文档编辑区的下端与右端。通过上下拉动垂直滚动条,或者左右拉动水平滚动条来浏览文档的所有内容。当屏幕中能够显示整个页面时,滚动条会自动消失。当无法显示整个页面时,滚动条会自动显现出来。

(6)任务窗格

位于 Word 主窗口的右侧,在任务窗格中,可以快速创建或定位文档;搜索所需的信息、工具和服务;从 Office Online 网站查找模板、帮助、剪贴画以及快速设置文档格式等。

(7)状态栏

位于 Word 窗口的最下方,如图 3-2 所示,显示该文档的有关信息。例如:当前页的页码、页数,根据标尺的刻度显示光标所在的位置,以及当前对文档的操作类型是改写还是插入等。

(8)视图按钮

在编辑区下端的左下角,如图 3-2 所示,自左向右分别是:普通视图、Web 版式视图、页面视图、大纲视图和阅读版式。用鼠标单击相应的按钮,可改变文档的显示模式。

普通视图:如图 3-6 所示,在此视图下可以完成文本的输入、编辑和格式编排。该视图下可以看见字体、字号、字型、段落缩进及行距等格式,还可以看见水平标尺,但无法看见页眉、页脚、页号、页边距、分栏结果和垂直标尺。当显示的文本超过一页时,系统自动在页与页间加一条虚线作为分页符。

要从其他视图切换到普通视图,可单击"视图"菜单中的"普通"菜单项,或单击水平滚动条左边的"普通视图"按钮。

Web 版式视图:如图 3-7 所示,在此视图下可以创建 Web 页或文档,它模仿 Web 浏览器来显示文本。该视图下显示的文字比实际打印的文字要大些,并能自动适应窗口。此视图下,无法看见页眉、页脚、页号、分栏结果和垂直标尺。

要从其他视图切换到 Web 版式视图,可单击"视图"菜单中的"Web 版式"菜单项,或单击水平滚动条左边的"Web 版式视图"按钮。

页面视图:如图 3-8 所示,在此视图下可以完成文本的输入、编辑和格式编排。

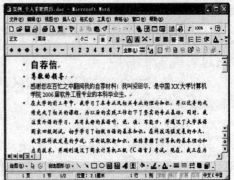

图 3-6 "普通视图"示例 　　　　　图 3-7 "Web 版式视图"示例

该视图方式下可以看见页边、字体、字号、字型、段落缩进及行距等格式,还可看见水平标尺和垂直标尺、页眉、页脚、页号、分栏结果。在显示的文本超过一页时,系统自动按页显示,但在此视图下运行速度较慢。

要从其他视图切换到页面视图,请单击"视图"菜单中的"页面"菜单项,或单击水平滚动条左边的"页面视图"按钮。

大纲视图:如图 3-9 所示,在此视图中用缩进文档标题的显示方式,代表标题在文档结构中的级别。大纲视图可实现在文档中方便地进行跳转、修改标题以及通过移动标题来重新安排大量的文本等操作。在大纲视图中,通过添加、重新组织及删除子文档来规划或修改主控文档的顶级结构。此视图下,无法看见页眉、页脚、页号、分栏结果和垂直标尺。

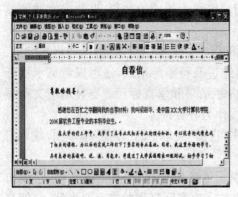

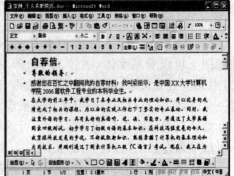

图 3-8 "页面视图"示例 　　　　　图 3-9 "大纲视图"示例

要从其他视图切换到大纲视图,请单击"视图"菜单中的"大纲"菜单项,或单击水平滚动条左边的"大纲视图"按钮。

### 2. Word 2003 基本功能菜单

下面列出 Word 2003 基本功能菜单,这些菜单中常用菜单项的使用将在后面内容中介绍。

Word 2003 基本功能菜单共有九个菜单项,它们分别是"文件"、"编辑"、"视图"、"插入"、"格式"、"工具"、"表格"、"窗口"、"帮助",每个菜单被激活后会打开相应的下拉菜单,各功能菜单的下拉菜单分别如图 3-10 至图 3-18 所示。

图 3-10 "文件"菜单　图 3-11 "编辑"菜单　图 3-12 "视图"菜单　图 3-13 "插入"菜单

图 3-17 "窗口"菜单

图 3-14 "格式"菜单　图 3-15 "工具"菜单　图 3-16 "表格"菜单　　图 3-18 "帮助"菜单

### 3.1.3　退出 Word

退出 Word 2003 有五种方法：

方法 1：单击 Word 2003 窗口标题栏右端的关闭按钮 ☒；

方法 2：在 Word 2003 窗口中单击"文件"菜单下的"退出"菜单项；

方法 3：双击 Word 2003 窗口标题栏左端的"控制菜单"图标 ▣；

方法 4：单击控制菜单 ▣，在控制菜单中单击"关闭"，如图 3-3 所示；

方法 5：按"Alt＋F4"键。

# 3.2　Word 文档的基本操作

本节我们将学习利用 Word 2003 来创建一个文档、打开已有文档和保存文档的方法。

### 3.2.1　创建新文档

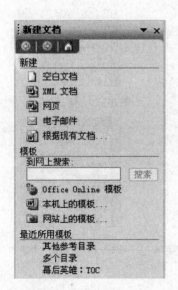

图 3-19　"新建文档"任务窗格

Word 2003 启动后，系统会自动创建一个名为"文档 1"的新文档。用户若要创建新文档可以用下列方法来完成：

**1. 从菜单创建新文档**

从菜单创建新文档的操作步骤：单击"文件"菜单中"新建"菜单项，此时显示"新建文档"任务窗格，如图 3-19 所示，该窗格包括"新建""模板""最近所用模板"三个标签。

在"新建"标签中有"空白文档"、"XML 文档"、"网页"、"电子邮件"和"根据现有文档…"等几种文档格式，单击选取其中一种文档格式后即可创建相应格式的文档。

"模板"标签中有"Office Online""本机上的模板""网站上的模板"几类模板。

单击"模板"标签中的"本机上的模板"命令，将出

现如图 3-20 所示的"模板"对话框,该窗口提供了"常用"和一些专门类型的文档模板选项。选择"常用"标签中的"空白文档",再选中右下角的"文档"后单击"确定",产生了一个空白文档,空白文档的名称为"文档 *n*"(*n* 为依次的自然整数);也可选择其他标签中的某个模板并选中右下角的"文档",单击"确定"后则可创建相应类别的文档。

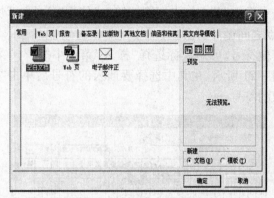

图 3-20 "模板"对话框

**2. 用工具栏或键盘创建新文档**

在 Word 2003 启动后,用鼠标单击常用工具栏的"新建"按钮，或者直接按"Ctrl＋N"键都可以直接创建一个新文档。

## 3.2.2 输入文档内容(文字、符号、日期和时间等)

在前面创建的文档编辑区中可以直接输入引例中的文本,新输入的内容会显示在一个闪烁的竖线(该竖线称为光标,该光标处又称插入点)处。

当输入文本时,插入点自左向右移动。如果输入了一个错误的字符,可以按 Backspace 键删除它,然后继续输入。

**注意** Word 有自动换行的功能,当输入到达每行的末尾时不必按 Enter 键,Word 会自动换行,只有想另起一个新的段落时才按 Enter 键。按 Enter 键表示一个段落的结束,新段落的开始。

**1. 中、英文的输入**

中文 Word 既可以输入汉字,又可以输入英文。如在前面创建的新文档中输入引例"自荐信"中的文字内容,其中有中文也有英文。

中/英文输入法的切换方法有两种:

方法 1:单击任务栏右端"语言指示器"按钮,在"输入法"列表中单击所需的输入法;

　　方法 2：按组合键"Ctrl＋空格键"可以在中/英文输入法之间切换；按组合键
"Ctrl＋Shift"键可以在各种输入法之间切换。

**2. 插入符号**

　　如果使用英文标点符号，按照键盘上的键位输入就可以了。一般用户都是使用中文，所以使用中文标点较多，要将标点符号设置成中文状态的标点符号，只要单击输入法状态条中的中/英文标点切换按钮（或使用"Ctrl＋."快捷键进行切换）即可在中/英文标点之间循环切换。

　　如果要输入其他符号，可用鼠标选择"插入"菜单中"符号"菜单项，此时出现"符号"对话框如图 3-21 所示，在其中选择要插入的符号后单击"插入"按钮，即可在插入点插入选取的符号。

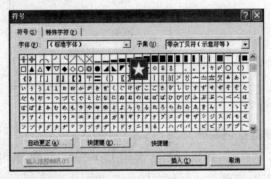

图 3-21　"符号"对话框

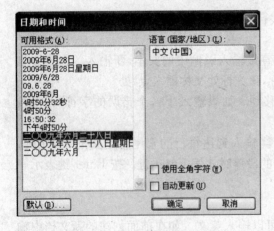

图 3-22　"日期和时间"对话框

**3. 插入日期和时间**

　　插入日期和时间用于文档、表格、书信、公文等各种应用文中。具体操作为：将光标定位于插入日期和时间的位置，再单击"插入"菜单中"日期和时间"菜单项，此时出现"日期和时间"对话框，如图 3-22 所示。在此对话框中选择语言，若勾选"自动更新"，则日期与时间会随当前日期时间而改变；若勾选"使用全角字符"，则插入的日期时间将以全角方式显示；单击"确定"，则在光标位置

处插入日期和时间。

### 3.2.3 保存文档

**1. 保存新文档**

当用户在新文档中完成字符输入后,此文档的内容还驻留在内存中,在退出 Word 之前需要将它作为磁盘文件保存起来。

保存文档有下列几种方法:

方法 1:单击"常用"工具栏中的"保存"按钮 ;

方法 2:单击"文件"菜单中的"保存"菜单项;

方法 3:直接按快捷键"Ctrl+S"。

无论执行上述哪一种方法,都会打开"另存为"对话框,然后在"保存位置"列表框中,选择保存文件的驱动器或文件夹,如图 3-23 所示。

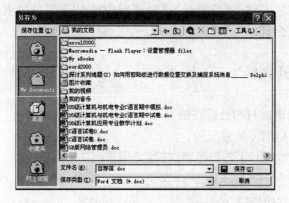

图 3-23 "另存为"对话框

在"文件名"列表框中键入具体的文件名,然后单击"保存"按钮执行保存操作。

**例 3-1** 保存"自荐信. doc"文档。

操作步骤如下:

单击"文件"菜单中的"保存"菜单或单击"常用"工具栏中的"保存"按钮 ,出现的如图 3-23 所示的"另存为"对话框,在保存位置选"我的文档",保存的文件名为"自荐信. doc",然后单击"保存"按钮,则将该文档以"自荐信. doc"文件名保存起来。

**2. 保存已有的文档**

对已有的文档文件在打开并修改后,同样可以用上述方法将修改后的文档以原来的文件名保存在原来的文件夹中,此时不再出现"另存为"对话框。

在"我的文档"中用鼠标双击"自荐信. doc"文档打开该文档,并进行一些修改后,单击"文件"菜单中的"保存"菜单项或单击"常用"工具栏中的"保存"按钮 ,

则经过修改后的文档被保存起来。

**3. 换名保存文档**

把正在编辑的文档以另一个不同的名字保存起来,操作步骤如下:

① 选择"文件"菜单中的"另存为"菜单项,打开"另存为"对话框,如图 3-23 所示;

② 在"保存位置"下拉列表框中选择保存的文件夹;

③ 在"文件名"文本框中输入文件的新名称;

④ 单击"确定"按钮保存文档。

**例 3-2**  在"我的文档"中用鼠标双击"自荐信.doc"文档打开该文档,并进行一些修改后,单击"文件"菜单中的"另存为"菜单项,打开"另存为"对话框,在文件名中输入"新自荐信",则修改后的文档以"新自荐信.doc"文件名保存起来。

**4. 保存多个文档**

如果想一次保存多个已编辑修改的文档,执行的操作是按住 Shift 键的同时单击"文件"菜单打开"文件"下拉菜单,这时菜单中的"保存"菜单项已变成"全部保存"菜单项,单击"全部保存"菜单项就可以一次保存多个文档。

### 3.2.4  打开文档

当要查看、编辑或打印已存在的 Word 文档时,首先要打开它。在 Word 窗口中,打开 Word 文档的方法有三种:

方法 1:单击"常用"工具栏中"打开"按钮 ;

方法 2:选择"文件"菜单中的"打开"菜单项;

方法 3:直接按快捷键"Ctrl+O"。

**1. 打开一个 Word 文档**

采用上述三种方法之一打开文档,出现"打开"对话框,在对话框的"查找范围"下拉列表框中,选择文档所在的驱动器和文件夹,如"我的文档",在对话框中显示文件列表,单击要打开的文件如"自荐信.doc"文件,如图 3-24 所示,单击"打开"按钮,打开该文档。

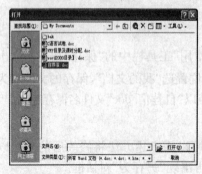

图 3-24  "打开"对话框

单击"文件"菜单中的"打开"菜单项或单击常用工具栏中"打开"按钮 ,出现如图 3-24 所示的"打开"对话框,选定前面保存过的"自荐信.doc"文件,单击"打开"按钮打开该文档。

**2. 打开由其他软件所创建的文件**

Word 能识别很多由其他软件创建的文件格式（如纯文本文件等），并在打开这类文档时自动转换为 Word 文档。操作步骤如下：

① 单击"文件"菜单中的"打开"菜单项或单击"常用"工具栏中的"打开"按钮，出现"打开"对话框；

② 在对话框的"查找范围"下拉列表框中，选择文件所在的文件夹，在"文件类型"列表框中选择要打开的文件类型。如果不知道要打开的文件类型，可以在列表框中选择"所有文件"选项；

③ 文件列表框中列出该文件夹中所有这种类型的文件，单击要打开的文件，再单击"打开"按钮，则该文件转换为 Word 格式并打开。

**3. 打开最近使用过的文档**

**例 3-3**　打开"自荐信. doc"文档。

操作步骤如下：

启动 Word 后，单击"文件"菜单中"自荐信. doc"文件（最近使用过的文件），打开"自荐信. doc"文档。

默认情况下，"文件"菜单中保留 4 个最近使用过的文档名。保留文档名的个数是可以设置的，设置的方法是单击"工具"菜单中的"选项"菜单项，在常规选项页中选定"列出最近使用文件"复选框并具体指定文件个数（最多可达 9 个），如图 3-25 中的黑色方框所示，单击"确定"按钮。

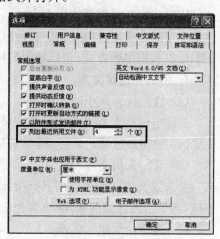

图 3-25　工具"选项"对话框

## 3.2.5　关闭文档

在 Word 2003 中关闭当前文档的方法有以下几种：

方法 1：单击 Word 文档的"关闭"按钮；

方法 2：选择"文件"菜单的"关闭"菜单项；

方法 3：按"Ctrl＋F4"快捷键。

# 3.3 编辑 Word 文档

在 Word 2003 中创建文档并输入内容后,接着就需要按照要求进行文档的编辑和排版。本节将学习文本编辑的一系列操作。

## 3.3.1 选取文本

Word 2003 文档基本操作中,经常只是对部分文本进行,此时首先遇到的问题就是选定部分文本,然后对其进行操作。默认状态下,选定的文本反白显示。选定文本可以采用多种方式,包括使用鼠标选定和使用键盘选定。

**1. 用鼠标选定文本**

(1) 选定任意大小的文本区

要选定任意大小的文本区,首先将鼠标指针移动到要选定文本的开始处,然后按住鼠标左键不放拖动到最后一个字符后松开鼠标(这是最常用的文本选定方式)。

(2) 选定大块文本

要选定大块文本可以用鼠标指针单击要选定区域的开始处,然后按住 Shift 键不放,再单击该区域的末尾(当要选定的文本超过一屏时,这种方式很方便)。

(3) 选定一个矩形区域

要选定一个矩形区域,先按住 Alt 键不放,将鼠标指针指向所选区域的左上角按住鼠标左键拖动至右下角即可。

(4) 选定一个句子

要选定一个句子,可以按住 Ctrl 键,在该句子的任意处单击鼠标。

(5) 选定一个段落

要选定一个段落,可以将鼠标指针移到该段落任意处连击三下,或者将鼠标指针移到该段落文本左侧连击两下。

(6) 选定一行或多行

要选定一行或多行,可以将鼠标指针移动到这一行的左端,鼠标指针变成向右上指的箭头时,单击鼠标选定一行文本。按鼠标左键拖动则选定多行文本。

(7) 选定整个文档

要选定整个文档,可以将鼠标指针移到文档左侧三击左键;或者按住 Ctrl 键,将鼠标指针移到文档左侧单击左键;也可以单击"编辑"菜单中的"全选"菜单项或

直接按"Ctrl＋A"选定。

快速选定文本的方法：鼠标指向文本区域时，单击定位光标，双击选定词组，三击选定段落；而当鼠标指向文本区域左侧时，单击选定一行，双击选定段落，三击选定全文。

**2. 用键盘选定文本**

Word 2003 提供了一整套利用键盘选定文本的方法，主要是通过 Ctrl 键、Shift 键和方向键来实现的，常见的操作见表 3-1。

表 3-1　键盘选定文本

| 按键 | 作用 | 按键 | 作用 |
| --- | --- | --- | --- |
| Shift＋↑ | 向上选定一行 | Ctrl＋Shift＋↑ | 选定内容扩展至段首 |
| Shift＋↓ | 向下选定一行 | Ctrl＋Shift＋↓ | 选定内容扩展至段尾 |
| Shift＋← | 向左选定一个字符 | Shift＋Home | 选定内容扩展至行首 |
| Shift＋→ | 向右选定一个字符 | Shift＋End | 选定内容扩展至行尾 |
| Ctrl＋A | 选定整个文档 | Shift＋Pgup | 选定内容向上扩展一屏 |
| Ctrl＋Shift＋End | 选定内容扩展至文档结尾 | Shift＋Pgdown | 选定内容向下扩展一屏 |

### 3.3.2　删除文本

当要删除的字符不多时，最常用的方法是：将插入点定位到要删除的字符处，然后按 Delete 键，则删除插入点右边的字符；按 Backspace 键删除插入点左边的字符。

要删除多行或某个区域的文本，首先选定要删除的文本，然后按 Delete 键（或者单击工具栏中的"剪切"按钮 ✂ ）。

例如：选取"自荐信"文档中的第一段，按 Delete 键将其删除；再选取该文档的最后一段中的"你们所要实现的正是我想要达到的！"，按 Delete 键将其删除。

### 3.3.3　插入与改写文本

当前输入的内容会显示在光标所在位置上，光标位置是文档的"插入点"，改变"插入点"位置可以用键盘编辑键区的↑、←、↓、→键将光标移动至要插入的位置，也可用鼠标指向要插入的位置单击左键。

在"插入"方式下，只要将插入点移到要插入文本的位置，输入新文本就可以了，这时插入点右边的字符随之向右移动。在"改写"方式下，插入点右边的字符将被新输入的字符所替代。

　　插入与改写方式转换,可按键盘编辑键区的 Insert 键来完成。若当前处于插入方式,按下 Insert 键,状态区"改写"按钮从灰色变为黑色,从而变为改写方式;若当前处于改写方式,按下 Insert 键,状态区"改写"按钮从黑色变为灰色,将改为插入方式。也可用鼠标指向状态区"改写"按钮双击进行插入与改写方式转换。

　　**例 3-4**　将"自荐信"文档中第二自然段中的"软件工程"改为"网络技术"。

　　操作步骤:将光标移至"软件"前,进入"改写"状态,输入"网络技术",即可。

### 3.3.4　文本修改的撤消、恢复操作

　　在对文档编辑过程中,可能会对某个对象进行了错误的操作,这时可以利用 Word 2003 的"撤消"功能撤消这些操作。

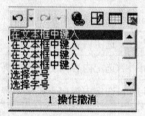

图 3-26　"撤消"按钮下拉菜单

　　撤消上一个操作可以单击"编辑"菜单中的"撤消"菜单项或者单击"常用"工具栏上的"撤消"按钮。

　　要撤消前几个操作,单击"常用"工具栏"撤消"按钮右边的箭头,Microsoft Word 将显示最近执行的可撤消操作的列表,如图 3-26 所示。将鼠标下移使其变为蓝色,单击鼠标,则蓝色的所有操作全部被撤消。

　　如果撤消了某些操作后又想恢复这些操作,单击工具栏上"恢复"按钮 或单击"编辑"菜单中的"恢复"菜单项就可以恢复前面被撤消的一个或几个操作。

　　例:单击"编辑"菜单中的"撤消"菜单项或者单击"常用"工具栏上"撤消"按钮,撤消前面对"自荐信"文档的删除、插入和改写等操作。

### 3.3.5　文本的移动与复制

**1. 移动文本**

(1) 使用菜单移动文本

操作步骤如下:

　　① 选定要移动的文本;

　　② 选择"编辑"菜单中的"剪切"菜单项或者单击工具栏中的"剪切"按钮 ,或者先选定文本再单击鼠标右键选择"剪切"菜单项,执行"剪切"操作,将选定的对象临时保存在剪贴板上;

③ 将光标移到目标位置；

④ 选择"编辑"菜单中的"粘贴"菜单项或者单击工具栏中的"粘贴"按钮 ，还可以单击右键，从弹出的快捷菜单中选"粘贴"菜单，执行"粘贴"操作。

（2）使用鼠标拖动文本

如果要移动的文本较短，并且目标位置和原来位置在同一屏中，则用鼠标拖动更为简捷。操作步骤如下：

① 选定要移动的文本；

② 将鼠标指针移到所选定的文本区，指针变成向左上指的箭头；

③ 按住鼠标左键进行拖动，这时鼠标指针下方出现一个灰色的矩形，并在其前方出现一虚竖线，表示文本要插入的位置；

④ 拖动至目标位置松开左键，即将文本移动到此位置。

还可以用快捷菜单移动文本。如果指向所选文本后按鼠标右键拖动至目标位置时，则弹出快捷菜单如图 3-27 所示，从中选择"移动到此位置"就可以了。

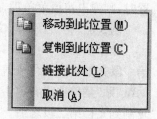

图 3-27　快捷菜单

**例 3-5**　将"自荐信"文档中正文的第一段移到文档的最后。

操作步骤如下：

选取"自荐信"文档中正文的第一段，执行"剪切"操作，将选定的第一段文本临时保存在剪贴板上；再将光标移到文档最后位置，选择"编辑"菜单中的"粘贴"菜单项或者工具栏中的"粘贴"按钮，则将文档中正文的第一段文本移到文档最后位置。

单击"编辑"菜单中的"撤消"菜单项或者单击"常用"工具栏上的"撤消"按钮可撤消对"自荐信"文本的移动，使文档回到移动前的位置。

**2. 复制文本**

（1）使用菜单复制文本

操作步骤如下：

① 选定要复制的文本；

② 执行复制操作（选择"编辑"菜单中的"复制"菜单项或者单击"常用"工具栏中的"复制"按钮 ，还可以将鼠标指向选定文本单击右键从弹出的快捷菜单中选"复制"菜单），将选定的对象临时保存在剪贴板上；

③ 将光标移到目标位置；

④ 执行粘贴操作（选择"编辑"菜单中的"粘贴"菜单项或者单击工具栏中的"粘贴"按钮，还可以将鼠标指向选定文本单击右键从弹出的快捷菜单中选择"粘贴"菜单）。

（2）使用鼠标复制文本

操作步骤如下：

① 选定要复制的文本；

② 将鼠标指针移到所选定的文本区，指针变成向左上指的箭头；

③ 按住 Ctrl 键，再按住鼠标左键进行拖动，这时鼠标指针下方出现一个灰色的矩形和一个带"＋"号的矩形，并在其前方出现一虚竖线，表示文本要插入的位置；

④ 拖动至目标位置松开左键，即将文本复制到此位置。

还可以用快捷菜单复制文本。如果指向所选文本后按鼠标右键拖动至目标位置时，则弹出快捷菜单项，从中选择"复制到此位置"就可以了。

**例 3-6**　将"自荐信"文档中正文的第一段复制到文档第二段之后。

操作步骤如下：选取"自荐信"文档中正文的第一段，执行"复制"操作，将选定第一段文本临时保存在剪贴板上；再将光标移到文档最后位置，选择"编辑"菜单中的"粘贴"菜单项或者单击工具栏中的"粘贴"按钮，则将文档中正文的第一段文本复制到文档第二段之后。

### 3.3.6　查找与替换文本

在文字编辑中，经常要快速查找某些文字，或将整个文档中给定的文本替换掉，可以通过"编辑"菜单中的"查找"菜单项或"替换"菜单项打开"查找和替换"对话框来实现。

**1. 查找文本**

查找文本的操作步骤：

① 单击"编辑"菜单中的"查找"菜单项，打开"查找和替换"对话框，如图3-28所示；

② 在"查找内容"框内键入要查找的文字（如"学生"）；

③ 选择其他所需选项；

④ 单击"查找下一处"按钮会找到该文字出现的第一处并反白显示该文字，反复单击"查找下一处"会不断查找，直到文档结束会提示是否从头再次查找。

**例 3-7**　"自荐信. doc"文档中查找"学生"。

操作步骤如下：打开"自荐信. doc"文档，单击"编辑"菜单中的"查找"菜单项，打开"查找和替换"对话框。选取"查找"选项页，在"查找内容"框内键入"学生"，单击"查找下一处"按钮，找到第一处"学生"并反白显示，同时光标停留在此处，反复单击"查找下一处"会不断查找本文档中的"学生"，直到文档结束会提示是否从头再次查找。

**2. 替换文本**

替换文本的操作步骤：

① 单击"编辑"菜单中的"替换"菜单项；

② 在"查找内容"框内输入要搜索的文
字（如"学生"）；

③ 在"替换为"框内输入替换文字（如
"Student"，见图 3-28）；

④ 选择其他所需选项；

⑤ 单击"查找下一处"，若需要替换，单
击"替换"或者"全部替换"按钮。

图 3-28　"查找和替换"对话框

**例 3-8**　在"自荐信. doc"文档中将"学生"替换为"Student"。

操作步骤如下：打开"自荐信. doc"文档，单击"编辑"菜单中的"查找"菜单项，
打开"查找和替换"对话框。选取"替换"选项页，在"查找内容"框内键入"学生"，在
"替换为"框内键入"Student"，单击"替换"按钮，找到第一处"学生"并替换为
"Student"，同时光标停留在此处并反白显示该文本；反复单击"替换"按钮会不断
查找本文档中的"学生"并替换为"Student"，直到文档结束会提示是否从头再次
替换。

### 3.3.7　"自动更正"功能的使用

Word 2003 提供的自动更正功能可以帮助用户更正一些常见的键入错误，如
拼写错误和修改字母大写错误。要使用"自动更正"功能，需要打开"自动更正"
选项。

图 3-29　"自动更正"窗口

**1. 打开"自动更正"选项**

单击"工具"菜单中的"自动更正"菜单项，此
时弹出"自动更正"窗口，如图 3-29 所示。

**2. 设置"自动更正"选项**

要设置"自动更正"选项可执行下列一项或多
项操作：

（1）要设置与大写更正有关的选项，请选中
对话框中的前四个复选框。

（2）要打开"自动更正"词条，请选中"键入时
自动替换"复选框，然后设置"自动更正"词条，如
本例中将"xs"替换为"学生"后，单击"添加"，该词

条就加入到自动更正列表。

在定位插入点输入"xs"后按空格或其他标点符号，则"xs"就会自动替换为"学生"。

（3）要使用拼写检查工具提供的更正内容，请选中"键入时自动替换"复选框，然后选中"自动使用拼写检查功能提供的建议"复选框。要关闭拼写检查工具的更正功能，请清除"自动使用拼写检查功能提供的建议"复选框。

**注意**　要用"自动更正"改正拼写错误，需要打开自动拼写检查。

### 3.3.8　"检查拼写和语法错误"功能的使用

图 3-30　"拼写和语法"标签

Word 2003 提供了"检查拼写和语法错误"功能，可以帮助用户检查英文拼写错误和语法错误，也可以进行简体中文的校对，但是其准确率不如对英文文档的检查。当文档中出现拼写错误和语法错误时，用红色波浪线标记拼写错误；当出现不可识别的词汇时，用绿色波浪线标记语法错误。这样用户可以利用"检查拼写和语法错误"功能对整篇文档进行快速而有效的校对（尤其对英文文档）。

打开或关闭自动拼写和语法检查功能的方法：

（1）单击"工具"菜单中的"选项"菜单项，选择"拼写和语法"选项页，如图 3-30 所示。

（2）执行下列一项或多项操作：

① 要打开或关闭自动拼写检查功能，请选中或清除"键入时检查拼写"复选框；

② 要打开或关闭自动语法检查功能，请选中或清除"键入时检查语法"复选框。

**注意**　未选中"键入时检查拼写"或"键入时检查语法"功能时，"隐藏文档中的拼写错误"和"隐藏文档中的语法错误"复选框不可选。这样可使拼写和语法检查用波形下划线标记可能的错误。如果波形下划线分散注意力，可以选中这些复选框，隐藏波形下划线。

# 3.4   设置文档格式

当文本输入完毕并检查无误后,就要按文本规范要求设置文本格式、行距、首行缩进等文档格式。

打开前面的"自荐信"文档,以便进行以下的文档格式设置。

## 3.4.1   字符格式设置

**1. 设置字体、字号、字形**

(1) 利用菜单设置

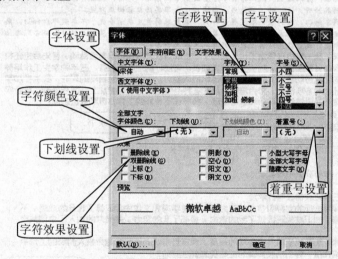

图 3-31  "字体"选项页

选中要设置格式的文本,单击"格式"菜单下的"字体"菜单项,在出现的"字体"窗口中选取"字体"选项页,如图 3-31 所示,单击"中文字体"或"西文字体"列表框的下拉按钮(右侧的倒三角),在弹出的字体列表中选取合适的字体;在"字形"和"字号"列表框中单击选定所需的字形和字号,用鼠标单击"确定"按钮。

(2) 利用工具栏设置

首先选中要设置格式的文本,用鼠标单击"格式"工具栏的"字体"下拉按钮,如图 3-32 所示。在"字体"下拉列表中选取合适的字体进行设置;在"字号"下拉列表中选取合适的字号设置字的大小;用鼠标单击相应的字形按钮设置字形(具体字形按钮为："**B**"粗体、"*I*"斜体)。

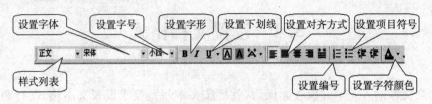

图 3-32　"格式"工具栏

**例 3-9**　打开文档"自荐信",分别设置各段落文字的格式,如图 3-33 所示。

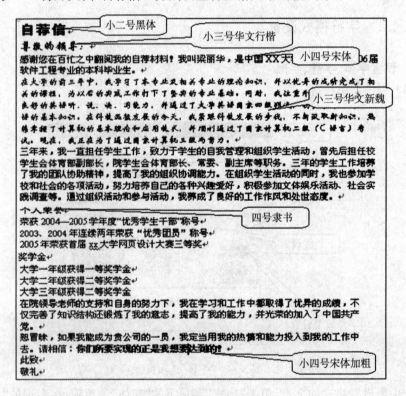

图 3-33　字符格式设置示例

操作步骤如下:

① 首先选中标题"自荐信"文本,用鼠标单击"格式"菜单下的"字体"菜单项,在"字体"窗口中选取"字体"选项页(见图 3-31),用鼠标单击"中文字体"列表框的下拉按钮,在弹出的字体列表框中选取"黑体",在"字号"列表框中选定"小二",然后单击"确定"按钮;

② 选中第二段文本,用鼠标单击"格式"工具栏中"字体"下拉按钮(见图 3-32),

在"字体"下拉列表中选取"华文新魏"设置字体,在"字号"下拉列表中选取"小三号"设置字号,再选中该段落中的"(C语言)",单击"$I$"设置为斜体。

按照如图 3-33 所示中的样式设定其他文本的字体、字号、字形。(除正文最后一段格式,以待后面使用格式刷来设置。)

**2. 字体颜色、下划线和着重号**

(1) 利用菜单设置

选中要处理的文本,用鼠标单击"格式"菜单下的"字体"菜单项,在出现的"字体"窗口中选取"字体"选项页(见图 3-31),鼠标单击"字体颜色"列表框的下拉按钮,弹出颜色选取窗口,选取合适的颜色(用鼠标指向该颜色单击);用鼠标单击"下划线"列表框的下拉按钮,选取合适的下划线;用鼠标单击"着重号"列表框的下拉按钮,选取着重号。

(2) 利用工具栏设置

选中要设置格式的文本,用鼠标单击"格式"工具栏的"$\underline{U}$"设置下划线,或单击该按钮旁的下拉按钮(见图 3-32),然后选择合适的下划线;单击"格式"工具栏的"$\underline{A}$ ▾"设置字体颜色,或单击该按钮旁的下拉按钮,选择合适的字体颜色。

显示"其他格式"工具栏(见图 3-34),选中要设置着重号的文本,用鼠标单击"其他格式"工具栏的"ABC"即完成对所选取文本加着重号的操作。

图 3-34    "其他格式"工具栏

**3. 定义上、下标**

选中要处理的文本,用鼠标单击"格式"菜单下的"字体"菜单项,在出现的"字体"窗口中选取"字体"选项页,勾选"效果"选项里上标(或下标)前的选择框"☑上标(P)"(见图 3-31),则完成了将选取文本设置成上标(或下标)的任务。

**4. 字体其他效果设置**

与设置上标或下标类似,选中要处理的文本,用鼠标单击"格式"菜单下的"字体"菜单项,在出现的"字体"窗口中选"字体"选项页,选择"效果"选项中的各相应项(如删除线、空心、阴影、阴文等),则可完成对选取文本的相应效果的设置任务。

**5. 字符间距设置**

选中要设置格式的文本,用鼠标单击"格式"菜单下的"字体"菜单项,在出现的"字体"窗口中选取"字符间距"选项页,如图 3-35(a)所示,单击"间距"列表框的下拉按钮,在弹出的下拉列表中选取合适的间距类型(有标准、加宽和紧缩三个选项),接着在"间距"列表框右侧的"磅值"中填入合适的数值(或用鼠标单击微调按钮),单击"确定"。

**6. 字体缩放**

与字符间距设置类似,选择"字体"窗口中的"字符间距"选项页,单击"缩放"列表框的下拉按钮,在弹出的列表框中选取合适的比例后单击"确定"。

利用工具栏设置:首先选中要设置格式的文本,用鼠标单击格式工具栏的字符缩放按钮"      "。

**7. 文字动态效果设置**

选中要处理的文本,用鼠标单击"格式"菜单下的"字体"菜单项,在出现的"字体"窗口中选取"文字效果"选项页,如图 3-35(b)所示,用鼠标在"动态效果"列表框中选取要设置的动态效果后单击"确定"。

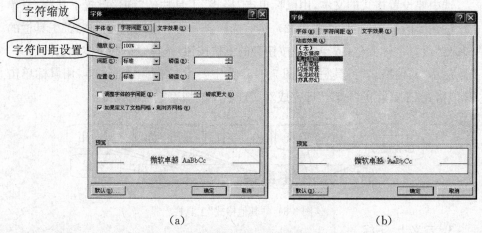

(a)                                        (b)

图 3-35 "字符间距"和"文字效果"标签

## 3.4.2 段落格式设置

**1. 文本对齐方式设置**

(1)利用菜单设置

将光标定位于要设置格式的段落中任一处,用鼠标单击"格式"菜单下的"段落"菜单项,在出现的"段落"窗口中选取"缩进与间距"选项页,如图 3-36 所示,用鼠标单击"对齐方式"列表框的下拉按钮,在弹出的对齐方式列表中选取合适的对齐方式后单击"确定"按钮。

(2)利用工具栏设置

将光标定位于要设置对齐方式的文本,用鼠标单击"格式"工具栏(见图 3-32)中的相应对齐方式按钮,如图 3-37 所示。

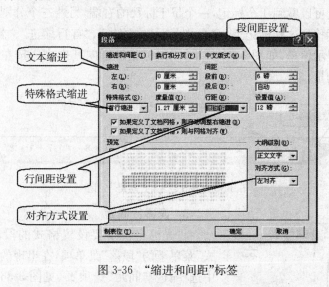

图 3-36 "缩进和间距"标签

图 3-37 "对齐方式"工具栏

### 2. 文本缩进

(1)文本缩进

首先将光标定位于要设置格式的段落中任一处,选择"格式"菜单下的"段落"菜单项,在出现的"段落"窗口中选取"缩进与间距"选项页(见图 3-36),用鼠标单击"缩进"选项中的左缩进量或右缩进量,最后单击"确定"。

(2)首行缩进

首先将光标定位于要设置格式的段落中任一处,选择"格式"菜单下的"段落"菜单项,在出现的"段落"窗口中选取"缩进与间距"选项页,用鼠标单击"特殊格式"列表框的下拉按钮,在弹出的格式选项中选取"首行缩进",再在该选项右侧的"度量值"中设定缩进量,最后单击"确定"。

(3)悬挂缩进

首先将光标定位于要设置格式的段落中任一处,选择"格式"菜单下的"段落"菜单项,在出现的"段落"窗口中选取"缩进与间距"选项页,用鼠标单击"特殊格式"列表框的下拉按钮,在弹出的格式选项中选取"悬挂缩进",再在该选项右侧的"度量值"中设定缩进量,最后单击"确定"。

（4）利用标尺设置缩进

在标尺上可以看到 4 个标记,一个位于标尺的右端,另外三个分别位于标尺的左端。将鼠标移到这些标记上,会分别显示"右缩进"、"首行缩进"、"悬挂缩进"和"左缩进"的提示信息,如图 3-38 所示,用鼠标指针指向其中之一按左键拖动则可改变各种缩进量。

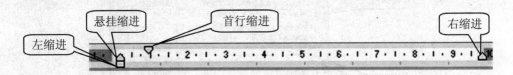

图 3-38　"标尺"上的"缩进"标记

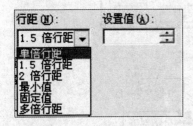

图 3-39　行距选项

### 3. 设置行间距

将光标定位于要设置格式的段落,选择"格式"菜单下的"段落"菜单项,在出现的"段落"窗口中选"缩进与间距"选项页（见图 3-36）,用鼠标单击"行距"列表框的下拉按钮,在弹出的行距列表中选取相应的行距,如图 3-39 所示,单击"确定"。

**注意**　若设置行距为"单倍行距""1.5 倍行距""2 倍行距"中的某项,可选中后直接用鼠标单击"确定";若设置行距为"最小值""固定值"中的某项,还需再在该选项右侧的"设置值"中设定行距值;若设置行距为"多倍行距",还需再在该选项右侧的"设置值"中设定倍数值,然后单击"确定"。

### 4. 设置段间距

首先将光标定位于要设置格式的段落,用鼠标单击"格式"菜单下的"段落"菜单项,在出现的"段落"窗口中选"缩进与间距"选项页（见图 3-36）,在"间距"选项中设置段前、段后间距量,最后单击"确定"。

### 5. 段落的换行与分页

用鼠标单击"格式"菜单下的"段落"菜单项,在出现的"段落"窗口中选"换行和分页"选项页,如图 3-40 所示,在此可进行换行和分页设置,其中包含以下选项。

（1）孤行控制:孤行是指单独显示在一

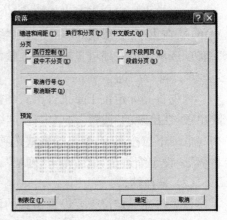

图 3-40　"换行和分页"标签

页顶部的某段落的最后一行,或者是单独显示在一页底部的某段落的第一行。Microsoft Word 的默认设置防止出现孤行(即此选项处于选取中状态)。清除"孤行控制"复选框可改变默认设置。

(2)段中不分页:选中此项可以避免在段落中分页。如果某段落在一页上显示不下,会自动整段落移至下一页。

(3)段前分页:选中此项可在当前段(光标所在段落)前插入一个分页符。

(4)与下段同页:选中此项可使当前段与其后面的段落显示在同一页(即当前段与后一段落间不允许插入分页符)。

**6. 首字下沉**

首先将光标定位于要设置格式的段落,选择"格式"菜单下的"首字下沉"菜单项,在出现的"首字下沉"窗口中用鼠标单击"下沉"选项,如图 3-41 所示,然后在"字体"选项中选择字体、在"下沉行数"中选择首字下沉的行数,最后单击"确定"即可。

要取消首字下沉,只要在出现的"首字下沉"窗口中用鼠标单击"无"选项后单击"确定"。

**7. 首字悬挂**

与"首字下沉"操作类似,只是在打开"首字下沉"窗口后选择"悬挂",其他与"首字下沉"相同。

**8. 添加边框与底纹**

给文本和段落的四周或一侧加上边框,甚至文档的页面加上边框,可使文档醒目而美观。

首先选中要设置边框的文本或段落,选择"格式"菜单下的"边框和底纹"菜单项,在出现的"边框和底纹"窗口中用鼠标单击"边框"选项页,如图 3-42 所示,然后用鼠标单击"设置"选项选择边框类型,接着选择"线型"、"颜色"和"宽度",最后选择"应用范围",完成后单击"确定"。

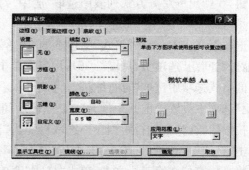

图 3-41   "首字下沉"对话框      图 3-42   "边框和底纹"窗口"边框"选项页

要取消边框设置,操作方法与添加边框类似,只是在"边框"选项页中(见

图 3-42),用鼠标单击"设置"选项中边框类型为"无",单击"确定"即可。

设置底纹同样首先要选中设置底纹的文本或段落,打开"边框和底纹"窗口,选择"底纹"选项页,如图 3-43 所示。用鼠标单击填充颜色或应用"其他颜色"按钮选择其他颜色,然后在"图案"中的"式样"列表框中选择相应式样,完成后单击"确定",完成底纹设置。

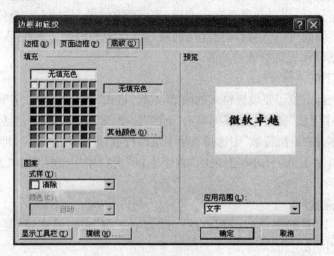

图 3-43  "边框和底纹"窗口的"底纹"选项页

取消底纹同样要打开"边框和底纹"窗口,选择"底纹"选项页,然后用鼠标单击"无填充颜色",再单击"确定"。

**例 3-10**  对文档"自荐信"分别设置各段落格式。

首先选中标题"自荐信"文本,单击"格式"菜单下的"段落"菜单项,在弹出的"段落"窗口中选取"缩进与间距"选项页(见图 3-36),单击"对齐方式"列表框的下拉按钮,在弹出的对齐方式列表中选取"居中"对齐方式,在"间距"选项中设置段后间距量为"18 磅",单击"确定"按钮。

选取正文文本,单击"格式"菜单下的"段落"菜单项,在弹出的"段落"窗口中选取"缩进与间距"选项页(见图 3-36),用鼠标单击"特殊格式"列表框的下拉按钮,在弹出的格式选项中选取"首行缩进",将该选项右侧的"度量值"设定为"2 字符";在"间距"选项中设置段前间距量为"6 磅"、段后间距量为"12 磅";单击"行距"列表框的下拉按钮,在弹出的行距列表中选取行距为"固定值",并设置值为"21 磅";用鼠标单击"格式"工具栏(见图 3-32)中的"左对齐"按钮,设置为左对齐方式。

将光标定位在第三段文本,单击"格式"菜单下的"首字下沉"菜单项,在出现的"首字下沉"窗口中用鼠标单击"下沉"选项,选择字体为"隶书"、下沉行数为"3",单击"确定"。

### 3.4.3 复制文本格式

操作步骤如下：

① 选中被复制格式的文本，单击"常用"工具栏中的"格式刷"按钮 ⬦ 。

② 移动鼠标指针至要进行格式设置的文本前（此时鼠标指针呈现格式刷形状），按住鼠标左键不放，拖动鼠标指针至该文本的尾部，然后松开鼠标左键，完成文本格式复制。

③ 若要复制文本格式到多个文本上，只需在选中被复制格式的文本后双击"格式刷"按钮 ⬦ ，其他操作方法同上；复制文本格式完成后，只要将鼠标指向"格式刷"按钮单击即结束格式复制。

**例 3-11** 对文档"自荐信"，利用格式刷设置正文最后一段文本格式。

首先选中"自荐信"正文第一段文本，用鼠标单击"常用"工具栏中的"格式刷"按钮 ⬦ ，然后将鼠标指针移至正文最后一段文本的第一个字符前，按住鼠标左键拖动鼠标至该段文本的最后一个字符，则正文最后一段文本被设置为与第一段文本相同的格式。

### 3.4.4 其他格式设置

**1. 设置项目符号和编号**

在 Word 2003 中经常需要快速地添加项目符号或编号，使文档更有层次，更易突出需要表达的主要内容。

（1）自动创建项目符号和编号

在一段开始时输入"1."" 一、"等格式的起始编号，然后输入文本，当该段文本输入结束后按回车键时，Word 2003 会自动将该段转为列表形式，同时在下一段前自动加上下一编号。

如果在段落开始时输入" """－－"后加一个空格或制表符，然后输入文本，当文本输入结束按回车时，Word 2003 会自动将该段文本转为列表，即将" """－－"转为"●""■"等项目符号。

若要设置或取消自动创建项目符号和编号，可选择"工具"菜单中的"自动更正"菜单项，选取"键入时自动套用格式"选项页，如图 3-44 所示，用鼠标单击"自动项目符号列表"和"自动编号列表"（见图 3-44 中黑框）。

项目符号与编号的不同：前者是相同的符号，而后者则是一系列连续的数字或符号。

（2）对文本添加项目符号

选中要设置项目符号的文本，单击"格式"工具栏（见图 3-32）中的"项目符号"工具按钮 ，即可在选中的文本段落前添加项目符号。

若要改变项目符号，可选择"格式"菜单中的"项目符号和编号"菜单项，此时出现"项目符号和编号"对话框，选中"项目符号"选项页，如图 3-45 所示，用鼠标选择相应的项目符号后单击"确定"按钮，即可改变项目符号。

图 3-44  "键入时自动套用格式"选项页        图 3-45  "项目符号"选项页

（3）对文本添加编号

选中要设置编号的文本，单击"格式"工具栏（见图 3-32）中的"编号"工具按钮 ，即可在选中的文本段落前添加编号。

若要改变编号，可选择"格式"菜单中的"项目符号和编号"菜单项，在出现的"项目符号和编号"对话框中选取"编号"选项页，如图 3-46 所示，用鼠标选取相应的编号后单击"确定"。

（4）多级符号

多级符号可以清晰地表明文本的层次关系。创建多级符号需单击"格式"菜单中的"项目符号和编号"菜单项，选中"多级符号"选项页，如图 3-47 所示，用鼠标选择相应的多级符号后单击"确定"，然后输入文本，再通过"格式"工具栏中（见图 3-32）的"增加缩进量"工具按钮" "或"减少缩进量"工具按钮" "来设定层次。

**注意**  输入完某一编号的正文后，按 Enter 键自动进入下一个编号，按 Tab 键则改为进入下一级编号；要返回上一级编号，按"Shift＋Tab"键即可。

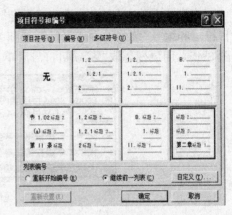

　　　　图 3-46　"编号"选项页　　　　　　　　　　图 3-47　"多级符号"选项页

　　**例 3-12**　对"自荐信"文档中"个人荣誉"和"奖学金"内容进行项目符号设置，形成如图 3-48 所示的文本。

　　　　　　　　　　图 3-48　段落格式设置

选取该文档中"个人荣誉和奖学金"后面的内容列表,单击"格式"菜单中的"项目符号和编号"菜单项,在"项目符号和编号"对话框中选择"项目符号"选项页(见图 3-45),用鼠标选取"➤"项目符号后单击"确定"按钮,结果如图3-49所示。

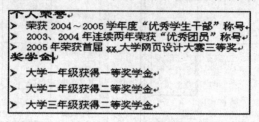

图 3-49  未分栏前的文本

### 2. 文字方向设置

在编辑文档时,有时需要改变部分文字的方向,Word 2003 可以设置文字的方向。

选中要改变方向的文字,单击"格式"菜单中的"文字方向"菜单项,如图3-14所示,此时出现"文字方向"对话框,如图 3-50 所示,有五种文字方向供选择,用鼠标在需要的文字方向上单击并选择应用范围后,单击"确定",即可改变所选取文字的方向。

### 3. 设置背景

用鼠标单击"格式"菜单下"背景"菜单中任意一个颜色,如图 3-51 所示,即可设置文档的背景颜色。

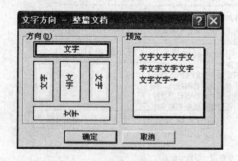
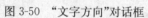
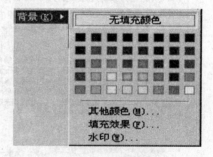

图 3-50  "文字方向"对话框          图 3-51  "背景"对话框

若要设置背景的填充效果,可以在选择填充颜色后,单击"格式"菜单下"背景"菜单中"填充效果",打开"填充效果"对话窗口,该窗口有"渐变"、"纹理"、"图案"(分别见图 3-52、图 3-53 和图 3-54)和"图片"四个选项页,在其中选择相应选项后单击"确定",即可设置背景的填充效果。

图 3-52 "渐变"选项页

图 3-53 "纹理"选项页

利用"格式"菜单下"背景"菜单中"水印"子菜单项打开"水印"对话框,如图 3-55所示,可以通过选择图片或文字水印设置背景的水印效果。

图 3-54 "图案"选项页

图 3-55 "水印"对话框

### 4. 更改大小写

英文文档经常涉及单词的大小写问题,Word 2003 提供的大小写更改功能可以让用户很方便地解决这一问题。

选中要改变大小写的文字,单击"格式"菜单中的"更改大小写"菜单项,此时出现"更改大小写"对话窗口,用鼠标单击要设置的大小写规则后,单击"确定",即可改变所选文字,使其符合大小写规则。

### 5. 中文版式

中文文档经常涉及一些特殊的格式设置,如字符加圈、纵横混排、在一个字符位置显示多个字符(合并字符)、双行合一等。Word 2003 提供的中文版式功能可以使用户很容易实现这些功能。

(1) 带圈字符

选中要加圈的文字,选择"格式"菜单下"中文版式"菜单中"带圈字符"子菜单项,在"带圈字符"对话框中,如图 3-56 所示,选择所需要的"样式"和"圈号",单击"确定"按钮即可。

也可以利用"其他格式"工具栏(见图 3-34)完成带圈字符。

(2) 纵横混排

选中要纵横混排的文本,选择"格式"菜单下"中文版式"菜单中"纵横混排"菜单项,在"纵横混排"窗口中,如图 3-57 所示,选择"适应行宽"后单击"确定",即可将所选文本设为纵横混排。

图 3-56 "带圈字符"对话框          图 3-57 "纵横混排"对话框

(3) 合并字符

选中要合并的字符(最多六个字符),选择"格式"菜单下"中文版式"菜单中"合并字符"子菜单项,在"合并字符"对话框中,如图 3-58 所示,进行设置后单击"确定"即可,合并后的字符只占一个字符位置。

(4) 双行合一

选中要合并的字符,选择"格式"菜单下"中文版式"菜单中"双行合一"子菜单项,在"双行合一"对话框中,如图 3-59 所示,进行设置后单击"确定"即可,合并后的字符分为两行,但只占一行字符位置。

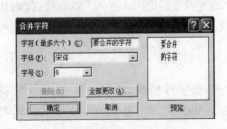

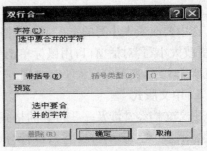

图 3-58 "合并字符"对话框          图 3-59 "双行合一"对话框

### 3.4.5 使用样式对文档进行格式设置

在编辑文档时,经常会遇到多个段落或多处文本具有相同格式的情况,如教材中某级标题采用相同的格式(字体、字号、字符间距等都相同),如果将第一个标题格式设置完成后,将其创建为样式,后面的标题都使用此样式,就能达到同级标题格式统一的目的。

**1. 样式的定义**

所谓样式,就是用一个名称保存段落或字符格式的集合。样式包括字符样式和段落样式,某一格式被保存为样式后,以后要设置这一格式时,只需套用该样式即可实现,而无需一一重新设置。

另外,若想改变所有具有某一样式格式的文本时,不需一一改变,只需改变该样式格式,所有套用该样式的文本或段落就会相应改变格式。

Word 2003 自带了许多样式,在编排段落或文本时可以直接套用这些样式,如图 3-60 所示。

**2. 使用样式对文档进行格式设置**

(1) 利用菜单设置

选中要格式化的文本,单击"格式"菜单中的"样式和格式"菜单项,此时出现"样式和格式"对话框窗口(见图 3-60),此时用鼠标在该窗口的"样式"列表中单击要使用的样式名称,即可将选定的文本设置为所选样式的格式。

(2) 利用工具栏设置

选中要格式化的文本,单击"格式"工具栏"样式"列表按钮(见图 3-32),在弹出的样式列表中,如图 3-61 所示,单击要套用的样式即可。

如果要设置格式的样式在 Word 2003 自带的样式列表中不存在,用户可以自己创建新样式。

**3. 创建新样式**

字符样式:指用于控制字符外观的样式,包括字体、字号、字符间距、动态效果、字形等项的设置。

段落样式:指用于控制段落外观的样式,除包括字符样式外,还包括段落的间距、行间距、对齐方式、制表位、边框、图文框、编号等项的设置。

创建段落样式:选中段落,单击"格式"菜单中的"样式和格式"菜单项,在"样式和格式"对话框窗口(见图 3-60)单击"新样式"按钮,此时出现"新建样式"对话框窗口,如图 3-62 所示。在该窗口的"名称"中输入新的样式名(如"新样式 1"),同时将"样式类型"设置为"段落",然后可通过单击"格式"按钮来重新设置段落格式,最后单击"确定",完成样式的创建。

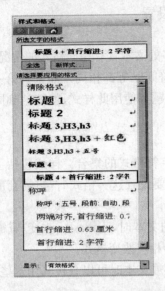

图 3-60　"样式和格式"对话框　　　　　图 3-61　样式列表窗口

　　创建字符样式:同创建段落样式类似,选中要设置格式的文本,单击"格式"菜单中的"样式和格式"菜单项,在"样式和格式"对话框窗口(见图 3-60)单击"新样式"按钮,出现"新建样式"对话框窗口(见图 3-62),在该窗口"名称"中输入新的样式名(如"新样式 2"),同时将"样式类型"设置为"字符",通过单击"格式"按钮来重新设置字符格式,最后单击"确定"。

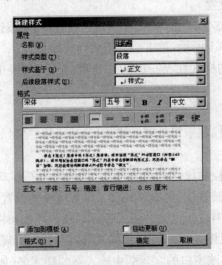

图 3-62　"新建样式"对话框

#### 4. 重命名新样式

对已经存在的样式可以通过"样式"对话框重命名,但重命名的样式名不能与已经存在的样式同名。

单击"格式"菜单中的"样式和格式"菜单项,此时出现"样式和格式"对话框窗口(见图 3-60),在该窗口的"样式"列表中单击要重命名的样式名,然后单击样式名后的倒三角按钮,在弹出的菜单中单击"修改样式",如图 3-63 所示,此时出现"修改样式"对话框窗口,如图 3-64 所示,此时输入新的样式名,单击"确定"按钮。

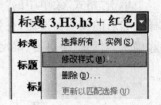

图 3-63　"修改样式"菜单

#### 5. 更改样式属性

有时要设置的格式与已有的样式很接近,为了方便快速地设置格式,只要对样式稍做修改就能达到目的。

单击"格式"菜单中的"样式和格式"菜单项,此时出现"样式和格式"对话框窗格(见图 3-60);单击样式名后的倒三角按钮,在弹出的菜单中单击"修改样式"(见图 3-63),出现"修改样式"对话框窗口(见图 3-64),单击"格式"按钮,在出现的"格式"列表对话框中,如图 3-65 所示,选择要更改的属性,最后单击"确定"。

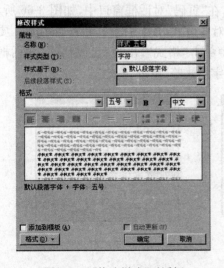

图 3-64　"修改样式"对话框

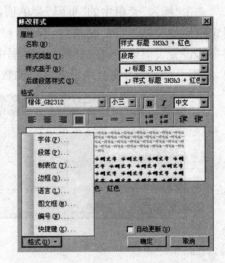

图 3-65　"修改样式"对话框的格式菜单

在图 3-64"修改样式"对话框窗口中,若选定"自动更新",则会对文档中所有应用此样式的地方按新设定的格式处理;若选定"添加到模板",则在以后创建的新文档中此样式会变成新设定的格式。

**6. 删除样式**

要取消用户自己创建的样式,可以通过"样式"对话框完成,此时 Word 首先将应用此样式的段落或字符应用正文样式,然后从模板中删除此样式。

单击"格式"菜单中的"样式和格式"菜单项,在"样式和格式"对话框窗口单击样式名后的倒三角按钮,在弹出的菜单中选"删除"(如图 3-63 所示),在弹出的"删除确认"对话框中单击"确定"按钮。

# 3.5   页面设置与打印文档

一个文档的内容编排完成后,要进行打印,这就涉及有关页面设置的一系列问题,本节将对页面设置及打印的有关内容进行学习。

## 3.5.1   插入页码

一个文档,若有页码会使用户使用和查找更方便。在 Word 中插入页码的操作方法如下:

单击"插入"菜单中的"页码"菜单项,在"页码"对话框窗口中,如图 3-66 所示,设定页码位置(如"页面底端(页脚)")和对齐方式(如"右侧"),单击"确定"。要想进一步设置页码格式,在"页码"对话框中单击"格式",出现"页码格式"对话框窗口,如图 3-67 所示,在其中设置页码的数字格式等,单击"确定"。

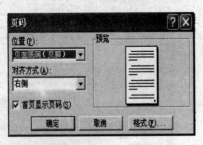

图 3-66   "页码"对话框                图 3-67   "页码格式"对话框

## 3.5.2   设置页眉与页脚

一个文档,有时需要在文档中插入页眉和页脚,页眉和页脚是在页面顶部和底部加入的信息,这些信息可以是文字、图形、常用章节名称、日期或页码。

设置页眉和页脚的操作方法如下:

单击"视图"菜单中的"页眉和页脚"菜单项,此时文档正文变成灰色,光标出现在文档顶部的"页眉"处,同时会出现"页眉和页脚"工具栏,如图 3-68 所示,在页眉处输入的内容即是页眉(如图 3-68 中设置的页眉为:第 3 章 Microsoft Word 2003),单击"页眉和页脚"工具栏中的"在页眉和页脚间切换"按钮,光标出现在文档的底部"页脚"处,在此处输入的内容即是页脚(如图 3-68 中设置的页脚为:2009 - 6 - 24),在输入页眉和页脚后,还可以设置其字体、字号和对齐方式,设置完页眉和页脚后,单击"页眉和页脚"工具栏中的"关闭"按钮或双击呈灰色的正文即可退出页眉和页脚设置,进入文档编辑状态。

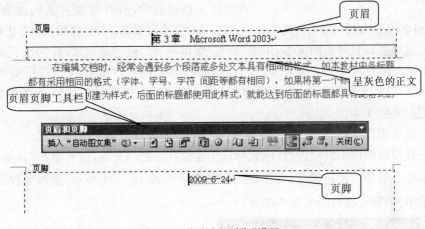

图 3-68 "页眉和页脚"设置

### 3.5.3 插入分隔符

Word 文档在输入文本时,系统会自动按照用户的页面设置进行换行或分页,但有时需要在文档的特定位置设置换行或分页,此时就需要用户自己设置分隔符。分隔符的类型有:分页符、分节符和换行符。

• "分页符":在文档中插入分页符后,会将此处以后的内容作为新的一页处理。

• "换行符":在文档中插入换行符后,会将此处以后的内容作为下一行处理。

• "分节符":为表示节结束而插入的标记。分节符显示为包含有"分节符"字样的双虚线。

分节符的类型有:

① "下一页":插入一个分节符,新节从下一页开始。

② "连续":插入一个分节符,新节从同一页开始。

图 3-69 "分隔符"对话框

③ "奇数页"或"偶数页":插入一个分节符,新节从下一个奇数页或偶数页开始。

插入分隔符的操作方法如下:

将光标定位于要设置分隔符的位置,单击"插入"菜单的"分隔符"菜单项,在"分隔符"对话框窗口中,如图 3-69 所示,选择要插入的分隔符后,单击"确定",即在插入点插入了分隔符。

### 3.5.4 分栏排版

在编辑文档过程中,有时需要将文档设为多栏,Word 2003 的分栏功能可将文本分为多栏,每栏文本可编辑。分栏排版操作方法如下:

选中要设置分栏的文本,单击"格式"菜单中的"分栏"菜单项,在"分栏"对话框窗口的"预设"项中,如图 3-70 所示,选择相应的分栏数(或在"栏数"后填入分栏数),再在"栏宽和间距"中填入栏宽值和栏间距值,单击"确定",则就会将文本改为分栏形式的文本。

若要求栏宽相等,可选中"栏宽相等"项,否则要设置每个栏的栏宽。

还可以利用工具栏设置,用鼠标选中要设置分栏的文本,接着单击"其他格式"工具栏上的分栏按钮 ▊▊ ,在出现的分栏选项中,如图 3-71 所示,选取要设置的分栏数单击,即完成对所选文本的分栏。

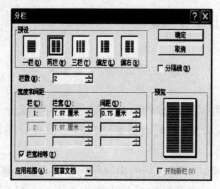

图 3-70 "分栏"对话框

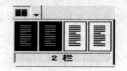

图 3-71 "分栏"工具栏

**例 3-13** 将"自荐信"文档中"个人荣誉"到"奖学金"这部分文本分为两栏,设置栏宽分别为"9cm"和"7cm",栏间距为"0.7cm"。

打开"自荐信"文档,选取该文档中个人荣誉到奖学金列表这部分文本(见图 3-49),单击"格式"菜单中的"分栏"菜单项,出现"分栏"对话框窗口(见图 3-70),在

"预设"项中选择分栏数为"2",取消"栏宽相等"项,在"栏宽和间距"中填入栏宽值分别为"9cm""7cm",栏间距值设为"0.7cm",单击"确定",该部分文本的显示效果如图 3-72 所示。

| 个人荣誉 | 奖学金 |
|---|---|
| ➢荣获 2004～2005 学年"优秀学生干部"称号 | ➢大学一年级获得一等奖学金 |
| ➢ 2003、2004 年连续两年荣获"优秀团员"称号 | ➢大学二年级获得二等奖学金 |
| ➢ 2005 年荣获首届××大学网页设计大赛三等奖 | ➢大学三年级获得二等奖学金 |

图 3-72 "分栏"后的文本

### 3.5.5 设置纸张

单击"文件"菜单中的"页面设置"菜单项,在"页面设置"对话框中选择"纸张"选项页,如图 3-73 所示,在纸张设置列表中,选择要设置的纸张(如 A4),再选择打印"方向"单选项,单击"确定"。如果要设置的纸张大小不在列表中,则可选择列表中的"自定义",然后再设置纸张"宽度"和"高度",单击"确定"。

图 3-73 "页面设置"纸张选项对话框

### 3.5.6 设置页边距

单击"文件"菜单中的"页面设置"菜单项,在"页面设置"对话框中选择"页边距"选项页,如图 3-74 所示,在此窗口中可以进行页边距(上、下、左、右边距)及装订线位置的设置,还可以进行页眉和页脚与边界距离的设置,单击微调按钮进行设置或直接输入设定值,设置完成后单击"确定"。

图 3-74 "页边距"选项页

### 3.5.7 设置版面

单击"文件"菜单中的"页面设置"菜单项,在"页面设置"对话框中选择"版式"选项页,如图 3-75 所示,在此窗口中可以进行节的起始位置的设置、首页或奇偶页的页眉和页脚设置,还可以进行页面内容的对齐方式设置,选择合适的参数值后单击"确定"。

图 3-75  "版式"选项页

### 3.5.8  打印预览

当文档编辑、排版完成后,可以利用 Word 2003 提供的"打印预览"功能显示打印效果,查看排版是否符合要求,直到满意,才打印在打印纸上;否则可以重新进行调整。

单击"常用"工具栏中的打印预览按钮 或"文件"菜单中的"打印预览"菜单项,打开文档的"打印预览"窗口,图 3-76 是"自荐信"文档的"打印预览"窗口。

预览窗口中有一预览工具栏,其中有"放大镜""单页""多页""显示比例"等,其中的"显示比例"列表框是最常用的,从中可选定合适的显示比例;预览后可单击"关闭"按钮退出打印预览状态。

### 3.5.9  打印输出

如果文档编辑、排版完成并经过打印预览满意后就可以打印输出。单击"文件"菜单中的"打印"菜单项或"常用"工具栏中的打印按钮 ,出现"打印"对话框窗口,如图 3-77 所示,在其中设置打印的页面范围和份数后单击"确定"就可以实现打印。

打印之前,应先保存文档,以免意外丢失文档;打印前应先准备好打印机。

图 3-76  "打印预览"窗口

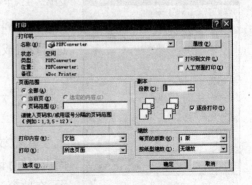

图 3-77  "打印"对话框

# 3.6 在文档中创建与编辑表格

## 3.6.1 在文档中插入表格

我们经常会遇到一个既有文本又有表格的文档,这时在进行文档处理时就需要在文档中插入表格。

**1. 使用菜单插入表格**

将光标定位在要插入表格的位置,然后单击"表格"菜单下"插入"子菜单中的"表格"子菜单项,此时会出现"插入表格"对话框窗口,如图 3-78 所示,在其中设置表格尺寸的列数和行数,在"自动调整"操作中选择相应的选项后单击"确定",则会在光标所在位置插入一个表格。

**2. 使用工具栏插入表格**

将光标定位在要插入表格的位置,单击"常用"工具栏中的"插入表格"按钮 ,按住鼠标左键不放,此时会出现表格行列选择项,拖动鼠标,如图 3-79 所示,按要求选择行列数后松开鼠标,则会在光标所在位置插入所选行数和列数的表格。

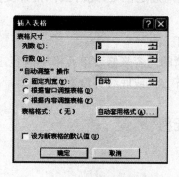

图 3-78 "插入表格"对话框

图 3-79 选择行数和列数

## 3.6.2 输入表格内容

**例 3-14** 在"自荐信"文档中插入一个 4 行 10 列的表格,并按表 3-2 输入内容。

表 3-2　学生成绩表

| 数据结构 | 计算机网　络 | 数据库 | 电子商务 | 计算机原　理 | JAVA | 面向对象程序设计 | 软件工程 | 毕业设计 | 平均成绩 |
|---|---|---|---|---|---|---|---|---|---|
| 85 | | 75 | | | | | | | |
| | 86 | | | 86 | | 84 | | | |
| | | | 88 | | | | 82 | | |

操作步骤如下：

单击常用工具栏中"插入表格"按钮，并拖拽成 4 行 10 列，单击第 1 行第 1 列，输入"数据结构"，单击其他单元格，按表 3-2 输入内容，输入完毕按"Ctrl＋S"键保存。

### 3.6.3　表格中文本内容的修改与编辑

如果要对表格中某单元格的内容进行修改或编辑，首先要选中该单元格中的内容，选择单元格中的内容有以下几种方法：

方法 1：将光标移至单元格第一个字符前，按住左键拖动鼠标至本单元格最后一个字符；

方法 2：将鼠标指针移至单元格左侧的选定栏处（此时鼠标指针变为 ➹ ）单击左键；

方法 3：将鼠标指针移至该单元格内三击。

在选中某单元格内容后，可以输入新的内容来修改单元格中内容，还可以对该单元格的内容进行字体、字号、颜色、对齐方式或底纹等设置。

### 3.6.4　选定表格、行、列或单元格

**1. 选择单元格**

表格内容的输入与修改都必须首先选定单元格，选择某一个单元格的方法如 3.6.3 节所述。

**2. 选择行**

选择一行中的所有单元格有四种方法。

方法 1：将鼠标指针移至该行第一个单元格，按住左键拖动鼠标至本行最后一个单元格；

方法 2：将鼠标指针移至该行最左边单元格左侧外面单击；

方法 3：当光标位于该行第一个单元格时按住"Shift＋→"键不放，直至本行最右边单元格被选中为止；

方法 4：将鼠标指针移至该行任一个单元格左侧的选定栏处（此时鼠标指针变为 ◆）双击左键。

### 3. 选择列

选择一列中所有单元格有四种方法。

方法 1：将鼠标指针移至该列上部第一个单元格后按住左键拖动鼠标至本列最下面一个单元格；

方法 2：将鼠标指针移至该列最上边单元格上端，当鼠标指针变为向下箭头时单击左键；

方法 3：按住 Alt 键不放，然后用鼠标指针指向要选的列中任意处单击左键；

方法 4：将光标位于要选择的第一个单元格，按住"Shift＋↓"键不放，直至本列最下边的单元格被选中为止。

### 4. 选择表格

选择表格有两种方法。

方法 1：将鼠标指针移至表格左上部第一个单元格，按住左键拖动鼠标至表格右下部最后一个单元格；

方法 2：将鼠标指针移至该表格任一单元格内，此时在表格左上角出现四个箭头的移动控制点按钮，将鼠标指针移至该按钮上单击，如图 3-80 所示。

图 3-80　选择整个表格

### 5. 选择部分单元格

选择表格中部分单元格有两种方法。

方法 1：将鼠标指针移至表格中要选单元格中左上部第一个单元格，按住左键拖动鼠标至表格要选择区域的右下部最后一个单元格；

方法 2：将光标定位于要选择区域的最左上角单元格内，按住 Shift 键不放，再用鼠标指针指向要选择区域的最右下角单元格单击左键。

### 6. 应用菜单选择行、列、单元格或表格

将光标定位于表格中要选择的某行、某列或表格中的一个单元格中；单击"表格"菜单中"选定"菜单项，此时"选定"菜单中有"表格"、"列"、"行"、"单元格"四个

子菜单,用鼠标单击其中某个子菜单则,可以实现相应的选择。

### 3.6.5　在表格中插入行、列或单元格

**1.　在表格中插入行**

将光标定位于表格中要插入行的任一单元格中,单击"表格"菜单下"插入"菜单中的"行(在上方)"或"行(在下方)"子菜单项,则在该行的上方或下方插入一行。

若要在表格中某行下方插入行,还可将光标定位在该行最右边单元格的线框之外,按回车键即可。

**2.　在表格中插入列**

首先将光标定位于表格中要插入列的任一单元格中,单击"表格"菜单下"插入"子菜单中的"列(在左侧)"或"列(在右侧)"子菜单项,则在该列的左侧或右侧插入一列。

**3.　在表格中插入单元格**

首先将光标定位于表格中要插入单元格处,单击"表格"菜单下"插入"子菜单中"单元格"子菜单项,此时出现如图 3-81 所示的"插入单元格"对话框,选择某一选项(如"活动单元格下移"或"活动单元格右移"),单击"确定",则在该单元格处插入一个新的单元格,原单元格会根据你在"插入单元格"对话框中选取的选项下移或右移。

若在图 3-81"插入单元格"对话框中,选择"整行插入",则与插入"行(在上方)"功能相同,即在活动单元格上方插入整行;选择"整列插入",则与插入"列(在左侧)"功能相同,即在活动单元格左侧插入整列。

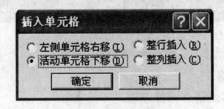

图 3-81　"插入单元格"对话框

### 3.6.6　在表格中删除行、列或单元格

**1.　在表格中删除行**

首先将光标定位于表格中要删除行的任一单元格中,单击"表格"菜单下"删除"子菜单中的"行"子菜单项,则光标所在行被删除。

**2. 在表格中删除列**

首先将光标定位于表格中要删除列的任一单元格中,单击"表格"菜单下"删除"子菜单中的"列"子菜单项,则该列被删除。

**3. 在表格中删除单元格**

首先将光标定位于表格中要删除单元格处,单击"表格"菜单下"删除"子菜单的"单元格"子菜单项,此时出现如图 3-82 所示的"删除单元格"对话框,选择其中某一选项(如"右侧单元格左移"或"下方单元格上移"),单击"确定",则光标所在单元格将被删除,其右侧或下方单元格则根据你在"删除单元格"对话框中选取的选项左移或上移。

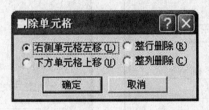

图 3-82　"删除单元格"对话框

若在"删除单元格"对话框中选择"整行删除",则与删除"行"功能相同,即删除当前单元格所在的整行后,下方的行上移;若选择"整列删除",则与删除"列"功能相同,即删除当前单元格所在的整列后,右侧的列左移。

**4. 删除表格**

将光标定位于要删除表格中任一单元格中,单击"表格"菜单下"删除"子菜单中的"表格"子菜单项,则将光标所在表格删除。

**注意**　若选中表格,按 Delete 键,则只是删除表格中的内容,表格仍然存在,只是成了一个没有内容的空表。

### 3.6.7　调整表格的行、列及单元格的尺寸

Word 2003 在创建表格时使用了默认的列宽和行高,在实际制作表格时,往往需要调整表格的某些行的高度和列的宽度。

**1. 列宽调整**

创建一个表格后,选定要调整的列(注意:不是选定单元格),单击"表格"菜单中"表格属性"菜单项,此时出现"表格属性"对话框,选择其中的"列"选项页,如图 3-83 所示,选择"尺寸"下的"指定宽度"选项,选择"列宽单位",在"指定宽度"列表框中选择或直接输入列宽值,单击"确定",则该列的宽度设置为指定值。

"列宽单位"有两项:厘米或百分比,其中百分比是设置本列宽度占表格总宽的

比例。

### 2. 行高调整

选定要调整的行(注意:不是选定单元格),单击"表格"菜单中的"表格属性"菜单项,在"表格属性"对话框中,选择"行"选项页,如图 3-84 所示,选择"尺寸"下的"指定高度"选项"☑",选择"行高值是"的参数为"固定值",然后在"指定高度"列表框中选择或直接输入行高值,单击"确定",则该行的高度被设置为指定值。

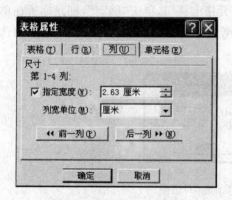

图 3-83 表格列宽对话框

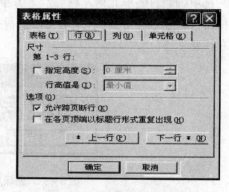

图 3-84 表格行高对话框

### 3. 利用标尺调整行高和列宽

当将光标停留在表格中任一单元格时,水平标尺会出现表格列的标记,垂直标尺会出现行的标记,如图 3-85 所示。当鼠标指针指向行或列的标记时,鼠标指针变为双箭头"↔"或"↕",此时按住鼠标左键拖动鼠标可调整行高或列宽。

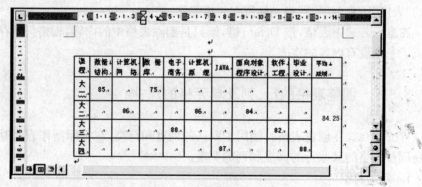

图 3-85 利用标尺调整表格行高与列宽

也可以将鼠标指针指向表格的行线或列线,鼠标指针变为"⇕"或"⊹"标记时,按住鼠标左键拖动鼠标来调整行高或列宽。

#### 4. 单元格尺寸调整

可用上述类似方法在标尺中拖动鼠标来改变单元格尺寸(主要是改变单元格宽度,改变单元格行高时其所在行的整行行高都会发生改变);或将鼠标指针指向单元格边框线,鼠标指针变为"＋┃＋"或"＋┬＋"标记时,按住鼠标左键拖动鼠标来调整单元格的行高或列宽。

#### 5. 调整表格大小

(1) 自动调整表格大小

选定表格,单击"表格"菜单中"自动调整"菜单项,"自动调整"菜单中有"根据内容调整表格"、"根据窗口调整表格"、"固定列宽"、"平均分配各行"、"平均分配各列"五个子菜单项,单击这其中某个子菜单项,则可以完成相应功能。

"根据内容调整表格":表格的列宽和行高自动根据该列或行的最大字符来调整。

"根据窗口调整表格":表格的列宽自动根据页面设置来调整,并占据整行。

"固定列宽":表格的列宽由用户自行设定或建立表格时设定。

"平均分配各行":表格的行高按整个表格高度平均分配。

"平均分配各列":表格的列宽按整个表格宽度平均分配。

(2) 拖动表格调整控制点调整表格大小

选定表格,此时表格的右下角会出现一个调整控制点,如图 3-86 所示,当鼠标指针指向该控制点时会变成双箭头形状,此时按住鼠标左键拖动鼠标可调整表格大小。

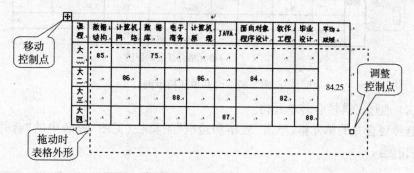

图 3-86　拖动表格调整表格大小

### 3.6.8　调整表格位置

选定表格,此时表格的左上角会出现一个移动控制点(见图 3-86),单击该控制点选中表格,按住鼠标左键拖动来调整表格位置。拖动时会以虚线显示表格的移动位置,当拖到合适位置时释放鼠标,表格将移到新的位置。

### 3.6.9　拆分与合并单元格

在实际工作中,经常需要创建一些不规则的表格,要达到预期要求,就需要对表格进行单元格的拆分或合并。

**1. 合并单元格**

(1) 通过菜单合并单元格

首先选择要合并的单元格(如选择图 3-87(a)中第一列所有单元格),然后单击"表格"菜单中"合并单元格"菜单项,即将选中的多个单元格合并为一个单元格,如图 3-87(b)所示。

| | 数据↓结构↓ | 计算机↓网　络↓ | 数据库↓ | 电子↓商务↓ | 计算机↓原　理↓ | JAVA↓ | 面向对象↓程序设计↓ | 软件↓工程↓ | 毕业↓设计↓ | 平均↓成绩↓ |
|---|---|---|---|---|---|---|---|---|---|---|
| 选中要合并的单元格 | 85↓ | ↓ | 75↓ | ↓ | ↓ | ↓ | ↓ | ↓ | ↓ | ↓ |
| | ↓ | 86↓ | ↓ | ↓ | 86↓ | ↓ | 84↓ | ↓ | ↓ | ↓ |
| | ↓ | ↓ | ↓ | 88↓ | ↓ | ↓ | ↓ | 82↓ | ↓ | ↓ |
| | ↓ | ↓ | ↓ | ↓ | ↓ | 87↓ | ↓ | ↓ | 88↓ | ↓ |

(a)原始表

| | 数据↓结构↓ | 计算机↓网　络↓ | 数据库↓ | 电子↓商务↓ | 计算机↓原　理↓ | JAVA↓ | 面向对象↓程序设计↓ | 软件↓工程↓ | 毕业↓设计↓ | 平均↓成绩↓ |
|---|---|---|---|---|---|---|---|---|---|---|
| 合并后的单元格 | 85↓ | ↓ | 75↓ | ↓ | ↓ | ↓ | ↓ | ↓ | ↓ | ↓ |
| | ↓ | 86↓ | ↓ | ↓ | 86↓ | ↓ | 84↓ | ↓ | ↓ | ↓ |
| | ↓ | ↓ | ↓ | 88↓ | ↓ | ↓ | ↓ | 82↓ | ↓ | ↓ |
| | ↓ | ↓ | ↓ | ↓ | ↓ | 87↓ | ↓ | ↓ | 88↓ | ↓ |

(b)单元格合并后的表格

图 3-87　合并单元格示例

(2) 通过工具栏合并单元格

选择要合并的单元格,单击"表格和边框"工具栏(见图 3-88)中的"合并单元格"按钮 。

图 3-88　"表格与边框"工具栏

### 2. 拆分单元格

（1）通过菜单拆分单元格

首先选择要拆分的单元格，然后单击"表格"菜单中"拆分单元格"菜单项，此时出现"拆分单元格"对话框，如图 3-89 所示，在其中设置拆分行列数后单击"确定"。

（2）通过工具栏拆分单元格

首先选择要拆分的单元格，然后单击"表格和边框"工具栏（见图 3-88）中的"拆分单元格"按钮 ，此时出现"拆分单元格"对话框（见图3-89），在其中设置拆分行列数后单击"确定"。

**例 3-15**　要求对"自荐信"中的专业成绩表（见图 3-87（a））的第一列进行合并单元格和拆分单元格处理，并输入相应的文字，得到如图 3-90（c）所示的表格。

图 3-89　"拆分单元格"对话框

操作步骤如下：

首先选择如图 3-87（a）所示表格左侧第一列的五个单元格，单击"表格"菜单中"合并单元格"菜单项，即将选中的第一列的五个单元格合并为一个单元格；再选择图 3-87（a）右侧"平均成绩"下的四个单元格，单击"表格和边框"工具栏中的"合并单元格"按钮，则得到一个合并后的单元格，此时表格如图 3-90（a）所示。

将光标定位于第一列合并后的单元格中，单击"表格"菜单中的"拆分单元格"菜单项，在"拆分单元格"对话框中填入 1 行 2 列后，单击"确定"，则得到拆分单元格后的表格如图 3-90（b）所示。

再将光标定位于拆分得到的第二列单元格中，单击"表格"菜单中"拆分单元格"菜单项，在"拆分单元格"对话框中填入 5 行 1 列后，单击"确定"，并在第一列、第二列和最后一列输入相应的数据，则得到如图 3-90（c）所示的表格。

### 3.6.10　拆分与合并表格

有时在编辑文档时需要将多个表格合并为一个表格或将一个表格拆分为多个表格，Word 2003 提供的表格拆分和合并功能就可以完成这一要求。

### 1. 拆分表格

首先将光标定位于要拆分处的单元格，单击"表格"菜单中"拆分表格"菜单项，则将一个表格拆分为两个表格。

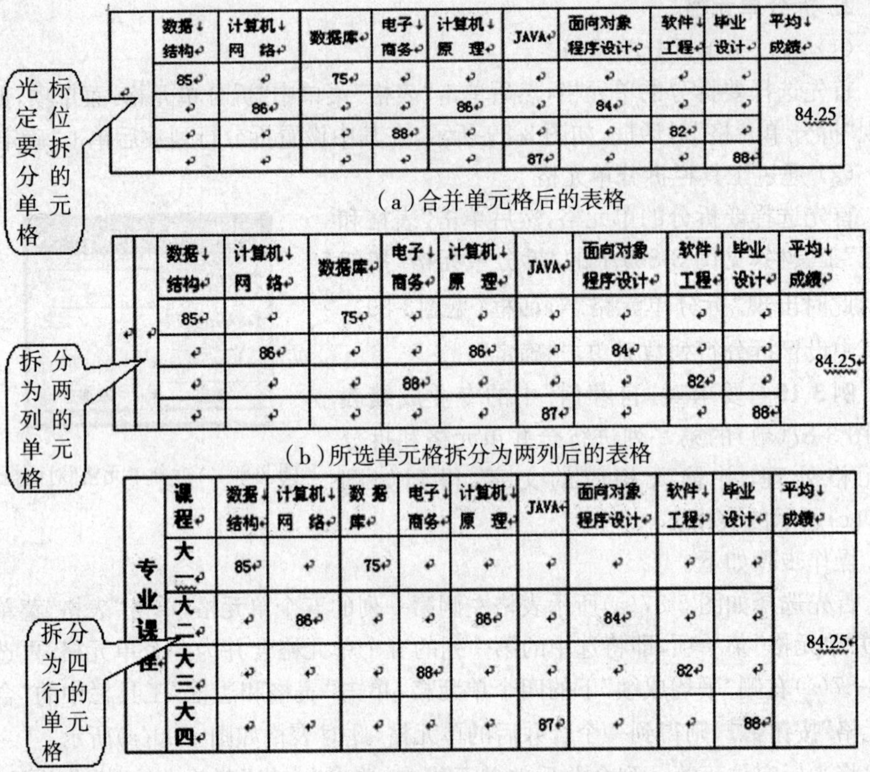

光标定位要拆分单元格　标定位拆分的单元格

| 数据结构 | 计算机网络 | 数据库 | 电子商务 | 计算机原理 | JAVA | 面向对象程序设计 | 软件工程 | 毕业设计 | 平均成绩 |
|---|---|---|---|---|---|---|---|---|---|
| 85 |  | 75 |  |  |  |  |  |  |  |
|  | 86 |  |  | 86 |  | 84 |  |  | 84.25 |
|  |  |  | 88 |  |  |  | 82 |  |  |
|  |  |  |  |  | 87 |  |  | 88 |  |

（a）合并单元格后的表格

拆分为两列的单元格

| 数据结构 | 计算机网络 | 数据库 | 电子商务 | 计算机原理 | JAVA | 面向对象程序设计 | 软件工程 | 毕业设计 | 平均成绩 |
|---|---|---|---|---|---|---|---|---|---|
| 85 |  | 75 |  |  |  |  |  |  |  |
|  | 86 |  |  | 86 |  | 84 |  |  | 84.25 |
|  |  |  | 88 |  |  |  | 82 |  |  |
|  |  |  |  |  | 87 |  |  | 88 |  |

（b）所选单元格拆分为两列后的表格

专业课程　拆分为四行的单元格

| | 课程 | 数据结构 | 计算机网络 | 数据库 | 电子商务 | 计算机原理 | JAVA | 面向对象程序设计 | 软件工程 | 毕业设计 | 平均成绩 |
|---|---|---|---|---|---|---|---|---|---|---|---|
| | 大一 | 85 |  | 75 |  |  |  |  |  |  |  |
| | 大二 |  | 86 |  |  | 86 |  | 84 |  |  | 84.25 |
| | 大三 |  |  |  | 88 |  |  |  | 82 |  |  |
| | 大四 |  |  |  |  |  | 87 |  |  | 88 |  |

（c）所选单元格拆分为四行后的表格

图 3-90　拆分单元格示例

## 2. 合并表格

删除两表格中间的回车符即可将两表格合并为一个表格。

## 3.6.11　表格的修饰

### 1. 绘制斜线表头

在制作表格时经常要加上斜线绘制斜线表头,如在图 3-91(a)的左上角单元格中加上斜线表头制作成如图 3-91(b)所示的形式。

将光标定位于要插入斜线表头的单元格,用鼠标单击"表格"菜单中"绘制斜线表头"菜单项,在"插入斜线表头"对话框中,如图 3-92 所示,选择表头样式和字体大小,再输入"行标题""数据标题""列标题"(如分别输入"星期""课程""节次"),单击"确定"。

| | | 星期一 | 星期二 | 星期三 | 星期四 | 星期五 |
|---|---|---|---|---|---|---|
| 上午 | 1 | 数学 | 计算机基础 | 语文 | 会计实训 | 数学 |
| | 2 | 数学 | 计算机基础 | 语文 | 会计实训 | 数学 |
| | 3 | 英语 | 政治 | 数学 | 英语 | 工业会计 |
| | 4 | 英语 | 政治 | 数学 | 英语 | 工业会计 |
| 下午 | 5 | 工业会计 | 语文 | 成本会计 | 体育 | 成本会计 |
| | 6 | 工业会计 | 语文 | 成本会计 | 体育 | 成本会计 |
| | 7 | | | | | |

(a)原始表格

| 课节\程次 星期 | 星期一 | 星期二 | 星期三 | 星期四 | 星期五 |
|---|---|---|---|---|---|
| 上午　1 | 数学 | 计算机基础 | 语文 | 会计实训 | 数学 |
| 2 | 数学 | 计算机基础 | 语文 | 会计实训 | 数学 |
| 3 | 英语 | 政治 | 数学 | 英语 | 工业会计 |
| 4 | 英语 | 政治 | 数学 | 英语 | 工业会计 |
| 下午　5 | 工业会计 | 语文 | 成本会计 | 体育 | 成本会计 |
| 6 | 工业会计 | 语文 | 成本会计 | 体育 | 成本会计 |
| 7 | | | | | |

(b)加上斜线表头后的表格

图 3-91　"插入斜线表头"示例

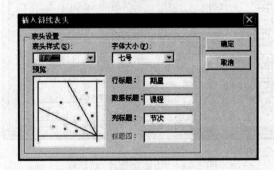

图 3-92　"插入斜线表头"对话框

## 2. 单元格中文本对齐

选择要设置对齐方式的单元格或单元格区域,单击"格式"工具栏的对齐工具按钮。也可以在选择要设置对齐方式的单元格或单元格区域后,用鼠标指向该区域单击鼠标右键,弹出快捷菜单,选择"单元格对齐方式"中的某种对齐方式单击即可。

### 3. 加表格边框

为表格添加边框可以突出表格的外观效果，如图 3-93 所示。

| | 课程 | 数据结构 | 计算机网络 | 数据库 | 电子商务 | 计算机原理 | JAVA | 面向对象程序设计 | 软件工程 | 毕业设计 | 平均成绩 |
|---|---|---|---|---|---|---|---|---|---|---|---|
| 专业课程 | 大一 | 85 | | 75 | | | | | | | |
| | 大二 | | 86 | | | 86 | | 84 | | | |
| | 大三 | | | | 88 | | | | 82 | | |
| | 大四 | | | | | | 87 | | | 88 | |

图 3-93　"添加表格边框"示例

要添加表格边框首先单击表格中的任意处，选择"格式"菜单中的"边框和底纹"菜单项，进入如图 3-94 所示的"边框和底纹"对话框，在"边框"选项页单击"设置"中的"网格"按钮。在"预览"区域中单击边框按钮，则在"预览"中能够显示所选边框的效果。还可以设置"线型""宽度""颜色"等，单击"确定"按钮。

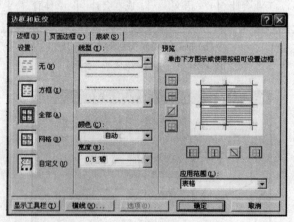

图 3-94　"边框和底纹"对话框

通过"格式"工具栏中的"字符边框"与"字符底纹"按钮，可以为表格设置简单的边框线与底纹。

选择"表格"菜单中"表格属性"菜单项的"表格"选项页，如图 3-95 所示，单击其中的"边框和底纹"按钮，同样可以打开"边框或底纹"对话框。

#### 4. 加表格底纹

要设置表格底纹首先要将光标定位在表格中,打开"边框和底纹"窗口,选择"底纹"选项页,用鼠标单击填充颜色或单击"其他颜色"按钮,选择颜色后单击"确定",还可选择"图案"中的"式样","应用范围"选为"表格",单击"确定",完成表格底纹设置。

若要取消底纹同样要打开"边框和底纹"窗口,然后选择"底纹"选项页,选择无填充颜色,单击"确定"。

图 3-95    "表格属性"对话框

#### 5. 文字环绕表格

在 Word 2003 中文字可以环绕表格排列,一般只要将表格拖入文字即可实现文字环绕表格。

要设置文字环绕表格首先要将光标定位在表格中,选择"表格"菜单中"表格属性"菜单项的"表格"选项页,单击"文字环绕"选项中的"环绕",可以得到文字环绕表格的效果。

# 3.7    对表格中内容的统计计算

## 3.7.1    对表格中的内容进行排序

在 Word 2003 中,表格中的内容可以根据其值的大小进行排序,既可以升序排列也可以降序排列;可以按一列排序,也可按多列排序。若为多列排序,则必有一列为主关键字,其余为辅助关键字,最多可选择三个关键字排序(关键字是指排序时用作排序标准依据的表格内容)。

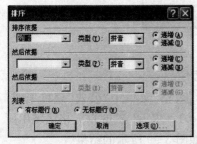

图 3-96    表格"排序"对话框

首先要将光标定位在表格中,单击"表格"菜单项中"排序"菜单打开"排序"对话框,如图 3-96 所示,在此窗口的"列表"中选择有或无标题行,再在排序依据中选择第一个关键字和排序依据的类型,选择是递增还是递减;再选择其他的几个关键字列及相关参数,单击"确定"。

图 3-97(b)是对图 3-97(a)以"数学"递增顺序排序所得到的结果。

| 姓名 | 数学 | 语文 | 会计 | 总分 |
|------|------|------|------|------|
| 张三 | 68 | 86 | 82 | |
| 顾四 | 64 | 76 | 79 | |
| 陈换言 | 73 | 83 | 68 | |
| 李久明 | 85 | 97 | 67 | |
| 毛福堂 | 78 | 58 | 84 | |
| 阮二月 | 82 | 77 | 92 | |

| 姓名 | 数学 | 语文 | 会计 | 总分 |
|------|------|------|------|------|
| 顾四 | 64 | 76 | 79 | |
| 张三 | 68 | 86 | 82 | |
| 陈换言 | 73 | 83 | 68 | |
| 毛福堂 | 78 | 58 | 84 | |
| 阮二月 | 82 | 77 | 92 | |
| 李久明 | 85 | 97 | 67 | |

　　　　（a)排序前的表格　　　　　　　　　　（b)按"数学"递增顺序排序后的表格

图 3-97　表格排序前后示例

### 3.7.2　对表格中的数字内容进行计算

在 Word 2003 中,表格中的内容不仅可以进行排序,还可以进行计算。表格中的单元格位置用列号(A、B、C、D、……)与行号(1、2、3、4、……)来表示,如 B3 表示第 2 列第 3 行单元格;单元格区域是用"左上角单元格:右下角单元格"来表示一个单元格矩形区域,如"B2:D5"表示由第 2 列第 2 行与第 4 列第 5 行所包含的矩形区域。

计算时首先将光标定位于要存放计算结果的单元格中,单击"表格"菜单中"公式"菜单项,打开"公式"对话框,如图 3-98 所示,在对话框中输入计算公式和计算结果的数字格式,单击"确定"。公式中的函数可以通过公式对话框中的"粘贴函数"下拉列表得到。

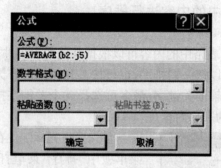

图 3-98　表格"公式"对话框

**例 3-16**　计算图 3-99 所示各门课程的平均成绩。

将光标定位于"K2"(即平均成绩栏)中,选择"表格"菜单中"公式"菜单项,打开"公式"对话框,在公式中输入"AVERAGE(b2:j5)"(求 b2 至 j5 单元格区域中所有数据的平均值)(见图 3-98),单击"确定",得到如图 3-99 所示的结果。

|  | A | B | C | D | E | F | G | H | I | J | K |
|---|---|---|---|---|---|---|---|---|---|---|---|
| 1 | 课程 | 数据结构 | 计算机网　络 | 数据库 | 电子商务 | 计算机原　理 | JAVA | 面向对象程序设计 | 软件工程 | 毕业设计 | 平均成绩 |
| 2 | 大一 | 85 | 75 |  |  |  |  |  |  |  |  |
| 3 | 大二 | 86 |  |  | 86 |  | 84 |  |  |  |  |
| 4 | 大三 |  |  | 88 |  |  |  | 82 |  |  | 84.25 |
| 5 | 大四 |  |  |  |  | 87 |  |  |  | 88 |  |

图 3-99　用"公式"计算表格中数字内容的示例

# 3.8　在文档中插入图形

一个图文并茂的文档可以使读者更容易理解文档的内容，Word 2003 提供的图文混排的功能，可以让人一目了然，更富表达力，也使版面更加灵活，充满活力。Office 2003 提供了一个剪贴库，其中有大量的剪贴画，可以利用剪贴库在文档中插入剪贴画，也可以插入图形文件中的图片。

## 3.8.1　插入图片

**1. 插入剪贴画**

首先要将光标定位在要插入图片处，单击"插入"菜单中"图片"子菜单的"剪贴画"子菜单项，如图 3-100 所示，此时会打开"剪贴画"窗格，如图 3-101(a)所示；单击"搜索范围"的向下箭头，此时弹出搜索范围如图 3-101(b)所示，选择"Office 收藏集"，单击"结果类型"的向下箭头，此时弹出媒体文件类型菜单，如图 3-101(c)所示，选择"剪贴画"，单击"搜索"按钮，则显示搜索的结果，如图3-101(d)所示，单击选中的剪贴画后的向下箭头，此时出现菜单，如图3-102所示，单击菜单"插入"，则在当前光标处插入剪贴画，如图 3-103 所示。

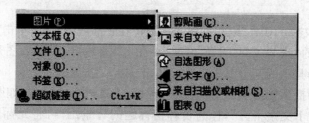

图 3-100　"插入图片"菜单

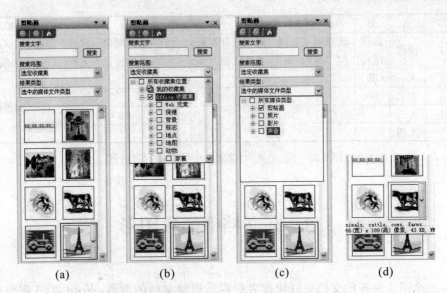

(a)                    (b)                    (c)                    (d)

图 3-101   插入"剪贴画"

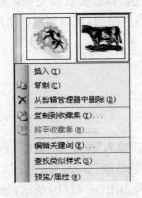

图 3-102   "插入剪辑"按钮

图 3-103   插入的"牛"剪辑画

### 2. 插入图形文件

Word 2003 除了可以在文档中插入剪贴画外,还可以插入一些常用的图形文件中的图片,常用的图形文件类型有:bmp(位图),wmf(图元),jpg(JPEG 文件交换格式)等。

插入图形文件的操作步骤是:将光标定位在要插入图片处,单击"插入"菜单中"图片"子菜单的"来自文件"子菜单项(见图 3-100),打开"插入图片"对话框(见图 3-104),选择其中的某个图片文件后,单击"插入"按钮。

例如:利用插入图片文件方法在"自荐信"中插入一个图片,如图 3-104 所示,设置版式为"衬于文字下方",作为自荐信标题的背景图;再将光标定位于自荐信"个人求职简历"表格的照片位置,用插入图片文件方法在"自荐信"中插入一张个人照片(见本章引例)。

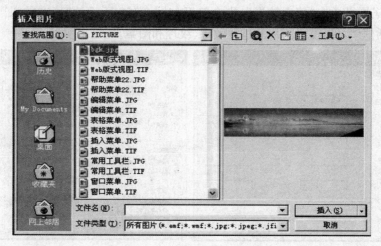

图 3-104 "插入图片"对话框

### 3. 设置图片格式

(1) 图片工具栏

单击"视图"菜单中"工具栏"子菜单的"图片"子菜单项,打开"图片"工具栏,如图 3-105 所示,可以通过此工具栏进行图片插入、亮度调整、裁剪图片、文字环绕、透明色设置、图片格式设置、线型设置等操作。

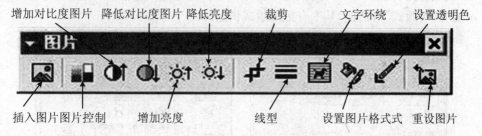

图 3-105 "图片"工具栏

(2) 缩放图片

单击图片,此时图片周围出现八个句柄(黑色的小方块),如图 3-106 所示,当鼠标指针移到任一句柄,鼠标指针变为双箭头时,按住鼠标左键拖动鼠标可改变图片大小进行图片的缩放。

(3) 图片颜色与线条

单击图片,打开"图片"工具栏,单击"设置图片格式"工具按钮,弹出"设置图片格式"对话窗口,如

图 3-106 "图片"的句柄

图 3-107 所示;选择该窗口的"颜色与线条"选项页,单击"填充"中"颜色"设置图片的颜色,若在此单击"填充效果",则会打开如图 3-108 所示的"填充效果"对话框,在该对话框中可以设置图片的过渡效果、纹理和图案。

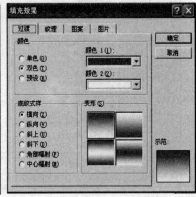

        图 3-107　"设置图片格式"对话框       图 3-108　"填充效果"对话框

（4）设置图片版式

单击图片任一位置选中图片,用上面介绍的任一种方法打开"设置图片格式"对话框窗口,选择"版式"选项页,如图 3-109 所示,设置版式和文字环绕方式,单击"确定"。

若要得到更多版式,则用鼠标单击图 3-109 中的"高级"按钮,出现图 3-110 所示的"高级版式"对话框,其中有更多版式供选择。

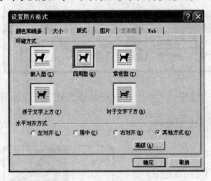
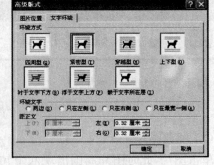

        图 3-109　"版式"选项页          图 3-110　"高级版式"对话框

（5）裁剪图片

有时只需要插入图片的一部分,这时就需要对图片进行裁剪,如图 3-111 所示,右边的图就是对左边图进行裁剪后得到的。

单击图片任一位置选中图片,单击"图片"工具栏"裁剪"工具按钮,此时鼠标指针变为剪刀形状,移动鼠标到图片周围的某句柄后按住鼠标左键拖动鼠标进行图片裁剪。

若要对图片进行精确裁剪,则要打开"设置图片格式"对话框窗口,选择"图片"选项页,如图 3-112 所示,在该窗口"裁剪"选项中设置"上""下""左""右"四项的数值,单击"确定"进行精确裁剪。

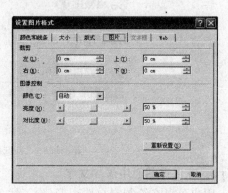

图 3-111  "图片裁剪"示例      图 3-112  "图片"选项页

## 3.8.2  绘制图形

### 1. 绘图工具栏

Word 2003 除了可以插入现成的图片外,还可以通过"绘图"工具栏自行绘制图形,"绘图"工具栏如图 3-113 所示,其中包含有自选图形、旋转工具、绘制图形或线型的工具、设置颜色工具等,要使用这些绘图工具必须切换到"页面视图"方式。

选择对象    直线工具    圆形工具  文本框 竖排文本框 线条颜色 字体颜色虚线线型 阴影

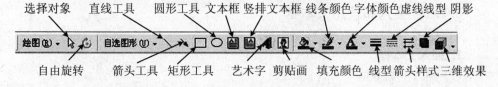

自由旋转      箭头工具    矩形工具    艺术字 剪贴画 填充颜色  线型 箭头样式 三维效果

图 3-113  "绘图"工具栏

### 2. 绘制自选图形

Word 2003 提供了一套现成的基本图形,可以在文档中很方便地使用这些图形,并可以组合成其他新的图形,也可以对其进行编辑。

绘制自选图形的操作步骤是:单击"绘图"工具栏中"自选图形"工具按钮,弹出菜单,如图 3-114 所示,选择某个合适的图形单击,鼠标指针变成"十"字形,将鼠标指针移至文档中要插入图形的位置按住左键拖动鼠标,就完成了一个自选图形的绘制。

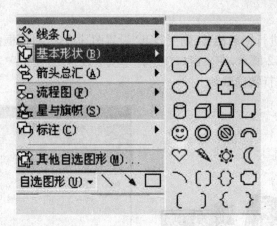

图 3-114 "自选图形工具"菜单

**3. 在自选图形中添加文字**

用户可以在绘制完自选图形(除了线条和任意多边形)后向其添加文字。

具体方法是将鼠标指针指向自选图形后右击,在弹出的快捷菜单中选"添加文字"菜单项,在图形中就会出现光标,此时就可以输入文字了。输入的文字出现在光标处,输入完成后,可以选中文字对其进行编辑。

# 3.9 在文档中插入其他对象

## 3.9.1 插入和使用文本框

**1. 插入文本框**

(1) 插入空文本框

单击"插入"菜单下"文本框"菜单项,选择"横排"或"竖排",鼠标指针则会变为"十"字形,将鼠标指针移至文档中任意处按住左键拖动鼠标,则插入一个空文本框。

也可以单击"绘图"工具栏的"文本框"工具按钮(见图 3-113),然后在文档中拖动鼠标来插入空文本框。

(2) 将指定内容加至插入的文本框

先选中指定内容,再按上述方法插入文本框,这样选定的内容就加入到刚插入的文本框中。

**注意** 插入文本框时,若选择的是"横排",此时输入的文本框是横排文本框,如图 3-115 所示；若选择"竖排"，则输入的文本框是竖排文本框，如图 3-116 所示。

图 3-115　"横排文本框"示例　　　　　　　图 3-116　"竖排文本框"示例

### 2. 编辑文本框

文本框具有图形的属性，因而对文本框的编辑与对图形格式的编辑非常类似。

选中文本框，单击"格式"菜单下的"文本框"菜单项，出现如图 3-117 所示的"设置文本框格式"对话框；也可以选中文本框后用鼠标指向文本框周围的虚线框部分右击，在弹出的菜单中选择"设置文本框格式"菜单项，也会出现如图3-117所示的"设置文本框格式"对话框。

在"设置文本框格式"对话框中可以设置文本框的线条粗细和颜色，文本框内容的颜色、版式、大小等。

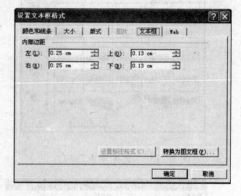

图 3-117　"设置文本框格式"对话框

调整文本框大小，应先选中文本框，文本框周围会出现八个方向的句柄（见图 3-115），当鼠标指针位于某句柄时会变为双箭头形状，此时按住左键拖动鼠标就会改变文本框大小。

### 3. 将文本框转为图文框

文本框和图文框都是存放文本的容器，可以在页面上定位并调整其大小。如果您要在图形周围环绕文字，就需使用图文框。

Word 2003 提供了文本框转图文框功能，方法是选中文本框，打开"设置文本框格式"对话框，选择"文本框"选项页，单击"转换为图文框"按钮，则所选取的文本框转为图文框。

### 3.9.2　插入艺术字

有时为了使文档版面更加美观,需要在文档中插入艺术字,Word 2003 提供了这方面的功能。

**1. 通过菜单插入艺术字**

单击"插入"菜单下"图片"子菜单中的"艺术字"子菜单项,出现"艺术字库"窗口,如图 3-118 所示,选择要插入的"艺术字"样式后单击"确定",则出现"编辑艺术字文字"窗口,如图 3-119 所示,输入要显示的艺术字文字,如输入"今天我以加入贵公司为荣,明日公司将因我而骄傲!",如图 3-120 所示,单击"确定",就完成了艺术字的插入,效果如图 3-121 所示。

图 3-118　"艺术字库"窗口

图 3-119　"编辑艺术字文字"窗口

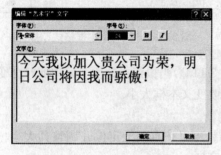

图 3-120　插入"艺术字"文字

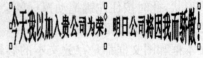

图 3-121　插入艺术字示例

**2. 通过工具栏插入艺术字**

单击"绘图"工具栏的"艺术字"工具按钮,出现如图 3-118 所示的"艺术字库"窗口,其他步骤与用菜单法插入艺术字相同。

### 3.9.3　插入数学公式

**1. 公式编辑器**

公式编辑器是建立复杂公式的最有效方法，它可以帮助用户通过使用数学符号工具和模板来完成公式的输入。

启动公式编辑器的步骤：单击"插入"菜单下"对象"菜单项，选择"新建"选项页，如图 3-122 所示，选"Microsoft 公式 3.0"单击"确定"，出现"公式编辑器"，如图 3-123 所示。

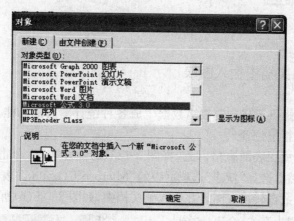

图 3-122　"新建"选项页

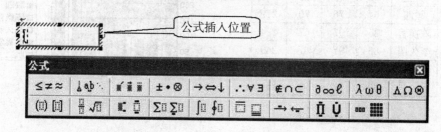

图 3-123　公式编辑器

**2. 利用公式编辑器插入数学公式**

公式编辑器提供了丰富的数学符号、公式模板和公式框架，利用公式编辑器插入数学公式的方法如下：

将光标定位在文本中要插入公式的位置，单击公式编辑器第一行弹出下拉菜单，如图 3-124 所示，选择某个合适的数学符号，则在光标处插入该符号；用鼠标单击公式编辑器第二行，从弹出下拉菜单中选择某个合适的符号模板或公式框架，则在光标处插入该符号或公式框架,若插入的是公式框架,可用鼠标单击公式框架的各组成部分,分别在各部分输入相应符号来完成公式的插入。

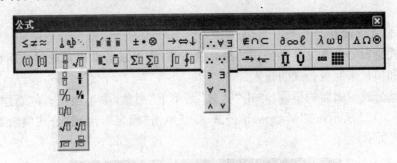

图 3-124 "公式编辑器"下拉菜单

### 3.9.4 在文档中插入图表

Word 2003 提供了将指定表格数据生成各种统计图表的功能,并可将生成的图表插入到文档指定位置。

先选择要生成图表的表格,如选择图 3-125(a)所示表格,单击"插入"菜单下"对象"菜单项,然后选择"新建"选项页中的"Microsoft Graph 图表",单击"确定",则将该表格中的数据转换成图表并插入到文档中,如图 3-125(b)所示。

| 姓名 | 数学 | 语文 | 会计 | 总分 |
|------|------|------|------|------|
| 张三 | 68 | 86 | 82 | 236 |
| 顾四 | 64 | 76 | 79 | 219 |
| 陈换言 | 85 | 97 | 67 | 224 |
| 李久明 | 85 | 97 | 67 | 249 |
| 毛福堂 | 78 | 58 | 84 | 220 |
| 阮二月 | 82 | 77 | 92 | 251 |

(a)数据表

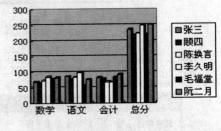

(b)由数据表生成的图表

图 3-125 插入图表示例

# 3.10 长文档的编辑操作

在日常使用 Word 办公的过程中,长文档的制作常常是我们需要面临的任务,比如营销报告、毕业论文、宣传手册、活动计划等类型的长文档。由于长文档的纲目结构通常比较复杂,内容也较多,如果不注意使用正确的方法,那么整个工作过程将费时费力,而且质量很难让人满意。本节以毕业论文"人事管理系统分析与设计"这一长文档为例介绍长文档的编辑操作,包括创建长文档的纲目结构、设置长文档多级标题编号、在文档中插图自动编号及交叉引用题注、编制长文档目录和索引。

引例二 编辑长文档

长文档如图 3-126 所示。

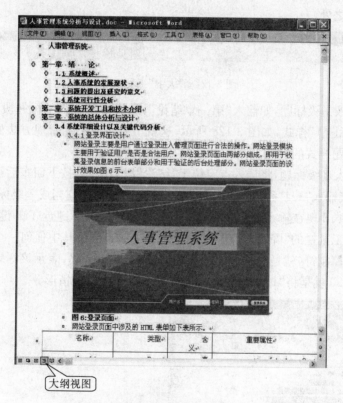

图 3-126 长文档示例

### 3.10.1 长文档的纲目结构的制作

**1. 创建长文档的纲目结构**

当我们完成一篇文档的构思后,可以先建立文档的纲目框架。下面我们将通过制作引例的"人事管理系统分析与设计"文档,学习在大纲视图中建立文档纲目结构的基本方法。

该文档的最终效果文件放在文章末尾的链接中,这里可先下载处理前的文档,打开该文档看一下纲目结构初步建立后的大致效果,我们的任务就是根据这个效果自己再动手制作一遍,从而体会在"大纲视图"中制作文档纲目结构的方便和快捷。

(1) 启动 Word 2003,新建一个空白文档,单击 Word 窗口左下方的"大纲视图"按钮(见图 3-126),切换到"大纲视图"。

(2) 切换到大纲视图后,可以看到窗口上方出现了"大纲"工具栏,如图3-127所示,该工具栏是为我们建立和调整文档纲目结构设计的,大家在后面的使用中将体会到其方便之处。

图 3-127  "大纲"工具栏

(3) 输入 1 级标题,如输入"第一章绪论",可以看到输入的标题段落被 Word 自动赋予"标题 1"样式,如图 3-128 所示,这就节省了我们用常规方法处理文档时手动设置标题样式的时间。

(4) 输入 2 级标题,将插入点定位于"绪论"段落末尾,按下回车后得到新的一段,如果直接输入"1.1 系统概述",你会发现 Word 仍然把它当成一级标题,用什么方法告诉 Word 现在输入的是 2 级标题呢? 方法 1 是按下键盘 Tab 键;方法 2 是单击"大纲"工具栏的"降级"按钮,如图 3-129 所示。执行其中任何一个操作后可以看到段落控制符(就是段落前面的小矩形)向右移动一格,表示该标题段落降了一级,图 3-130 就是将"1.1 系统概述"标题段落降了一级的情形。

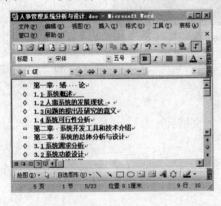

图 3-128  使用"样式"

图 3-129  "降级"按钮

(5) 接着输入"第一章绪论"的下属 2 级标题段落"1.2 人事系统的发展现状",回车后 Word 默认新得到的一段为"2 级标题"段落,因此我们可以直接输入"1.2 人事系统的发展现状",用同样的方法输入下面的"1.3""1.4"。

（6）可以用相同的方法输入"第二章""第三章"等 1 级标题段落的下属段落，请大家参照提供的最终效果文件，输入剩余的 2 级标题段落，当然，你会发现 Word 也为 2 级标题段落赋予了"标题 2"样式。在实际应用中，你也许有更多的标题等级，后面标题等级的处理依此类推。Word 内置了"标题 1"到"标题 9"九个标题样式，可以处理大纲中出现的 1 级标题到 9 级标题，是完全够用的。

（7）当所有的 2 级标题输入完成后，可以发现凡是含有下属标题的一级标题段落前面的段落控制符由原来的小矩形变成十字形，如图 3-131 所示，图中第一章与第三章前的段落控制符由原来的小矩形变成十字形，而第二章标题由于没有下级标题，其前的段落控制符仍为小矩形。

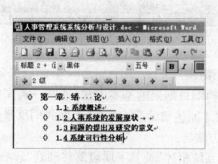

图 3-130   降级后的文本         图 3-131   多级标题样式

（8）单击"第一章绪论"前面的段落控制符，该段落以及它的下属段落被选中，如图 3-132 所示；双击"1.3 问题的提出及研究的意义"前面的段落控制符，其下属段落被折叠，如图 3-133 所示，再双击一下又被展开，如图 3-134 所示。可见这个小小的符号，在进行相关的操作控制时，为我们带来了不少方便。

图 3-132   单击段落控制符选中下属段落     图 3-133   双击段落控制符折叠下属段落

(9) 前面提到的"折叠"的用途之一是将所有含有下属标题的 1 级标题段落折叠,使我们更容易观看整个文档的 1 级标题纲要。当然,更方便的方法是使用"大纲"工具栏上的"显示级别"命令,例如显示的一级标题,则单击"显示级别"下拉按钮,在弹出的列表中选择"显示级别 1"即可,如图 3-135 所示。

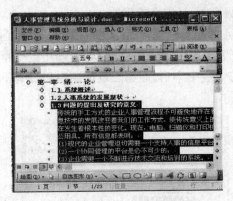

图 3-134 双击段落控制符展开下属段落

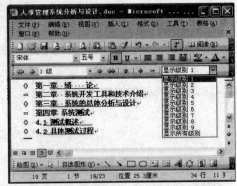

图 3-135 "显示级别"下拉按钮

### 2. 在大纲视图中调整修改文档纲目框架

上面我们学习了在大纲视图中建立文档纲目框架的基本方法,通常一篇文档的纲目框架建立后,可能还会调整修改几次才能达到满意的效果,下面我们就来介绍在大纲视图中调整修改文档纲目框架的方法。

(1) 假设要将上面案例文件中的"1.1 系统概述"及其下属段落移动到"1.4 系统可行性分析"段落前,为了让"1.1 系统概述"及其下属段落能够被整体移动,需要先双击它前面的段落控制符,将它折叠起来,同时将"1.4 系统可行性分析"段落折叠,这样可以直接把"1.1 系统概述"整体段落移动到"1.4 系统可行性分析"2 级标题前。

把它们都折叠好后,单击"大纲"工具栏"下移"按钮,即可完成把"1.1 系统概述"整体段落移动到"1.4 系统可行性分析"2 级标题前的操作。

仿照前述移动方法,把段落折叠好后,单击"大纲"工具栏"上移"按钮,如图 3-136所示,即可再将"1.1 系统概述"整体段落移动到原来的"1.2 人事系统的发展现状"2 级标题前,如图 3-137 所示。

(2) 更改级别操作,基本方法为:选中需要更改级别的段落,通过"大纲"工具栏按钮操作。

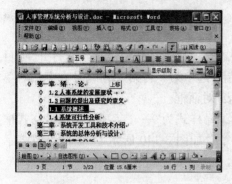

图 3-136　标题文本上移

图 3-137　标题文本下移

　　假设我们想把"人事管理系统"段落的级别改为"正文文本",以便让它作为文档名称,这样在后面的多级标题编号时,它就不会被编号,具体方法是:先选中"人事管理系统"段落,然后单击"大纲"工具栏上的"降为正文文本"按钮即可,如图3-138所示。

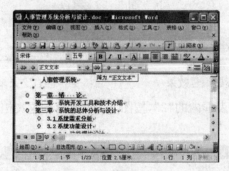

图 3-138　标题降为正文文本

　　到这里为止我们初步学习了在大纲视图中建立和调整文档纲目框架的基本方法,当文档的纲目框架建立和修改好后,我们就可以切换到普通或页面视图进行具体内容的填写工作了。

## 3.10.2　设置长文档多级标题编号

　　引例二中,我们看到文档的多级标题编号,因为手动编号效率低,所以我们要学习使用 Word 提供的编号功能来完成任务,尤其是长文档。现在介绍设置长文档的多级标题编号的具体方法。

　　在大纲视图中建立好文档的纲目框架后,由于 Word 自动把标题样式套用于相应的标题段落中,所以可以直接为文档的标题编号,下面介绍具体的操作方法。

　　假设我们的多级标题编号的效果如图 3-139 所示,为文档标题编号操作步骤如下:

　　① 在上面的引例文档中,选择菜单"格式→项目符号和编号"命令,打开"项目符号和编号"对话框,选择"多级符号"选项卡,选中第 2 行第 4 列编号方案然后单击"自定义"按钮,打开"自定义多级符号列表"对话框。

　　② 选中"级别"列表框内"1",然后选择编号样式为"一、二、三",在编号格式框内"一"字符前输入"第","一"字符后输入"章",如图 3-140 所示,上面的设置表示文档中 1 级标题段落按"第 X 章"格式编号。

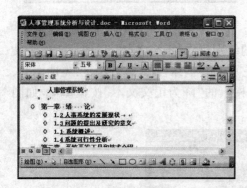
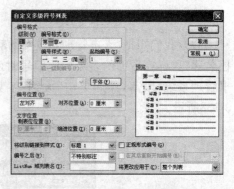

图 3-139 　多级标题编号效果　　　　图3-140 　"自定义多级符号列表"对话框(1)

　　③ 选中"级别"列表框内的"2",按图 3-141 所示设置文档中 2 级标题段落的标号格式。

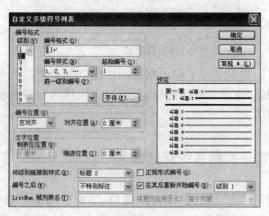

图 3-141 　"自定义多级符号列表"对话框(2)

　　④ 设置完成后单击"确定"按钮,返回文档编辑窗口,可以看到文档根据我们的自定义格式对标题进行了编号,实际外观效果和前面目标外观效果是一致的。

　　⑤ 编号完成后,切换到"页面视图",就可以进行文档正文内容的填充工作了。

### 3.10.3　插图自动编号及交叉引用题注

图文并茂可以加强文档的表达力,但是长文档的图片可能有很多,不能一幅一幅地手动添加编号和题注,为此应使用 Word 的"插图的编号和交叉引用题注"自动功能来完成这个任务。

文档的纲目框架和多级标题编号都完成后,就进入了正文内容的填充工作,在这个过程中,为了让文档更具表达力,我们可能需要插入很多图片,比如本书,笔者为了大家更容易理解和操作,就插入了很多图片。

插入图片后,随之而来的工作就是为插图编号,用 Word 术语讲就是针对图片、表格、公式一类的对象,为它们建立的带有编号的介绍说明段落,即称为"题注",例如你在本书中看到的每幅图片下方的"图 1""图 2"等文字就称为题注,通俗的说法就是插图的编号。

为插图编号后,还要在正文中设置引用说明,如本书中用括号括起来的"(图 1)""(图 2)"等文字,就是插图的引用说明,很显然,引用说明文字和图片是相互对应的,我们称这一引用关系为"交叉引用"。

明白概念以后,我们将学习如何让 Word 自动为插图编号,以及使用 Word 的"交叉引用"功能,在文档正文中为插图设置引用的介绍说明文字,即"交叉引用题注"。

在进行具体的操作前,打开引例二文档以及其中的数幅素材图片,然后按以下操作步骤完成本任务。

①在 Word 2003 中打开你准备的长文档,光标定位于第一张图片的插入位置,选择菜单"插入→图片→来自文件"命令,找到图片的存放位置,把第 1 张图片插入文档。

② 选中这张图片,单击鼠标右键,在弹出的菜单中选择"题注"命令,打开"题注"对话框,假设我们需要的编号格式为"图 1""图 2"等,于是单击"新建标签"按钮,在弹出的"新建标签"对话框中输入"图",注意不要输入任何数字,实际编号的数字 Word会自动处理,输入完成后单击"确定",返回"题注"对话框,如图 3-142 所示。

③ 单击"自动插入题注"按钮,在打开的对话框中进行设置,使得插入图片后Word 自动为图片编号。

④ 打开"自动插入题注"对话框,在"插入时添加题注"列表框中勾选"Microsoft Word 图片"复选框,然后选择使用标签为"图",默认的编号输入为"1、2、3",如果你要更改编号数字,可以单击"编号"按钮,在弹出的对话框中进行设置,设置完成,单击"确定"后返回 Word 编辑窗口,如图 3-143 所示,后续插入图片时,

Word 就会自动为它们添加编号了。同样，如果文档中的表格、公式需要自动编号，在这里勾选对应复选框即可。

图 3-142　"新建标签"对话框　　　　　图 3-143　"自动插入题注"对话框

⑤ 为了便于测试，先把插入的第 1 张图片删去，然后再把它插入进来，可以看到 Word 自动在它下方添加了题注"图 1"。

⑥ 接下来把光标定位到第 2 张图片的插入位置，插入第 2 张图片，也可以看到 Word 自动在它下方添加了题注"图 2"。

⑦ 把准备好的其余图片都插入文档中，下面我们将使用 Word"交叉引用"功能为插图设置引用说明。

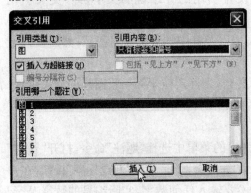

图 3-144　"交叉引用"对话框

⑧ 在正文中需要添加插图 1 引用说明的位置输入"（）"，将光标定位于其中，选择菜单命令"插入→引用→交叉引用"，打开"交叉引用"对话框，在"引用类型"下拉列表内选择"图"，在"引用内容"下拉列表内选择"只有标签和编号"，然后在"引用哪一个题注"列表框内选中"图 1"，单击"确定"，如图 3-144 所示，就设置好了图 1 的引用说明。

⑨ 这时"交叉引用"对话框并没有关闭，我们可以把插入点定位于需要添加图 2 的引用说明位置，然后选中"引用哪一个题注"列表框内的"图 2"，单击"插入"按钮即可为图 2 添加引用介绍说明。

⑩ 用同样的方法在正文中为其他插图添加引用说明。

⑪ 删除文档中间的某幅图片，包括它的题注以及引用说明。全选文档，按下键盘上的"F9"键，Word 就可以自动更新域，让后面的题注和引用说明中的序号自

动更新为正确状态。

如果我们先前用常规方法手动为插图输入题注和引用说明,那么现在被删除的这幅图片后面所有插图题注和引用说明的编号就都不对了,需要重新手动修改。

### 3.10.4　编制长文档目录和索引

目录和索引也是长文档的重要组成部分,利用 Word 的"样式"并结合"引用/索引与目录"功能可以快速高效地制作它们,下面介绍如何制作目录和索引。

利用样式编辑完长文档的纲目结构,并在页面视图中完成文档的录入与图片处理,此时的标题都有相应的样式,若对所设的样式不满意也可以进行修改。修改完成后回到文档开始页,录入"目录"并居中,再将光标定位于目录下方,用鼠标单击"插入"菜单下的"引用/索引和目录",如图 3-145 所示,则弹出如图 3-146 所示的"索引和目录"对话框。

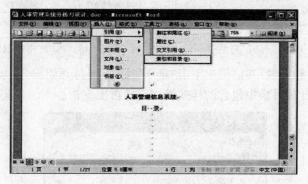

图 3-145　"索引和目录"菜单

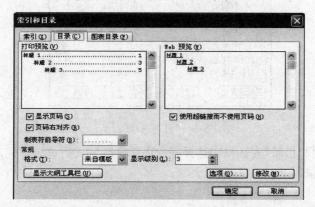

图 3-146　"索引和目录"对话框

　　若在"索引和目录"对话框中单击"修改"按钮,则打开如图 3-147 所示的"样式"对话框,再单击"修改"按钮,则可对样式再修改,如图 3-148 所示。

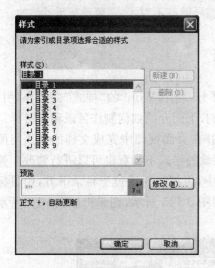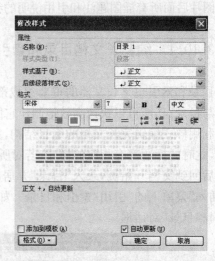

　　　图 3-147　"样式"对话框　　　　　　　　　　　图 3-148　"修改样式"对话框

　　若在"索引和目录"对话框中单击"选项"按钮,则打开如图 3-149 所示的"目录选项"对话框,可对目录中包含的样式级别进行再次重选。

图 3-149　"目录选项"对话框

　　若在"索引和目录"对话框中选择好选项和修改完成后,单击"确定",则在光标处开始插入目录,如图 3-150 所示。

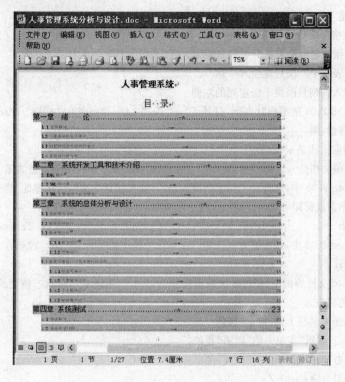

图 3-150 插入目录

# 思考与练习

一、单项选择题

1. 在 Word 2003 中,若要保存所有已打开和新建的文档,在单击菜单栏上的"文件"选项前,应先按住的是_____键。

   A. Ctrl
   B. Alt
   C. Shift
   D. Ctrl+Shift

2. 下面是有关 Word 2003 中段落的描述,错误的是_____。

   A. 选定段落时,一定要将段落标记一同选取

   B. 若将第二段的段落标记删除,则第二段与第三段合并为一段,新段格式为第二段的格式

   C. 若将第二段的段落标记删除,则第二段与第三段合并为一段,新段格式为第三段的格式

   D. 可将一个段落分成多个段落,只要在需要分段处按<Enter>键即可

3. 在 Word 2003 中,下面的输入对象不属于图形对象的是_____。

   A. 日期和时间
   B. 艺术字
   C. 文本框
   D. 数学公式

4. 下面是 Word 2003 文档中有关表格的叙述,正确的是_____。
   A. 表格中的数据进行组合排序时,不能选择四列作为排序依据
   B. 一张表格不能被拆分成两张表格,两张表格也不能合并为一张表格
   C. 在表格中一次只能插入一列
   D. 插入的列只能位于选定列的左侧

5. 在 Word 2003 的编辑状态下,打开了"w1.doc"文档,并把当前文档以"w2.doc"为名进行换名存盘,则_____。
   A. 当前文档是 w1.doc                    B. 当前文档是 w2.doc
   C. 当前文档是 w1.doc 与 w2.doc          D. w1.doc 与 w2.doc 全被关闭

6. 在 Word 2003 中,选择一个句子的操作是:移动光标到待选句子任意处,然后按住_____键后单击鼠标即可。
   A. Alt              B. Ctrl             C. Shift            D. Tab

7. 在 Word 2003 中,用按键方法选定行文本块的操作是同时按_____键和方向键。
   A. Ctrl             B. Shift            C. Alt              D. Tab

8. 在 Word 文档编辑中,经过数次编辑操作后,_____不能从当前状态恢复到上一次操作之前的状态。
   A. 单击工具栏上的"撤消"按钮
   B. 单击"编辑"菜单中的"撤消"菜单
   C. 单击"编辑"菜单中的"恢复"菜单
   D. 按组合键 Ctrl+Z

9. Word 2003 下的"快速保存文件"是将_____存盘。
   A. 整个文件内容                         B. 变化过的内容
   C. 选中的文本内容                       D. 剪贴板上的内容

10. 在 Word 2003 中,若想控制段落的第一行第一字的起始位置,应该调整段落格式中的_____。
    A. 悬挂缩进        B. 首行缩进          C. 左缩进           D. 右缩进

11. 在 Word 2003 中,调整段落左右边界以及首行缩进格式最方便、直观、快捷的方法是_____。
    A. 使用菜单                            B. 使用常用工具栏
    C. 使用标尺上的滑块移动                 D. 使用格式工具

12. 在 Word 2003 中,不能设置的文字格式为_____。
    A. 加粗倾斜        B. 加下划线          C. 立体字           D. 文字倾斜与加粗

13. Word 2003 的"段落"对话框中,不能设定文本的_____。
    A. 缩进           B. 段落间距          C. 字体             D. 行间距

14. Word 2003"常用"工具栏中的"格式刷"按钮可用于复制文本或段落的格式,若要将选中的文本或段落格式重复应用多次,应该_____。
    A. 单击"格式刷"按钮                    B. 双击"格式刷"按钮
    C. 右击"格式刷"按钮                    D. 拖动"格式刷"按钮

15. 在 Word 2003 中,段落对齐方式中的"分散对齐"指的是_____。

A. 左右两端都要对齐,字符少的则加大间隔,把字符分散开以使两端对齐

B. 左右两端都要对齐,字符少的则靠左对齐

C. 或者左对齐或者右对齐,统一就行

D. 段落的第一行右对齐,末行左对齐

16. 在 Word 2003 中,如果文档中某一段与其前后两段之间要求留有较大间隔,最好的解决方法是_____。

A. 每两行间用按回车键的办法添加空行

B. 每两段间用按回车键的办法添加空行

C. 通过段落格式设定来增加段距

D. 用字符格式设定来增加间距

17. 在 Word 2003 中利用_____可改变段落缩排方式、调整左右边界、改变表格栏宽度。

A. 工具栏　　　　B. 格式栏　　　　C. 符号栏　　　　D. 标尺

18. 在 Word 2003 中,可使用_____菜单中的"分隔符"菜单项,在文档中指定位置强行分页。

A. 编辑　　　　B. 格式　　　　C. 插入　　　　D. 工具

19. Word 2003 中可使用_____菜单中的"选项"菜单项,来修改"文件"菜单中所列出的最近使用过的文件名个数。

A. 编辑　　　　B. 视图　　　　C. 格式　　　　D. 工具

20. 在 Word 2003 中,垂直方向的标尺只在_____中显示。

A. 页面视图　　B. 普通视图　　C. 大纲视图　　D. 主控文档视图

21. 在 Word 2003 窗口中有若干工具栏,_____都可以隐藏起来。

A. 除了"常用"工具栏,其余的工具栏

B. 除了"格式"工具栏,其余的工具栏

C. 除了"符号"工具栏,其余的工具栏

D. 所有的工具栏

22. 在 Word 2003 中,可以通过_____菜单中的"选项"菜单来指定标尺的刻度单位。

A. 编辑　　　　B. 格式　　　　C. 工具　　　　D. 视图

23. 在 Word 2003 中,为释放被占用的内存资源,提高 Word 的运行速度,提倡编辑完文档随时_____。

A. 保存文件　　B. 全部保存　　C. 快速保存　　D. 关闭文件

24. 在 Word 2003 文档中,粘贴的内容_____。

A. 只能是文字　　　　　　　　B. 只能是图形

C. 只能是表格　　　　　　　　D. 文字、图形、表格都可以

25. 在 Word 2003 中,要想快速地显示 Word 文本,可使用_____。

A. 普通视图　　　　　　　　　B. Web 版式视图

C. 大纲视图　　　　　　　　　D. 页面视图

26. 在 Word 2003 中,在"窗口"下拉菜单中列出了一些文档的名称,它们是_____。

A. 最近在 Word 里打开、处理过的文档

B. Word 本次启动后打开、处理过的文档

C. 目前在 Word 中正被打开的文档

D. 目前在 Word 中已被关闭的文档

27. 当一个 Word 2003 窗口被关闭后,被编辑的文件将_____。

    A. 被从磁盘中清除              B. 被从内存中清除

    C. 被从内存或磁盘中清除       D. 不会从内存和磁盘中被清除

28. 在 Word 2003 中,定时自动保存功能的作用是_____。

    A. 定时自动地为用户保存文档,用户不需再进行手动存盘

    B. 定时保存备份文档,以供用户恢复备份时用

    C. 为防因意外造成文档丢失而自动定时保存的文档

    D. 为防文档意外丢失而保存的文档备份

29. 在 Word 2003 中,查找操作_____。

    A. 只能无格式查找            B. 只能有格式查找

    C. 可以查找某些特殊的非打印字符    D. 查找的内容不能夹带通配符

30. 在 Word 2003 中,表格拆分指的是_____。

    A. 从某两行之间把原来的表格分为上下两个表格

    B. 从某两列之间把原来的表格分为左右两个表格

    C. 从表格的正中间把原来的表格分为两个表格,方向由用户指定

    D. 在表格中由用户任意指定一个区域,将其单独存为另一个表格

31. 在 Word 2003 中,"表格"菜单里的"排序"菜单功能是_____。

    A. 在某一列中,根据各单元格内容的大小,调整它们的上下顺序

    B. 在某一行中,根据各单元格内容的大小,调整它们的左右顺序

    C. 在整个表格中,根据某一列各单元格内容的大小,调整各行的上下顺序

    D. 在整个表格中,根据某一行各单元格内容的大小,调整各列的左右顺序

32. 在 Word 2003 表格中,如果输入的内容超过了单元格的宽度,_____。

    A. 多余的文字放在下一单元格中

    B. 多余的文字被视为无效

    C. 单元格自动增加宽度,以保证文字的输入

    D. 单元格自动换行,增加高度,以保证文字的输入

33. 在 Word 2003 中,下面关于表格创建的说法错误的是_____。

    A. 只能插入固定结构的表格

    B. 插入表格可自定义表格的行、列数

    C. 插入表格能够套用格式

    D. 插入的表格可以调整列宽

34. 在 Word 2003 中,为了将文档中的一段文字转换为表格,需要事先将处于同一行而要放入不同单元格中的文字之间_____。

    A. 用逗号分隔开

　　B. 用空格分隔开

　　C. 用制表符分隔开

　　D. 可以用以上任意一种符号或其他符号分隔开

35. 在 Word 2003 中,在文档打印对话框的"打印页码"中输入"2—5,10,12",则_____。

　　A. 打印第 2 页、第 5 页、第 10 页、第 12 页

　　B. 打印第 2 页至第 5 页、第 10 页、第 12 页

　　C. 打印第 2 页、第 5 页、第 10 页至第 12 页

　　D. 打印第 2 页至第 5 页、第 10 页至第 12 页

36. 下面有关 Word 2003 文档页面设置的说法中正确的是_____。

　　A. 每页都要设置页眉、边距

　　B. 每页都要设置上、下、左、右边距

　　C. 可设置整个文档的页眉,页脚,上、下、左、右边距

　　D. 每页都要设置页脚、边距

37. 在 Word 2003 中,可使用_____菜单中的"页眉和页脚"菜单项建立页眉和页脚。

　　A. 编辑　　　　　　B. 插入　　　　　　C. 视图　　　　　　D. 文件

38. 在 Word 2003 中,当前处于"打印预览"状态,如果打算执行打印操作,则_____。

　　A. 必须退出预览状态才能再打印　　　　B. 可直接从预览状态去执行打印

　　C. 从预览状态不能直接打印　　　　　　D. 只能在预览后转为打印

39. 在 Word 2003 的下列内容中,不属于"打印"菜单对话框里设置的是_____。

　　A. 打印份数　　　B. 打印范围　　　C. 起始页码　　　D. 页码位置

40. 在 Word 2003 中,要求在打印文档时每一页上都有页码,_____。

　　A. 可由 Word 根据纸张大小分页时自动加上

　　B. 应当由用户执行"插入"菜单中的"页码"菜单加以指定

　　C. 应当由用户执行"文件"菜单中的"页面设置"菜单加以指定

　　D. 应当由用户在每一页的文字中自行输入

41. 在 Word 2003 中,使用_____菜单中的"页面设置"菜单项,可完成纸张大小的设置、页边距的调整工作。

　　A. 文件　　　　　　B. 编辑　　　　　　C. 格式　　　　　　D. 工具

42. 在 Word 2003 中,如要使文档内容横向打印,在"页面设置"对话框中应选择的选项页是_____。

　　A. 纸型　　　　　B. 纸张来源　　　　C. 版面　　　　　D. 页边距

43. 在 Word 2003 中,页码与页眉页脚的关系是_____。

　　A. 页眉页脚就是页码

　　B. 页码与页眉页脚分别设定,所以二者彼此毫无关系

　　C. 不设置页眉和页脚,就不能设置页码

　　D. 如果要求有页码,那么页码是页眉或页脚的一部分

44. 在 Word 2003 的编辑状态,执行编辑菜单中"复制"菜单后_____。

　　A. 被选择的内容被复制到插入点处

B. 被选择的内容被复制到剪贴板

C. 插入点所在的段落内容被复制到剪贴板

D. 光标所在段落内容被复制到剪贴板

45. 在 Word 2003 中,_____不能将选中的文本放到剪贴板上。

   A. 单击"编辑"菜单中的"剪切"菜单

   B. 按"Ctrl+V"组合键

   C. 在选中文本上单击鼠标右键,再选择"剪切"菜单

   D. 单击工具栏上的"剪切"按钮

46. 在 Word 2003 的编辑状态下,按"Ctrl+V"快捷键后,_____。

   A. 文档中被选中内容移到剪贴板上

   B. 文档中被选中内容复制到剪贴板上

   C. 剪贴板中的内容拷贝到当前插入点处

   D. 剪贴板中内容移到当前插入点处

## 二、多项选择题

1. 在 Word 2003 中,通过"页面设置"可以完成_____设置。

   A. 页边距                        B. 纸张大小

   C. 打印页码范围                  D. 纸张的打印方向

2. Word 2003 的"工具"菜单中包括_____菜单。

   A. 宏            B. 自动更正        C. 字数统计        D. 邮件合并

3. 下列有关页面显示的说法中正确的是_____。

   A. Word 2003 有"Web 版式视图"

   B. 在页面视图中可以拖动标尺改变页边距

   C. 多页显示只能在打印预览状态中实现

   D. 在打印预览状态仍然能进行插入表格等编辑工作

4. 在"打印预览"状态下,下列叙述中正确的是_____。

   A. 此时能显示出标尺                B. 此时不能放大比例

   C. 此时不能调整页边距              D. 此时能进行文字处理

5. Word 2003 中,如果想看到使用"标尺"改变页边距的效果,应切换至_____。

   A. 页面视图        B. 普通视图        C. 大纲视图        D. 打印预览状态

6. Word 2003 中,下列关于"保存"与"另存为"菜单的说法中错误的是_____。

   A. Word 2003 保存的任何文档都不能用写字板打开

   B. 保存新文档时,"保存"与"另存为"作用是相同的

   C. 保存旧文档时,"保存"与"另存为"作用是完全不同的

   D. "保存"菜单只能保存新文档,"另存为"菜单只能保存旧文档

7. 下列操作中,_____能打开 Word 2003 菜单栏中的一个菜单项。

   A. 单击菜单名

   B. 按 Alt+菜单名后的字母键

   C. 按 Ctrl+菜单名后的字母键

　　D. 按 F10 后再按菜单名后的字母键

8. 如果 Word 2003 打开了多个文档，下列操作能退出 Word 2003 的是_____。

　　A. 双击 Word 窗口左上角的窗口控制图标

　　B. 单击"文件"菜单中的"退出"菜单

　　C. 单击窗口右上角的关闭按钮

　　D. 单击"文件"菜单中的"关闭"菜单

9. Word 2003 的下列操作中，_____能完成文档的保存。

　　A. 单击工具栏上的"保存"按钮

　　B. 按"Ctrl＋O"键

　　C. 单击"文件"菜单中的"保存"菜单

　　D. 单击"文件"菜单中的"另存为"菜单

10. Word 2003 中，下列叙述正确的是_____。

　　A. 为保护文档，用户可以设定以"只读"方式打开文档

　　B. 打开多个文档窗口时，每个窗口内都有一个插入光标在闪烁

　　C. 利用 Word 2003 可制作图文并茂的文档

　　D. 文档输入过程中，可设置每隔 10 分钟自动进行保存文件操作

11. 打印的_____能在 Word 2003 的"打印"对话框中进行设置。

　　A. 起始页　　　　　B. 页码位置　　　　　C. 打印份数　　　　　D. 范围

12. 在 Word 2003 中，关于设置页边距的说法正确的是_____。

　　A. 用户可以使用"页面设置"对话框来设置页边距

　　B. 用户既可以设置左、右页边距，也可以设置上、下页边距

　　C. 页边距的设置只影响当前页

　　D. 用户可以使用标尺来调整页边距

13. Word 2003 撤消操作中，下面正确的说法是_____。

　　A. 只能撤消一步　　　　　　　　　　B. 可以撤消多步

　　C. 不能撤消页面设置　　　　　　　　D. 撤消的菜单可以恢复

14. 在 Word 2003 中，下列_____可以被隐藏。

　　A. 段落标记　　　B. 分节符　　　　C. 文字　　　　　D. 页眉和页脚

15. 在 Word 2003 中输入下标的方法有_____。

　　A. 用"格式"菜单中的"字体"菜单进行设置

　　B. 使用"插入"菜单中的"对象"菜单中的"Microsoft 公式编辑器 2.1"选项

　　C. 按"Ctrl＋＝"键

　　D. 按"Ctrl＋－"键

16. 在 Word 2003 文档中可以插入的分隔符有_____。

　　A. 分页符　　　B. 分栏符　　　　C. 换行符　　　　D. 分节符

17. 在 Word 2003 中，下列关于文档分页的叙述正确的是_____。

　　A. 分页符也能打印出来

　　B. Word 2003 文档可以自动分页，也可人工分页

C. 将插入点置于硬分页符上,按 Del 键便可将其删除

D. 分页符标志前一页的结束,一个新页的开始

18. 修改页眉和页脚的内容可以通过哪些途径实现? _____

A. 单击"视图"菜单中的"页眉和页脚"菜单

B. 在"格式"菜单的"样式"菜单中设置

C. 单击"文件"菜单中的"页面设置"菜单

D. 直接双击页眉页脚位置

19. Word 2003 文档中插入的页码的对齐方式有_____。

A. 左侧             B. 居中

C. 右侧             D. 内侧和外侧

20. 在 Word 2003 中,下列有关"首字下沉"菜单的说法中正确的是_____。

A. 可根据需要调整下沉行数

B. 最多可下沉三行

C. 可悬挂下沉

D. 可根据需要调整下沉文字与正文的距离

## 三、填空题

1. Word 2003 提供了即点即输功能,只要在任意位置_____,即可出现输入点光标。

2. 在 Word 中,只有在_____视图下可以显示水平标尺和垂直标尺。

3. 在 Word 的编辑状态下,若要退出全屏显示视图方式,应当按的功能键是_____。

4. 在 Word 中,必须在_____视图方式或打印预览中才会显示出用户设定的页眉和页脚。

5. 在 Word 中,查找范围的缺省项是查找_____。

6. 为了保证打印出来的工作表格清晰、美观,完成页面设置后,在打印之前通常要进行_____。

7. 按_____可选中整个文档。

8. Word 2003"格式"工具栏上有四个段落对齐方式按钮,按其对齐方式依次为两端对齐、居中、右对齐、_____。

9. 在 Word 2003 中,页码除可在"插入"菜单项中设置外,还可在"视图"菜单中选择_____设置。

10. 在 Word 2003 中,图文混排是在_____视图方式下实现的。

11. 在 Word 2003 中,可在"公式"对话框的"公式"框中输入计算的公式,公式以_____开头,计算表格中一串数值的平均值用_____函数。

12. 在 Word 2003 中,利用绘图椭圆工具,再按住_____键,可以绘制圆形。

13. 在 Word 2003 中,格式工具栏上的_____是快速复制格式的好工具。

14. 在 Word 2003 文档中,文本框有_____、_____两种方式。

## 四、上机操作题

1. 制作一个 Word 文档,对 Word 文档中的表格进行处理。

(1) 建立新文档,输入文档内容(如任务样例),以"人才交流大会信息"为文件名保存;

（2）对 Word 文档中的文本进行字符格式化和段落格式化后，插入一个规则表格；

（3）对插入的表格进行单元格拆分或合并以形成一个不规则表格；

（4）进行表格的格式化（设置字体、字号、对齐方式、边框与底纹）；

（5）最后对表格进行统计计算并形成一个图表插入到文档中。

任务样例：

## 今年安徽省将新增就业岗位 40 万个

安徽省劳动和社会保障厅透露：今年我省将新增就业岗位 40 万个，其中 20 万个专门用于安置下岗失业人员，不少于 4 万个岗位专门用于安置"4050"人员，城镇人口的登记失业率将被控制在 4.5％以下。

据介绍，5 年来，我省城镇新增就业 200 万人，近百万下岗失业人员实现再就业，城镇登记失业率始终控制在 4.5％的预期目标以内。全省共筹集发放基本生活保障资金累计达 42 亿元，78.87 万名国企下岗职工的基本生活得到切实保障。

目前，全省 17 个市已全部启动实施工伤保险制度，参保人数相对"九五"期间翻了一番。高风险企业参加工伤保险取得突破，其中煤炭企业职工参保率达 90％。

省劳动和社会保障厅副厅长吴健表示，目前全省就业压力仍然很大，劳动力供求总量矛盾和结构性矛盾尤为突出，社会保障覆盖面偏小，失地农民就业和生活保障问题凸现，社会保障体系仍需进一步完善。劳动保障部门在"十一五"期间将对这些问题高度关注，采取措施逐步解决。

3 月 26 日安徽省人才交流大会招聘信息

### 安徽省 2006 春季人才交流大会部分信息

时间：3 月 26 日（周六）　　　　　　　　　　　　地点：安徽国际会展中心

| 招聘单位 | | 专业或职位 | 招聘数 | 招聘条件 |
|---|---|---|---|---|
| 安徽出入境检验检疫局 | 中华人民共和国 | 文　员 | 8 名 | 04、05 年应届大专及以上毕业，具一定外语、计算机和文字水平 |
| | | 协验员 | 1 名 | 04、05 年应届大专及以上毕业，植物检疫专业，具一定外语、计算机和文字水平，男性 |
| | | 市场或客服经理 | 1 名 | 大专及以上学历，有市场经验者优先 |
| | | 纺织检测 | 2 名 | 大学本科及以上学历，纺织专业，女性，35 岁以下 |
| 铜陵方圆化纤有限公司 | | 电　仪 | 3 名 | 主要涉及弱电，精通电气、变频控制，熟悉计算机，40 岁以下，大专以上 |
| | | 机械专业 | 3 名 | 熟练掌握机械原理设计、制图，熟悉金加工业务，35 岁以下，中专以上 |
| | | 化工工程、高分子材料 | 3 名 | 熟悉高分子材料加工，尤其纤维加工，熟悉高分子合成流程，35 岁以下，大专以上，有工作经验的可放宽到 40 岁 |

2. Word 文档的图文混排

制作一个 Word 文档并对该文档进行以下操作：

(1) 插入一个自选图形并进行缩放、旋转、组合；

(2) 插入一个图形文件的图形并进行处理；

(3) 插入文本框并进行文本框格式设置。

任务样例：

任务一：首先制作一面我国的国旗——五星红旗，如图1所示。

五星红旗：按照"国旗法"要求，每颗小五星应该有一个角指向大五星。

制作过程：要求先制作一面红旗，再画上五星并用黄色填充，再制作4颗小五星，最后组合成一面国旗。

任务二：下面的文档介绍的是世界杯的由来和2006年德国世界杯八强对阵，请同学们用 Word 中的图文混排方式完成它们，看谁制作得更快更好。

图1　五星红旗　(其中的对阵方用文本框完成，如德国 VS 阿根廷等。)

### 世界杯的由来

#### 世界足球锦标赛

现代足球起源于英国，随后风靡世界。1896年，第一届现代奥运会在希腊举行时，丹麦以9：0大胜希腊，成为奥运会上的第一个足球冠军。因为奥运会不允许职业运动员参加，到了1928年足球比赛已无法持续。1928年奥运会结束后，国际足联召开代表会议，一致通过决议，举办四年一次的世界足球锦标赛。这对于世界足球运动的进一步发展和提高起到了积极的推动作用。最初这个新的足球大赛称为"世界足球锦标赛"。

#### 世界杯的来历

**世界杯诞生**

1956年，国际足联在卢森堡召开的会议上，决定易名为"雷米特杯赛"，这是为表彰前国际足联主席法国人雷米特为足球运动所做出的成就。雷米特担任国际足联主席33年(1921～1954)，是世界足球锦标赛的发起者和组织者。后来，有人建议将两个名字联起来，称为"世界足球锦标赛——雷米特杯"(见图2)。于是，在赫尔辛基会议上决定更名为"世界足球锦标赛——雷米特杯"，简称"世界杯"。

世界杯赛的奖杯是1928年，国际足联为得胜者特制的奖品，是由巴黎著名首饰技师弗列尔铸造的。其模特是希腊传说中的胜利女神尼凯，她身着古罗马束腰长袍，双臂伸直，手中捧一只大杯。雕像由纯金铸成，重1800克，高30厘米，立在大理石底座上。此杯为流动奖品，谁得了冠军，可把金杯保存4年，到下一届杯赛前交还给国际足联，以便发给新的世界冠军。此外有一个附加规定是：谁连续三次获得世界杯冠军，谁将永远得到此杯。1970年，第九届世界杯赛时，乌拉圭、意大利、巴西都已获得过两次冠军，因此都有永远占有此杯的机会，结果被巴西队捷足先登，占有了此杯。

**大力神杯**

为此，国际足联还得准备一个新奖杯，以发给下届冠军。1971年5月，国际足联举行新杯审议会，经过对53种方案评议后，决定采用意大利人加扎尼亚的设计方案——两个力士双手高捧地球的设计方案(见图3)。这个造型象征着体育的威力和规模。新杯定名为"国际足联世界杯"。此杯高 36 厘米,重 5 公斤,当时价值 2 万美元。1974 年第十届世界杯赛,西德队作为冠军第一次领取了新杯。这回,国际足联规定新杯为流动奖品,不论哪个队获得多少冠军,也不能占有此杯了。

图 2　雷米特杯　　　　　　　　图 3　大力神杯

### 2006 德国世界杯八强及对阵形势
——六大冠军豪门会师终极八强世纪对决全解析

**关键词:球星**

 德国 VS 阿根廷

这两支球队的球星将决定本场比赛的结果,德国的巴拉克、克洛泽和波多尔斯基,阿根廷队的里克尔梅、克雷斯波、萨维奥拉、梅西和特维斯,还有一位隐形杀手马克西。两支球队的核心都是在攻击线上,里克尔梅与巴拉克之间的较量也可能成为一个吸引眼球的地方。

**关键词:朋友**

 意大利 VS 乌克兰

这场比赛是没有历史恩怨的一场比赛,但乌克兰在世界杯前热身赛与意大利战成 0 比 0 平,里皮因此认为,不论是乌克兰和瑞士谁做对手都一样,因为这两支球队都在世界杯前与意大利进行了热身。布洛欣表示乌克兰会先进球,进球者是舍甫琴科。

**关键词:菲戈**

 英格兰 VS 葡萄牙

波斯蒂加、戈麦斯和菲戈依然留在这支葡萄牙队中,整体实力来看,德科的停赛以及小小罗的伤势都是对葡萄牙攻击力的打击,但悲情主义却能激起葡萄牙人的斗志。不论从实力还是成绩上,葡萄牙队都不会害怕英格兰队。不要忘了,葡萄牙队主帅斯科拉里也是埃里克森的老对手。

　　**关键词:恩仇**

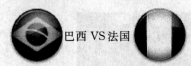巴西 VS 法国

　　如果巴西队打出水平,法国队能够抵抗多久值得怀疑,但是法国队的顽强在与西班牙的比赛中可见一斑,也许可以把眼光放在体育精神方面,其实这场比赛是有情仇无对抗。佩雷拉是一位拥有平常心的教练员,而法国队与八年前的实力相比也出现了较大的滑落。

2009 年 06 月 28 日

　　3. 按照教材引例的格式制作一份"班级介绍"。

　　按照教材中本章引例的样式制作一份介绍班级的文档,并进行编辑排版。

# 第4章 电子表格处理软件 Excel 2003

◆ **学习内容**

◆ **学习目标**

在本章的学习过程中,要求学生掌握 Excel 2003 中工作簿文件的建立、打开与保存;掌握工作表的基本操作方法和工作表的美化方法,能够应用公式与函数进行计算,掌握数据的管理和图表的建立,掌握工作表的页面设置与打印等。

通过本章的学习,要求学生能够按指定要求,完成一个完整工作簿的创建。

引例:制作一份工资表,如"昆仑广告公司工资表"(见表4-1),在表格中输入一些基本的数据,如职工号、姓名、基本工资、岗位津贴、奖金、房租、水电费等,能自动计算出每一个职工的应发工资和实发工资等项目,经过处理得到所需要的工资信息,通过图表对工资信息进行分析、显示,并将工资信息存盘。

**表 4-1 昆仑广告公司工资表**

| 职工号 | 姓名 | 基本工资 | 岗位津贴 | 奖金 | 应发工资 | 养老保险 | 房租 | 水电费 | 应扣小计 | 实发工资 |
|---|---|---|---|---|---|---|---|---|---|---|
| 10101 | 王×× | 520.00 | 150.00 | 150.00 | 820.00 | 67.00 | 50.00 | 68.50 | 185.50 | 634.50 |
| 10102 | 张×× | 780.00 | 300.00 | 200.00 | 1280.00 | 108.00 | 0.00 | 110.80 | 218.80 | 1061.20 |
| 10103 | 李×× | 700.00 | 260.00 | 180.00 | 1160.00 | 98.00 | 70.00 | 83.20 | 251.20 | 908.80 |
| 10104 | 马×× | 650.00 | 210.00 | 180.00 | 1040.00 | 86.00 | 60.00 | 55.10 | 201.10 | 838.90 |
| 10105 | 张×× | 590.00 | 180.00 | 160.00 | 930.00 | 77.00 | 50.00 | 51.60 | 178.60 | 751.40 |
| 10106 | 郭×× | 460.00 | 110.00 | 160.00 | 730.00 | 57.00 | 40.00 | 50.30 | 147.30 | 582.70 |
| 10107 | 陈×× | 670.00 | 230.00 | 180.00 | 1080.00 | 90.00 | 60.00 | 78.50 | 228.50 | 851.50 |
| 10108 | 喻×× | 720.00 | 280.00 | 200.00 | 1200.00 | 100.00 | 0.00 | 98.80 | 198.80 | 1001.20 |
| 10109 | 李×× | 480.00 | 120.00 | 180.00 | 780.00 | 60.00 | 40.00 | 61.90 | 161.90 | 618.10 |

上述引例表明需要制作一个表格,并能对表格中的数据进行计算、汇总、分析等处理,得到所需要的信息。什么样的软件可以解决上述问题,而且使用起来简单、方便? 美国 Microsoft 公司开发的、基于 Windows XP 操作系统的、Office 办公软件中的电子表格处理软件 Excel 2003 可以解决上述表格制作、数据处理问题,本章将系统地阐述电子表格处理软件 Excel 2003 的使用,由此来帮助解决办公自动化问题。

# 4.1 Excel 2003 基础知识

## 4.1.1 启动和退出 Excel 2003

在正确安装了 Excel 2003 后,就可以启动 Excel 2003,只有启动了 Excel 2003 才能制作各种电子表格,工作完成后,应退出 Excel 2003。

**1. 启动 Excel 2003**

启动 Excel 2003 有许多种方法,常用的启动 Excel 2003 的操作方法有:

方法 1：在"开始"菜单中选"程序"菜单下"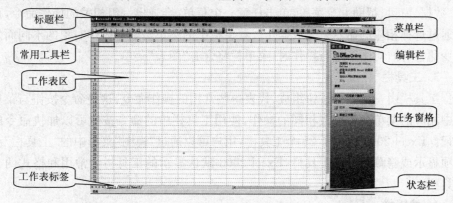 Microsoft Excel 2003"菜单项，即可启动 Excel 2003，打开 Excel 2003 主窗口，如图 4-1 所示；

图 4-1　Excel 2003 工作界面

方法 2：可以在桌面上建立 Excel 2003 的快捷方式，双击桌面上的快捷方式图标来启动 Excel 2003；

方法 3：在"我的电脑"或"资源管理器"窗口中，双击以 . xls 为后缀的工作簿文件，系统将启动 Excel 2003，并且打开相关的工作簿文件。

**2. 退出 Excel 2003**

退出 Excel 2003 有许多种方法，常用的退出 Excel 2003 的操作方法有：

方法 1：在"文件"菜单中选"退出"菜单项，即可退出 Excel 2003；

方法 2：单击 Excel 2003 工作窗口右上角的"关闭"按钮███，可退出 Excel 2003；

方法 3：双击 Excel 2003 标题栏最左边的控制菜单图标███，或单击控制菜单图标███→在弹出的控制菜单中选"关闭"菜单项，可退出 Excel 2003；

方法 4：按"Alt＋F4"键，可退出 Excel 2003。

## 4.1.2　Excel 2003 的工作界面

在启动 Excel 2003 后，新建或打开一个工作簿，显示 Excel 2003 的工作界面如图 4-1 所示，Excel 2003 工作界面的组成结构与 Word 基本相似，主要包括标题栏、菜单栏、工具栏、编辑栏、工作表区、状态栏、任务窗格等。

**1. 标题栏**

标题栏显示正在运行的 Excel 2003 软件名称和当前正在编辑的工作簿名称，例如：Book1。同时还显示控制菜单和控制按钮（最小化、最大化或还原、关闭按钮）。

**2. 菜单栏**

菜单栏为工作簿提供各种操作命令,默认有文件、编辑、视图、插入、格式、工具、数据、窗口、帮助九个菜单,单击任意一个菜单,会弹出一组相关的操作命令,可以通过选择相应的命令来完成操作。菜单栏中的菜单会随着操作对象的不同而发生变化,例如,对图形进行操作时,菜单栏将含有"图表"菜单。

**3. 工具栏**

工具栏由一组图标按钮组成,代表一些常用的操作命令,这些命令按钮与菜单栏中相应的菜单命令完成相同的操作,使用工具栏中的命令按钮可以加快命令的执行。Excel 2003 提供了 25 个工具栏,用户可以通过"视图"菜单中的"工具栏"菜单项显示或隐藏每一个工具栏,Excel 2003 默认显示的工具栏为常用和格式两个工具栏。

**4. 编辑栏**

编辑栏用于输入或编辑单元格中的数据或公式,显示当前活动单元格中的数据、公式或文本内容等。

**5. 工作表区**

工作表区包括行号、列号、单元格、工作表标签等,用来输入、编辑数据,对数据进行处理等。

**6. 状态栏**

状态栏用于显示当前工作区的状态信息,如"就绪"表示 Excel 2003 程序已经准备就绪,可以进行各种操作。

### 4.1.3　工作簿、工作表、单元格

**1. 工作簿**

启动 Excel 2003 后,进入工作簿窗口,工作簿是用来存储和处理数据的文件,每一个工作簿都有一个文件名,其文件的扩展名是. xls,称为 Excel 文件。当启动 Excel 2003 后,系统会自动打开一个新的、空白的工作簿,默认的第一个空白工作簿的名称为 Book1. xls。

一个工作簿由若干个工作表组成,每个工作表中的数据可以相互独立,一个工作簿最多可包含 255 个工作表。

**2. 工作表**

新建一个工作簿时,Excel 2003 默认包含 3 个工作表,分别是 Sheet1、Sheet2 和 Sheet3,它们分别显示在工作簿窗口底部的工作表标签中。只需单击工作表标签即可切换工作表,还可以根据实际需要添加和删除工作表,也可以对工作表名进

行更改。工作表是工作簿的主要组成部分,相当于工作簿中的一页,每一张工作表都由若干行和若干列组成,最多包含 65536 行和 256 列,其中行号用 1~65536 表示,列号用英文字母 A~IV 表示。

**3. 单元格**

单元格是指工作表中行列交叉位置的一个方格,是 Excel 2003 的基本操作单位,数据就存放在这些单元格中,单元格中可以存放文字、数字、日期、公式等数据。每个单元格都有固定的地址,用来表示单元格在工作表中的位置,单元格的地址由单元格所在的列号和行号组成,例如:C2 单元格表示第 3 列、第 2 行的单元格。

当单元格被选中时,其四边出现黑色框,称该单元格为活动单元格或当前单元格,如图 4-1 所示 A1 单元格。

### 4.1.4　创建、保存、打开和关闭工作簿

**例 4-1**　创建"职工工资"工作簿。

操作步骤如下:

① 选择"文件"菜单中的"新建"菜单项或在"任务窗格"的"打开"下单击"新建工作簿"→在"任务窗格"的"新建"下单击"空白工作簿",则新建一个空白工作簿;

② 选择"文件"菜单中的"保存"菜单项→在"另存为"对话框中选择文件保存的位置(盘符或文件夹),并输入工作簿文件名"职工工资",单击"保存"即可。

**1. 新建工作簿**

在启动并进入 Excel 2003 后,屏幕上显示的工作簿就是新建立的空白工作簿。在启动 Excel 2003 后若要再建立一个新的工作簿,可用 Excel 2003 提供的建立工作簿的方式进行。

(1) 新建空白工作簿

方法 1:如例 4-1。

方法 2:单击工具栏上的"新建"命令按钮,则可以新建一个空白工作簿;保存文件方法同上。

(2) 根据模板新建工作簿

选"文件"菜单中的"新建"菜单项或在"任务窗格"的"打开"下单击"新建工作簿"→在"任务窗格"中单击"本机上的模板",在"模板"对话框中选"电子方案表格"选项页→双击某一模板,例如"通讯录"模板,则可以根据这一模板新建通讯录工作簿。

**2. 保存工作簿**

完成对一个工作簿文件的建立后,或在编辑过程中、或在关闭文件之前需要将

工作簿文件即时保存,对新建的工作簿文件保存的方法有:

方法 1:单击"常用"工具栏上的"保存"按钮,弹出"另存为"对话框→在对话框中选择保存文件的位置并且输入新的工作簿文件名→单击"保存"按钮,则可以保存工作簿文件。

方法 2:如例 4-1。

对一个已经保存过的工作簿文件同样可以使用上述两种方法对编辑中的文件进行保存,只是不会弹出对话框,而是采用第一次保存文件时的保存位置和文件名进行保存。若需要保存到新位置或以新的文件名保存,则需要用"文件"菜单中的"另存为"菜单项进行保存。

### 3. 打开工作簿

打开一个已经存在的工作簿可以通过多种方法进行,常用的方法有:

方法 1:选"文件"菜单中的"打开"菜单项或单击工具栏上的"打开"命令按钮→在"打开"对话框的"查找范围"框中选择需要打开的文件所在的盘符或文件夹→在"文件名"框中输入或选择需要打开的文件→单击"打开"按钮,即可打开工作簿文件。

方法 2:在"我的电脑"或"资源管理器"窗口中双击需要打开的工作簿文件。

### 4. 关闭工作簿

关闭工作簿文件可以通过多种方法进行,常用的方法有:

方法 1:选"文件"菜单中的"关闭"菜单项,可以关闭一个文件;若要关闭多个打开的文件,可先按住 Shift 键,再选"文件"菜单中的"关闭所有文件"菜单项,可关闭所有打开的工作簿文件。

方法 2:单击"工作簿"右上方的"关闭"按钮。

方法 3:按"Ctrl+F4"组合键。

## 4.2　Excel 电子表格的基本操作

例 4-2　向新建的"职工工资"工作簿 Sheet1 工作表中输入一月份工资数据,见表 4-2。

表 4-2　昆仑广告公司工资表

| 职工号 | 姓名 | 基本工资 | 岗位津贴 | 奖金 | 应发工资 | 养老保险 | 房租 | 水电费 | 应扣小计 | 实发工资 |
|---|---|---|---|---|---|---|---|---|---|---|
| 10101 | 王宏亮 | 520.00 | 150.00 | 150.00 | | | 50.00 | 68.50 | | |
| 10102 | 张　艳 | 780.00 | 300.00 | 200.00 | | | 0.00 | 110.80 | | |
| 10103 | 李　平 | 700.00 | 260.00 | 180.00 | | | 70.00 | 83.20 | | |
| 10104 | 马云龙 | 650.00 | 210.00 | 180.00 | | | 60.00 | 55.10 | | |
| 10105 | 张琳琳 | 590.00 | 180.00 | 160.00 | | | 50.00 | 51.60 | | |
| 10106 | 郭晓燕 | 460.00 | 110.00 | 160.00 | | | 40.00 | 50.30 | | |
| 10107 | 陈　海 | 670.00 | 230.00 | 180.00 | | | 60.00 | 78.50 | | |
| 10108 | 喻　涛 | 720.00 | 280.00 | 200.00 | | | 0.00 | 98.80 | | |
| 10109 | 李小杰 | 480.00 | 120.00 | 180.00 | | | 40.00 | 61.90 | | |

操作步骤如下：

① 选择"文件"菜单中"打开"菜单项→在"打开"对话框的"查找范围"列表框中选文件所在的位置→在"文件名"框中输入工作簿文件名"职工工资"（见图4-2）→单击"确定"，打开"职工工资"工作簿文件。

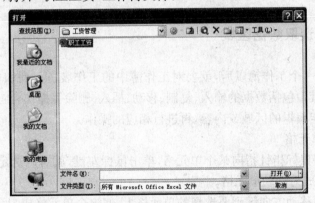

图 4-2　打开工作簿对话框

② 选择单元格 A1→输入第 1 行第 1 列文本内容"职工号"→在第 1 行的其他单元格中依次输入第 1 行各列标题。

③ 选择单元格 A2→输入第一个职工号"10101"→选择单元格 A3 输入第二个职工号"10102"→选取 A2 和 A3 连续的单元格（用鼠标选取 A2，按下 Shift 键的同时用鼠标选取 A3）→将光标移到 A3 单元格右下角填充柄使光标变为实心"＋"形状（见图 4-3）→按住鼠标左键向填充方向 A4、A5 等单元格拖动填充柄，直到要填充的最后一个单元格 A10 为止→职工号会自动以 1 递增。对于编号是连续的可以采用这种方法输入，以提高输入效率。

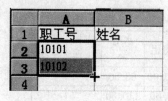

图 4-3　应用填充柄填充数据

④ 按表 4-2 中内容输入姓名、基本工资等具体值。在输入数据的过程中,若输入相同的值,如 E4 与 E5、D6、E8、E10 相同,可以选 E4 按"Ctrl＋C"复制,再选 E5、D6、E8、E10,分别按"Ctrl＋V"粘贴。当表格中的所有数据输入完毕,选择"文件"菜单中的"保存"菜单项,文件将按打开文件时的文件名"职工工资"保存。输入基本数据后的工作表如图 4-4 所示。

| | A | B | C | D | E | F | G | H | I | J | K |
|---|---|---|---|---|---|---|---|---|---|---|---|
| 1 | 职工号 | 姓名 | 基本工资 | 岗位津贴 | 奖金 | 应发工资 | 养老保险 | 房租 | 水电费 | 应扣小计 | 实发工资 |
| 2 | 10101 | 王宏亮 | 520 | 150 | 150 | | | 50 | 68.5 | | |
| 3 | 10102 | 张艳 | 780 | 300 | 200 | | | 0 | 110.8 | | |
| 4 | 10103 | 李平 | 700 | 260 | 180 | | | 70 | 83.2 | | |
| 5 | 10104 | 马云龙 | 650 | 210 | 180 | | | 60 | 55.1 | | |
| 6 | 10105 | 张琳琳 | 590 | 180 | 160 | | | 50 | 51.6 | | |
| 7 | 10106 | 郭晓燕 | 460 | 110 | 160 | | | 40 | 50.3 | | |
| 8 | 10107 | 陈涛 | 670 | 230 | 180 | | | 60 | 78.5 | | |
| 9 | 10108 | 喻涛 | 720 | 280 | 200 | | | 0 | 98.8 | | |
| 10 | 10109 | 李小杰 | 480 | 120 | 180 | | | 40 | 61.9 | | |
| 11 | | | | | | | | | | | |

图 4-4　输入基本数据后的工作表

### 4.2.1　选取数据区域

在新建了一个工作簿以后,就要对工作簿中的工作表、行、列和单元格中的数据进行编辑,其中包括数据的输入、复制、移动、插入、删除等操作,在进行这些操作时,首先要选定编辑的区域或内容,再进行相应的操作。

**1. 选定单元格**

方法 1:将鼠标指针指向某个单元格,单击鼠标左键,就可以选定这个单元格,使这个单元格成为活动单元格。

方法 2:可移动方向键到要选择的单元格上,使这个单元格成为活动单元格。

**2. 选定连续的单元格区域**

例如:选定 A2 至 E8 区域。

选择 A2 后按住鼠标左键不放,直接拖动鼠标到 E8 就可以选定 A2 至 E8 区域。

(1)用鼠标选定单元格区域

用鼠标选定单元格区域的方法:鼠标指向该区域的第一个单元格→按住鼠标左键不放向单元格区域右下角拖动→直到最后一个单元格为止,就可选定该单元格区域。

（2）用键盘选定单元格区域

用键盘选定单元格区域的方法：移动方向键到区域的第一个单元格（或用鼠标左键选择第一个单元格）→按下 Shift 键的同时移动方向键至最后一个单元格（或用鼠标左键选择最后一个单元格），就可选择单元格区域。

### 3. 选择不连续的单元格

选择不连续单元格的方法：用鼠标左键选择第一个单元格→按下 Ctrl 键的同时用鼠标左键选择其他的单元格，可选择不连续的单元格。

例如：要选定 A2、A5、C6、D8 单元格。

用鼠标选定 A2→按下 Ctrl 键的同时，再用鼠标分别选定 A5、C6、D8 三个单元格即可。

### 4. 选定整行或整列

（1）选定整行

选定整行的方法：在工作表中用鼠标单击要选定行的行号就可以选定整行。

例如：选定第 3 行。

用鼠标单击工作表左边的行号"3"，即可选定第 3 行。

（2）选定整列

选定整列的方法：在工作表中用鼠标单击要选定列的列号就可以选定整列。

例如：选定第 5 列。

用鼠标单击工作表上方的列号"E"，即可选定第 5 列。

选择连续或不连续的行或列，也可以用鼠标与 Shift 键或 Ctrl 键配合来完成。

### 5. 选定整个工作表

用鼠标单击左上角行列交叉处的"选定整个工作表"按钮，如图 4-5 所示，就可选定整个工作表。

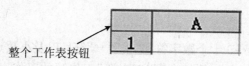

整个工作表按钮

图 4-5　工作表中"选定整个工作表"按钮

### 6. 定位选择

选择"编辑"菜单中的"定位"菜单项→在"定位"对话框中的"引用位置"框中输入"选定区域的第一个单元格位置：最后一个单元格位置"→单击"确定"。

例如：选定 A2 至 E8 区域。

在"定位"对话框的引用位置中输入 A2:E8，如图 4-6 所示，单击"确定"按钮。

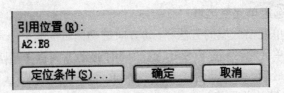

图 4-6 "定位"对话框的引用位置

### 4.2.2 输入数据

在 Excel 工作表中,可以向单元格中输入文本、数字、日期和时间等类型的数据以及公式与函数。

向单元格中输入数据可以采用以下几种方法:

方法 1:用鼠标选定要输入数据的单元格,输入数据;

方法 2:用鼠标双击要输入数据的单元格,输入数据;

方法 3:用鼠标选定要输入数据的单元格,单击编辑栏,输入数据。

输入数据后按回车、光标移动键或单击编辑栏上的"✔"按钮确定输入,若按 Esc 键或单击编辑栏上的"✖"按钮,将取消输入的数据。

从例 4-2 输入的数据可以看出,在 Excel 中可以输入各种类型的数据,下面介绍 Excel 中的数据类型。

**1. 文本数据**

文本包括英文字母、汉字、数字、空格以及其他键盘能输入的字符或字符串,用户在单元格中输入的数据不是纯数字,一般作为文本类型的数据处理,文本数据在单元格中默认左对齐。例如在"职工工资"工作簿的工作表中第一行、第 A 列、第 B 列都是文本数据。

**2. 数值型数据**

数值型数据由 0～9 十个数字符和"＋""－"符号以及小数点等组成,数值型数据在单元格中默认右对齐,例如在"职工工资"工作簿的工作表中 C 列～I 列中的金额都是数值型数据,例如 300 表示数值 300,0 1/2 表示数值 0.5,5 1/2 表示数值 5.5。当输入的数值超过 11 位时,将按科学记数法显示,例如 51000000000000000 显示时用 5.1E＋16。

**3. 日期和时间数据**

日期数据的输入按年、月、日的顺序输入,中间用"/"或"－"作为日期的分隔符,例如:"2005/10/01"或"2005－10－01";时间数据的输入按时、分、秒顺序输入,中间用":"作为时间的分隔符,例如:"20:30:10"或"08:30:10PM"。"2005/10/01 20:30:10"表示日期时间数据。日期和时间数据默认右对齐。要在单元

格中插入当前日期,可以按"Ctrl+;"键;要在单元格中插入当前时间,可以按"Ctrl+Shift+;"键。

### 4.2.3　修改、清除、复制、移动数据

在工作表输入数据的过程中,有时需要输入相同的数据或将数据进行移动,可采取复制、移动数据的方法;在输入数据的过程中难免会出现输入错误,需要对数据进行修改、清除等操作。

**1. 修改数据**

要修改单元格中的数据,可以通过下列方法完成:

方法 1:双击要修改数据的单元格→直接在单元格中修改数据或在数据编辑栏中修改数据→修改完毕后按回车键或单击"√"按钮确定;

方法 2:单击要修改数据的单元格→直接输入正确的数据→输入完毕按回车键或单击"√"按钮确定。

例如:将 I3 中的数据 110.80 修改为 90.20,用鼠标单击 I3→输入 90.20 按回车,即可将 I3 中的数据改为 90.20。

**2. 清除数据**

要清除单元格中的数据,可以通过下列方法完成:

方法 1:选定要清除数据所在的单元格或单元格区域→选择"编辑"菜单"清除"子菜单中"内容"菜单项,就可以清除单元格或单元格区域中的数据;

方法 2:选定要清除数据所在的单元格或单元格区域→按 Delete 键;

方法 3:选定要清除数据所在的单元格或单元区格域→单击鼠标右键→在快捷菜单中选"清除内容"菜单项。

**3. 复制数据**

(1)复制数据

复制数据,可以通过下列方法完成:

方法 1:用鼠标选定被复制数据的单元格区域→选择"编辑"菜单中的"复制"菜单项或按"Ctrl+C"键或按工具栏上的"复制"按钮 →选定数据要粘贴的目标区域(与复制数据区域大小相等)→选择"编辑"菜单中的"粘贴"菜单项或按"Ctrl+V"键或按工具栏上的"粘贴"按钮 ;

方法 2:用鼠标选定被复制数据的单元格区域→将鼠标移动到该区域的边缘使光标变为指向箭头 →按"Ctrl"键的同时拖动鼠标到目标区域。

(2)有选择地复制数据

有选择地复制数据,可以通过下列方法完成:

用鼠标选定被复制数据的区域→选择"编辑"菜单中的"复制"菜单项→选定数据要粘贴的目标区域→选择"编辑"菜单中的"选择性粘贴"菜单项→在"选择性粘贴"对话框中,如图 4-7 所示,可以选择一些项目后粘贴。

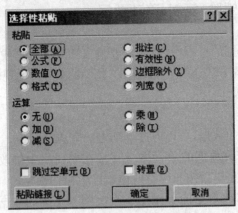

图 4-7　"选择性粘贴"对话框

"选择性粘贴"对话框中各部分选项作用如下:

① 粘贴

可以选择粘贴内容是"全部"粘贴、还是只粘贴"公式""数值""格式"等中的某一项。

② 运算

若选择"运算"中"加""减""乘""除"中某一个单选按钮,则将被复制单元格中的数值与粘贴单元格中的数值进行相应的运算后,再将数值填入粘贴单元格。

例如:被复制单元格中的数值为 280,粘贴单元格中的数值为 50,在"选择性粘贴"对话框中选"运算"中的"加",选择性粘贴后粘贴单元格中的数值为两数之和330。

还可以通过"转置"将复制区域的行变成粘贴区域的列,实现行列转换。

**4. 移动数据**

若要将数据从某单元格区域移动到其他的区域,可通过下列方法完成:

方法 1:用鼠标选定要移动数据的单元格区域→选择"编辑"菜单中的"剪切"菜单项或按"Ctrl+X"键或按工具栏上的"剪切"按钮 ✂ →选定数据要移到的目标区域(与剪切数据区域大小相等)→选择"编辑"菜单中的"粘贴"菜单项或按"Ctrl+V"键或按工具栏上的粘贴按钮;

方法 2:选定要移动数据的单元格区域→将鼠标移动到该区域的边缘使光标变为指向箭头→按下鼠标左键将该区域拖动到目标区域上。

例如:将 H4 单元格中的数据 70.00 移到 H10 单元格。

用鼠标单击 H4 单元格→按"Ctrl＋X"剪切→用鼠标单击 H10 单元格→按"Ctrl＋V"粘贴。

### 4.2.4 插入行、列、单元格

在输入数据的过程中,有时会发生漏输入一行、一列或一个单元格等错误,需要对工作表插入行、列或单元格来输入数据。

**1. 插入行**

插入行的方法:选择要插入行的位置→选择"插入"菜单中的"行"菜单项,在当前行之上插入一行,当前行自动下移一行。

例如:在第一行之前插入一个空行,目的是准备输入表的标题。

选择第一行或第一行中的某单元格→单击"插入"菜单中的"行"菜单项,则在第一行之前插入一个空白行。

**2. 插入列**

插入列的方法:选择要插入列的位置→选择"插入"菜单中的"列"菜单项,在当前列左边插入一列,当前列自动右移。

**3. 插入单元格**

插入单元格的方法:选择要插入单元格的位置即某单元格→选择"插入"菜单中"单元格"菜单项→在"插入"对话框中选择某项(见图 4-8)→单击"确定",就可以插入一个单元格。

例如:在 E3 处插入一个单元格。

用鼠标单击 E3→单击"插入"菜单中的"单元格"菜单项→在"插入"对话框中选"活动单元格右移"选项(见图 4-8)→单击"确定"→在 E3 处插入一个单元格并使该单元格与右边的其他单元格全部右移一个单元格。

图 4-8 "插入"对话框

### 4.2.5 删除行、列、单元格

在编辑工作表的过程中,有时会发现某行、某列或某单元格是多余的,需要进行删除操作。

**1. 删除行、列**

用鼠标单击要删除行的行号→选择"编辑"菜单中的"删除"菜单项,则将选定的行删除。

删除列与删除行的方法类似。

**2. 删除单元格**

选定要删除的单元格使其成为当前单元格→选择"编辑"菜单中的"删除"菜单项→在"删除"对话框中选择某项,就可以删除单元格。

例如,删除 E3 单元格。用鼠标单击 E3→选择"编辑"菜单中的"删除"菜单项→在"删除"对话框中选"右侧单元格左移"选项,则将 E3 删除,该单元格右边的所有单元格全部左移一个单元格。

## 4.2.6  合并单元格

在编辑工作表的过程中,有时需要对一些单元格进行合并。

**例 4-3**  对"职工工资"工作簿中的工作表 Sheet1 输入工资表标题"昆仑广告公司工资表",要求合并第一行中的单元格,在第一行输入标题,并且相对表居中。

操作步骤如下:

① 前面的操作已在第一行插入了一个空行→选 A1～K1 单元格;

② 选择"格式"菜单中"单元格"菜单项;

③ 在"单元格格式"对话框中选"对齐"选项卡→在"文本控制"中选"合并单元格"选项→在"水平对齐"中选"居中"(见图 4-9)→单击"确定"→在合并后的 A1 单元格中输入"昆仑广告公司工资表"。

在以上操作中,为使单元格合并也可以用鼠标单击"格式"工具栏中的"合并及居中"按钮 。

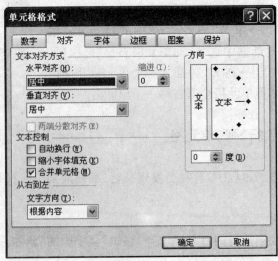

图 4-9  "单元格格式"对话框

### 4.2.7 撤消与恢复操作

**1. 撤消操作**

在编辑数据的过程中,若想取消上一步"删除数据"或"键入数据"的操作,可用撤消操作来完成。

方法 1:选择"编辑"菜单中的"撤消清除"或"撤消键入"菜单项,就可以撤消刚才"清除数据"或"键入数据"的操作;

方法 2:单击"常用"工具栏中的"撤消"按钮 ↩,也可以撤消刚才的操作。

**2. 恢复操作**

经过"撤消"操作后,若要恢复"撤消"操作前的操作可以用恢复操作来完成。

方法 1:选择"编辑"菜单中的"恢复清除"或"恢复键入"菜单项,就可以恢复到撤消前的状态;

方法 2:单击"常用"工具栏中的"恢复"按钮 ↪,也可以恢复到撤消前的状态。

### 4.2.8 查找与替换

当表中内容较多,要查找或替换某一些内容比较麻烦时,可以通过 Excel 提供的查找与替换功能自动进行查找和替换。

**1. 查找**

查找操作步骤如下:

选"编辑"菜单中的"查找"菜单项→在"查找和替换"对话框的"查找内容"框中输入要查找的内容→单击"查找下一个"按钮就可以找到下一个要查找的内容,"查找下一个"按钮可以重复使用以便进一步查找,直到结束位置为止。

**注意** 在"查找内容"框中可以使用通配符" * "或"?","查找内容"框中最多可输入 255 个字符,一个汉字为两个字符。

**2. 替换**

替换与查找不同之处在于不仅要输入查找内容,还要输入替换内容,操作步骤如下:

选择"编辑"菜单中的"替换"菜单项→在"查找和替换"对话框的"查找内容"框中输入要查找的内容→在"替换为"框中输入要替换的内容→单击"查找下一个"按钮就可以找到下一个要查找的内容→单击"替换"按钮,则把找到的内容替换掉,若不替换该项找到的内容也可以单击"查找下一个"按钮,将光标移到下一个找到的内容上;若要一次将表中全部相符的内容替换掉,可以单击"全部替换"按钮;单击

"关闭"按钮,退出"查找和替换"对话框。

**例 4-4** 查找姓名为"郭晓燕"的人名,并将姓名替换为"郭雁"。

操作步骤如下:

选择"编辑"菜单中的"替换"菜单项→在"查找和替换"对话框(见图 4-10)的"查找内容"框中输入"郭晓燕"→在"替换为"框中输入"郭雁"→单击"全部替换"按钮→单击"关闭"。

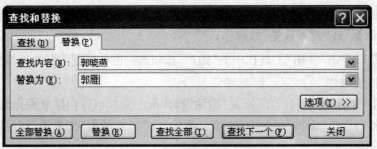

图 4-10 "查找和替换"对话框

**注意** 若要清除工作表中多个相同的内容可以用替换来完成。在查找框中输入要清除的内容,将替换值框中置为空,查找到相应的内容后选"替换"。

# 4.3 设置工作表格式

向工作表输入数据之后,需要对工作表进行美化,对工作表的格式进行设置,如设置字体、大小、对齐方式、边框等。

## 4.3.1 调整工作表的行高与列宽

当向单元格输入的内容过多或字号过大,影响显示效果时,就要对工作表的行高与列宽进行调整。

### 1. 调整列宽

在 Excel 2003 中,系统默认的单元格列宽是 8.38 个字符,超过这个宽度,无法按照要求的格式显示数据,有必要调整单元格的列宽。调整列宽的方法如下:

方法 1:选定要调整列宽的单元格区域→选择"格式"菜单下"列"子菜单中"列宽"菜单项→在"列宽"对话框(见图 4-11)中输入要调整的列宽→单击"确定",按输入的值调整列宽;

方法 2：将鼠标指针移到列标的中缝处，当鼠标指针变成左右箭头形状时，按住鼠标左键进行左右拖动将列宽调整到需要的宽度。

**2. 调整行高**

方法 1：选定要调整行高的单元格区域→选择"格式"菜单"行"子菜单中的"行高"菜单项→在"行高"对话框中输入行的高度→单击"确定"，就可以按输入的值来调整行高；

图 4-11　设置列宽对话框

方法 2：将鼠标指针移到行号之间的中缝处，当鼠标指针变成上下箭头形状时，按住鼠标左键上下拖动调整行高到需要的高度。

### 4.3.2　设置单元格的字体、大小、颜色等格式

在一个工作表中输入完数据后，采用的是默认的字体、大小和颜色等，在实际工作中，往往一个工作表中各部分的字体、大小、颜色等是不一样的，可通过设置单元格使得表格中的内容具有一定的层次，以便于阅读。例如，表格中标题内容的字要大一些、颜色要深一些，而每一栏的列标题和具体内容的字体大小等也不一样。

**例 4-5**　将表格标题的字体设置为黑体、大小设置为 18，将列标题的大小设置为 14、字体采用默认。

操作步骤如下：

① 选定表格标题所在的单元格 A1→单击"格式"菜单中的"单元格"菜单项→在"单元格格式"对话框中选"字体"选项页（见图 4-12）→设置"字体"为黑体、"字号"为 18→单击"确定"；

② 选定列标题所在的单元格 A2 至 K2→单击"格式"菜单中的"单元格"菜单项→在"单元格格式"对话框中选"字体"选项页→设置"字号"为 14→单击"确定"。

设置单元格字体、大小、颜色等格式的方法有：

方法 1：选定要设置格式的单元格→单击"格式"菜单中的"单元格"菜单项→在"单元格格式"对话框中设置字体、大小、字形、颜色等，应用"单元格格式"对话框还可以设置下划线、删除线、下标、上标等特殊效果；

方法 2：选定要设置字体、大小等格式的单元格→用鼠标直接在"格式"工具栏的"字体"下拉列表框中选择需要的字体，在"字号"下拉列表框中选择需要的字号，单击字形按钮来选择字形，打开颜色调色板选定字的颜色。

### 4.3.3　设置单元格的数字格式

Excel 可以对数字格式进行设置,可以将默认的数字格式设置为会计专用、货币等数字格式。

选择要设置数字格式的单元格区域→选择"格式"菜单中"单元格"菜单项→在"单元格格式"对话框中选"数字"选项页→选数字类型、小数位数等→单击"确定"。

应用"格式"工具栏上相应的数字格式按钮(5 个)也可以设置相应的数字格式。

### 4.3.4　设置单元格中数据的对齐方式

在默认的情况下,单元格中的文本是左对齐,而数字、日期和时间是右对齐,对齐方式可以重新设置。

选择要设置对齐方式的单元格区域→单击"格式"菜单中"单元格"菜单项→在"单元格格式"对话框中选"对齐"选项页(见图 4-13)→从"水平对齐"和"垂直对齐"中选择需要的对齐方式→单击"确定"。

应用"格式"工具栏上的对齐按钮也可以设置相应的对齐方式。

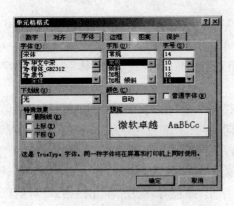 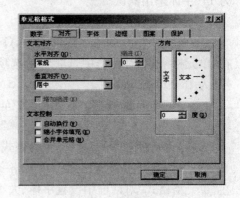

　　　　图 4-12　"字体"选项页　　　　　　　　　图 4-13　"对齐"选项页

### 4.3.5　设置单元格的边框线和背景图案

**1. 设置单元格的边框线**

在 Excel 制作表格的过程中,系统默认单元格无边框线,整个表格是无边框线的表格,要使表格具有边框线,需要重新设置、添加边框线。

例 4-6　将昆仑广告公司工资表除标题外加上内外边框线。

操作步骤如下:

① 选择 A2～K11 单元格区域;

② 单击"格式"菜单中"单元格"菜单项;

③ 在"单元格格式"对话框中选择"边框"选项页(见图 4-14)→在线条"样式"选框中选择外边框线条的样式→在"预置"中单击"外边框"按钮→在"样式"选框中选择内部线条的样式→在"预置"中单击"内部"按钮→单击"确定"按钮,给 A2～K11 单元格区域加上边框线。

除上述"菜单法"外,设置边框线还可以用工具栏上的按钮进行设置:单击"格式"工具栏上"边框"按钮组 的下拉按钮→从按钮组中选择相应的边框按钮来完成单元格边框线的设置。

图 4-14　"边框"选项页

若要取消边框线可以在"单元格格式"的"边框"选项页中单击"预置"中的"无"按钮。

**2. 设置单元格的背景图案**

在表格创建过程中,如果给表格添加背景颜色和图案,将使表格变得更加美观、更加吸引人。

选择要设置单元格背景颜色的单元格区域→单击"格式"菜单中"单元格"菜单项→在"单元格格式"对话框中选"图案"选项页→在"颜色"中选择需要的颜色或在"图案"中选择一种需要的图案→单击"确定"。

也可以用"格式"工具栏上的"填充颜色"按钮 调出颜色面板来完成单元格背景颜色的设置。

　　若要取消背景颜色、背景图案,可以在"图案"选项页的"颜色"中选择"无颜色"或在"格式"工具栏上的"填充颜色"中选择"无填充颜色"。

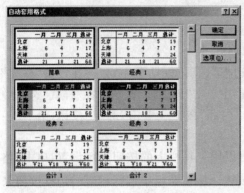

图 4-15　"自动套用格式"对话框

### 4.3.6　自动套用表格格式

　　Excel 系统自带了一些表格格式,因此除了用上述方法设置表格格式外,还可以套用系统提供的表格格式,从而方便地设置表格格式。

　　选择要设置格式的单元格区域→选"格式"菜单中"自动套用格式"菜单项→在"自动套用格式"对话框中(见图 4-15)选择一种需要的格式→单击"确定"按钮。

### 4.3.7　使用条件格式

　　用来对符合指定条件的数据采用突出显示方式进行显示。

　　**例 4-7**　将"基本工资"在 650 元至 700 元之间的用粗体显示出来。

　　操作步骤:

　　① 选择要进行条件格式设置的单元格区域 C3:C11;

　　② 选择"格式"菜单中"条件格式"菜单项;

　　③ 在"条件格式"对话框中(见图 4-16)输入建立条件的数值 650 与 700→单击"格式"按钮→选择"加粗"后单击"确定",将显示数据采用"粗体"格式→单击"确定"按钮。

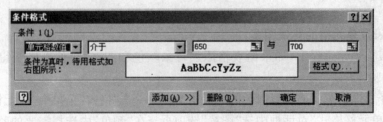

图 4-16　"条件格式"对话框

# 4.4  管理工作表

新建工作簿后,默认其中有 3 个工作表,它们的名称分别为 Sheet1、Sheet2 和 Sheet3,若要在工作簿中增加工作表、删除工作表或为工作表重新命名等就需要对工作簿进行管理。

## 4.4.1  选定工作表

Excel 工作簿中包含若干张工作表,用户要选定某一个工作表作为当前工作表,对表中内容进行操作,选定工作表的方法有:

**1. 选定一张工作表**

用鼠标单击要选定的工作表标签(工作表标签在工作簿窗口左下角)。

**2. 选定连续的工作表**

用鼠标单击要选定的连续工作表中第一张表的标签→按住 Shift 键的同时用鼠标单击要选定的连续工作表中最后一张表的标签,就可以选定连续的工作表。

**3. 选定不连续的工作表**

用鼠标单击要选定工作表的标签→按住 Ctrl 键的同时用鼠标单击其他要选定工作表的标签,就可以选定不连续的工作表。

**4. 选定全部工作表**

用鼠标指针指向工作表的标签,单击鼠标右键,在快捷菜单中选"选定全部工作表"菜单项即可。

## 4.4.2  添加与删除工作表

**1. 添加工作表**

若工作簿中的工作表不够,可以在工作簿中添加工作表,方法如下:

方法 1:用鼠标单击工作表标签来选定要添加工作表的位置→选择"插入"菜单中"工作表"菜单项,一张新的工作表被插入到选定工作表的左边,并被命名为 Sheet $n$(若添加的是第一张工作表,工作表名为 Sheet4);

方法 2:用鼠标单击工作表标签来选定要添加工作表的位置→对该工作表单击鼠标右键→在快捷菜单中选"插入"菜单项→在"插入"对话框中选"工作表"→单

击"确定"。

若要添加多张工作表,方法如下:

按住 Shift 键连续选择若干张表,选择"插入"菜单中"工作表"菜单项,就可以插入与选中表的数量一样多的工作表。

**2. 删除工作表**

选择要删除的工作表标签→单击"编辑"菜单中的"删除工作表"菜单项→在弹出的对话框中单击"确定",就可以删除选定的工作表。

### 4.4.3 重命名工作表

**例 4-8** 将工作表 Sheet1 改名为"一月份工资表"。

操作步骤如下:

选择工作表 Sheet1 的标签,单击鼠标右键→在快捷菜单中选"重命名"菜单项→输入新的工作表名"一月份工资表"→按回车。

工作表重新命名,除用快捷菜单方法外还可以用下列两种方法:

方法1:选择要重命名的工作表标签→单击"格式"菜单"工作表"子菜单中"重命名"菜单项→输入新的工作表名。

方法2:用鼠标双击要重命名的工作表标签→输入新的工作表名。

### 4.4.4 复制、移动工作表

**1. 复制工作表**

**例 4-9** 复制"一月份工资表"两次,并分别改名为"二月份工资表"和"三月份工资表"。

操作步骤如下:

选定"一月份工资表"标签→按住 Ctrl 键的同时用鼠标拖动工作表→双击新生成的工作表标签→输入新的工作表名"二月份工资表"。

复制生成"三月份工资表"方法同上。

复制工作表还可以用下述方法:

选定要复制的工作表标签,单击鼠标右键→在快捷菜单中选"移动或复制工作表"→在"移动或复制工作表"对话框中选定用来接受工作表的工作簿、选定在其前面插入复制工作表的工作表→将"建立副本"选中→单击"确定"。

**2. 移动工作表**

方法1:选定要移动的工作表标签,用鼠标直接拖动到需要的位置;

方法2:移动工作表与复制工作表类似,可以用快捷菜单来实现,只是不要将"建立副本"选中。

### 4.4.5 保护工作表和工作簿

Excel 还提供了一些安全功能来保护工作表和工作簿。

保护工作表和工作簿的方法:选定要保护的工作表或工作簿→选择"工具"菜单下"保护"子菜单中"保护工作表"或"保护工作簿"子菜单项→在"保护工作表"对话框中(见图 4-17)或"保护工作簿"对话框中(见图 4-18)输入密码→输入确认密码→单击"确定"。

对工作表进行保护,将无法修改工作表中的数据;对工作簿进行保护,将无法插入和删除工作表。只有撤消工作表和工作簿的保护,才能对工作表和工作簿进行修改。

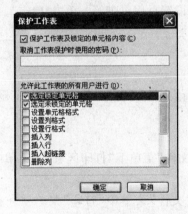

图 4-17　保护工作表

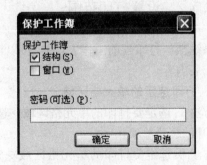

图 4-18　保护工作簿

### 4.4.6 隐藏与显示工作表

隐藏工作表方法:选中要隐藏的工作表→选"格式"菜单下"工作表"子菜单中"隐藏"菜单项,可以隐藏当前工作表。

显示工作表方法:选"格式"菜单下"工作表"子菜单中"取消隐藏"菜单项→在对话框中选需要取消隐藏的工作表→单击"确定",可以取消对工作表的隐藏。

# 4.5　预览、打印工作表

完成对工作表的编辑、美化后,希望将工作表打印出来,打印前要对打印页面等进行设置,还可以进行打印预览,对打印效果满意后再用打印机打印出来。

## 4.5.1　设置打印页面

通过对打印页面设置可以定义要打印的纸张大小、页边距、打印区域等。

设置打印页面方法:选"文件"菜单中"页面设置"菜单项→在"页面设置"对话框中选"页面"选项卡→设置纸张的大小、打印方向(如"A4""纵向")等→选"页边距"选项卡→设置上、下、左、右边距→还可以设置页眉页脚等→单击"确定"。

## 4.5.2　设置打印范围

系统默认打印当前工作表,用户可以重新设定打印范围,根据设定的范围来打印工作表内容。

### 1. 打印选定的单元格区域

方法 1:选定要打印的单元格区域→选"文件"菜单下"打印区域"子菜单中"设置打印区域"菜单项;

方法 2:选定要打印的单元格区域→选"文件"菜单中"打印"菜单项→在"打印"对话框中选择"选定区域"选项(见图 4-19)→单击"确定"。

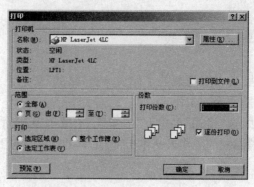

图 4-19　"打印"对话框

**2. 打印选定的工作表或整个工作簿**

选"文件"菜单中"打印"菜单项→在"打印"对话框中选择"选定工作表"(见图 4-19)或"整个工作簿"选项→单击"确定"。

### 4.5.3 分页打印

当工作表内容较多,一页打印不下时,系统会自动分页,用户也可以自行分页,分页后打印将进行分页打印,可以通过打印预览观察结果。

**1. 插入分页符**

分页符分为水平分页符和垂直分页符两种,可以对超过页面高度和宽度的工作表进行分页。

插入分页符的方法:选定要插入分页符的单元格→选"插入"菜单中"分页符"菜单项。水平分页符将插在所选单元格的上方,垂直分页符将插在所选单元格的左侧。

**2. 删除分页符**

选水平分页符下面的单元格或垂直分页符右边的单元格→选"插入"菜单中"删除分页符"菜单项。

### 4.5.4 预览打印工作表

预览打印工作表的作用主要是在正式打印工作表之前通过屏幕显示打印的效果,若对打印效果不满意,还可以修改打印参数直到满意为止。

预览打印工作表的方法如下:

方法 1:单击"常用"工具栏上的"打印预览"按钮 ;

方法 2:选"文件"菜单中的"打印预览"菜单项。

通过这两种方法可以进入打印预览窗口,在该窗口中还可以进行一些设置,直到对报表打印效果满意为止。

### 4.5.5 打印工作表

对工作表设置满意后,就可以打印工作表,打印工作表的方法如下:

方法 1:单击"常用"工具栏上的"打印"按钮 ;

方法 2:选"文件"菜单中的"打印"菜单项→在"打印"对话框中(见图 4-19)进行适当的选择(连接的打印机名称和打印范围等)→单击"确定",就可以在打印机上打印相应的内容。

# 4.6 工作表中公式与函数的使用

## 4.6.1 单元格的引用

在工作表中应用公式和函数进行计算时,经常需要引用单元格。引用单元格就是引用单元格的地址,单元格的地址有三种类型,分别是相对地址、绝对地址和混合地址。

单元格相对地址表示方法是行标号加列标号,例如:C3、D5。

单元格绝对地址表示方法是行标号与列标号前分别加"$"符号,例如:$C$3、$D$5。

单元格混合地址表示方法是上述两种方法的混合应用,例如:C$3、$D5。

一个引用位置就代表着一个单元格或一个单元格区域。

**1. 相对引用**

**例 4-10** 计算"一月份工资表"表中"应发工资",并将结果填入该工作表的"应发工资"栏中,其中:应发工资=基本工资+岗位津贴+奖金。

操作步骤如下:

选中 F3 单元格→在编辑栏输入公式"=C3+D3+E3"→单击"√"求得 F3 的值→将光标移到 F3 单元格的右下角使光标变为"+"→按住鼠标左键向下拖拽到 F4,F5,…(复制公式),可以分别求得 F 列中各单元格相应的值,如图 4-20 所示。

| F3 | | =C3+D3+E3 | | | | | | | | |
|---|---|---|---|---|---|---|---|---|---|---|
| 职工工资 | | | | | | | | | | |
| | A | B | C | D | E | F | G | H | I | J | K |
| 1 | | | | | 昆仑广告公司工资表 | | | | | | |
| 2 | 职工号 | 姓名 | 基本工资 | 岗位津贴 | 奖金 | 应发工资 | 养老保险 | 房租 | 水电费 | 应扣小计 | 实发工资 |
| 3 | 10101 | 王宏亮 | 520 | 150 | 150 | 820 | | 50 | 68.5 | | |
| 4 | 10102 | 张艳 | 780 | 300 | 200 | 1280 | | 0 | 110.8 | | |
| 5 | 10103 | 李平 | 700 | 260 | 180 | 1140 | | 70 | 83.2 | | |
| 6 | 10104 | 马云龙 | 650 | 210 | 180 | 1040 | | 60 | 55.1 | | |
| 7 | 10105 | 张琳琳 | 590 | 180 | 160 | 930 | | 50 | 51.6 | | |
| 8 | 10106 | 郭晓燕 | 460 | 110 | 160 | 730 | | 40 | 50.3 | | |
| 9 | 10107 | 陈海 | 670 | 230 | 180 | 1080 | | 60 | 78.5 | | |
| 10 | 10108 | 喻涛 | 720 | 280 | 200 | 1200 | | 0 | 98.8 | | |
| 11 | 10109 | 李小杰 | 480 | 120 | 180 | 780 | | 40 | 61.9 | | |
| 12 | | | | | | | | | | | |

图 4-20 复制公式计算"应发工资"

选 F4,观察到 F4 单元格中的公式为 F4＝C4＋D4＋E4,同样 F5＝C5＋D5＋E5……单元格的地址发生了变化。这种在单元格中直接引用单元格相对地址的方法叫相对引用。

**2. 绝对引用**

例如:若在计算"应发工资"这一项时,选 F3 后在编辑栏输入公式"＝＄C＄3＋＄D＄3＋＄E＄3",复制公式到 F4 后,单元格公式中的地址不发生变动,其值仍与 F3 的结果一样,这种在单元格中引用单元格绝对地址的方法叫绝对引用。

**3. 混合引用**

例如:若选 F3 后,在编辑栏输入公式"＝＄C3＋＄D3＋＄E3",将公式复制到 F4 中,公式变化为"＝＄C4＋＄D4＋＄E4",行发生了变化;若将公式复制到 G3 中,公式为"＝＄C3＋＄D3＋＄E3",列没有变化。由此可以看出,在引用单元格地址中,列标号前加"＄"符号,而行标号前没有加"＄"符号,表示引用单元格行地址是相对的,列地址是绝对的;若行标号前加"＄"符号,而列标号前没有加"＄"符号,表示引用单元格列地址是相对的,行地址是绝对的。把这两种引用单元格地址的方法叫混合引用。

**4. 引用同一工作簿中其他工作表中的单元格**

同一工作簿、不同工作表中的单元格或单元格区域可以相互引用,引用时首先要指明被引用单元格所在的工作表,用工作表标签表示,再指明被引用单元格或单元格区域的地址,引用格式为:工作表标签! 单元格或单元格区域地址。

例如:将 Sheet1 的 G3 单元格中数据和 Sheet2 的 G3 单元格中数据相加,结果填入 Sheet3 的 G3 单元格中。

操作步骤:选 Sheet3 的 G3 单元格→在编辑栏输入公式"＝Sheet1! G3＋Sheet2! G3"→单击"√"求得 Sheet3 的 G3 值。

### 4.6.2　公式的使用

**例 4-11**　在"一月份工资表"中计算养老保险、应扣小计、实发工资。假设每个人的养老保险＝(基本工资＋岗位津贴)×10％,应扣小计＝养老保险＋房租＋水电费,实发工资＝应发工资－应扣小计。

① 计算"养老保险"操作步骤:选定 G3 单元格→在编辑栏中输入"＝(C3＋D3)×10％"→将光标移到 G3 单元格的右下角使其变为实心"＋"(见图 4-21)→按住鼠标左键向下拖动到 G11 为止,复制单元格公式就可计算出所有人员的养老保险金额。

② 计算"应扣小计"操作步骤:选定 J3 单元格→在编辑栏中输入"＝G3＋H3＋

I3”→将光标移到J3单元格的右下角→按住鼠标左键向下拖动到J11为止，计算出所有人员的应扣小计金额。

G3 =(C3+D3)*10%

| | A | B | C | D | E | F | G | H | I | J | K |
|---|---|---|---|---|---|---|---|---|---|---|---|
| 1 | 昆仑广告公司工资表 | | | | | | | | | | |
| 2 | 职工号 | 姓名 | 基本工资 | 岗位津贴 | 奖金 | 应发工资 | 养老保险 | 房租 | 水电费 | 应扣小计 | 实发工资 |
| 3 | 10101 | 王宏亮 | 520 | 150 | 150 | 820 | 67 | 50 | 68.5 | | |
| 4 | 10102 | 张艳 | 780 | 300 | 200 | 1280 | 108 | 0 | 110.8 | | |
| 5 | 10103 | 李平 | 700 | 260 | 180 | 1140 | 96 | 70 | 83.2 | | |
| 6 | 10104 | 马云龙 | 650 | 210 | 180 | 1040 | 86 | 60 | 55.1 | | |
| 7 | 10105 | 张琳琳 | 590 | 180 | 160 | 930 | 77 | 50 | 51.6 | | |
| 8 | 10106 | 郭晓燕 | 460 | 110 | 160 | 730 | 57 | 40 | 50.3 | | |
| 9 | 10107 | 陈海 | 670 | 230 | 180 | 1080 | 90 | 60 | 78.5 | | |
| 10 | 10108 | 喻涛 | 720 | 280 | 200 | 1200 | 100 | 0 | 98.8 | | |
| 11 | 10109 | 李小杰 | 480 | 120 | 180 | 780 | 60 | 40 | 61.9 | | |
| 12 | | | | | | | | | | | |

图4-21 在编辑栏中输入公式进行计算

③ 计算“实发工资”操作步骤：选定K3单元格→在编辑栏中输入“＝F3－J3”→将光标移到K3单元格的右下角→按住鼠标左键向下拖动到K11为止，计算出所有人员的实发工资（见图4-22）。

K3 =F3-J3

| | A | B | C | D | E | F | G | H | I | J | K |
|---|---|---|---|---|---|---|---|---|---|---|---|
| 1 | 昆仑广告公司工资表 | | | | | | | | | | |
| 2 | 职工号 | 姓名 | 基本工资 | 岗位津贴 | 奖金 | 应发工资 | 养老保险 | 房租 | 水电费 | 应扣小计 | 实发工资 |
| 3 | 10101 | 王宏亮 | 520 | 150 | 150 | 820 | 67 | 50 | 68.5 | 185.5 | 634.5 |
| 4 | 10102 | 张艳 | 780 | 300 | 200 | 1280 | 108 | 0 | 110.8 | 218.8 | 1061.2 |
| 5 | 10103 | 李平 | 700 | 260 | 180 | 1140 | 96 | 70 | 83.2 | 249.2 | 890.8 |
| 6 | 10104 | 马云龙 | 650 | 210 | 180 | 1040 | 86 | 60 | 55.1 | 201.1 | 838.9 |
| 7 | 10105 | 张琳琳 | 590 | 180 | 160 | 930 | 77 | 50 | 51.6 | 178.6 | 751.4 |
| 8 | 10106 | 郭晓燕 | 460 | 110 | 160 | 730 | 57 | 40 | 50.3 | 147.3 | 582.7 |
| 9 | 10107 | 陈海 | 670 | 230 | 180 | 1080 | 90 | 60 | 78.5 | 228.5 | 851.5 |
| 10 | 10108 | 喻涛 | 720 | 280 | 200 | 1200 | 100 | 0 | 98.8 | 198.8 | 1001.2 |
| 11 | 10109 | 李小杰 | 480 | 120 | 180 | 780 | 60 | 40 | 61.9 | 161.9 | 618.1 |
| 12 | | | | | | | | | | | |

图4-22 计算“实发工资”

公式是对工作表中数值型数据进行计算的式子，在单元格中可以输入公式进行计算，如上例中的加法、减法和乘法等运算。

Excel中包含4种运算符：算术运算符、比较运算符、文本运算符和引用运算符。

在编辑栏中输入公式时，先输入“＝”，再输入公式。公式通常由常量、单元格地址、运算符等组成。

### 4.6.3 函数的使用

Excel提供了一些函数，有常用函数和一些专业函数。函数在使用时可以嵌套使用，也就是说，一个函数可以作为另一个函数的参数。

**1. 函数的输入**

函数的输入可以通过下列方法实现：

（1）直接输入函数

选定要输入函数的单元格→在公式编辑栏中输入"＝"→输入函数→单击回车或单击"√"确定。

**例 4-12**　求全部职工"实发工资"的总额。

操作步骤如下：

选定 K12 单元格→在公式编辑栏中输入"＝SUM(K3：K11)"（求和函数），如图 4-23 所示，单击"√"，即可求出实发工资总额。

图 4-23　在编辑栏中输入函数

（2）使用插入函数输入函数

选定要输入函数的单元格→选择"插入"菜单中的"函数"菜单项→在弹出的"插入函数"对话框中（见图 4-24）选择要插入的函数（如求和函数 SUM）→单击"确定"→在"函数参数"对话框的 Number 文本框中输入函数的参数（见图 4-25）→单击"确定"按钮，完成计算。

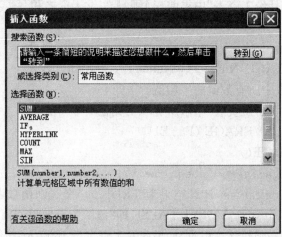

图 4-24　"插入函数"对话框

（3）使用"编辑公式"按钮输入函数

选定要输入函数的单元格→单击编辑栏中的"插入函数"按钮→编辑栏中名称框成为函数框→打开"插入函数"对话框→从中选择需要的函数→单击"确定"→打开"函数参数"对话框→输入函数中相应的参数→单击"确定"即可。

**2. 几个常用函数**

Excel 函数基本上由三部分组成，即函数名、括号和参数。

函数的基本形式为：函数名（参数 1，参数 2，…）

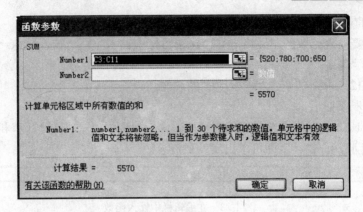

图 4-25 "函数参数"对话框

(1) 求和函数 SUM()

格式:SUM(Number1, Number2, ···, Number $n$)

功能:求参数中所有数值之和。

说明:Number1, Number2, ···, Number$n$ 为 1 到 $n$ 个需要求和的参数。

例如:在"一月份工资表"中求前三个职工实发工资之和。

所用函数为:SUM(K3,K4,K5) 或 SUM(K3:K5)

(2) 求平均值函数 AVERAGE()

格式:AVERAGE(Number1, Number2, ···, Number $n$)

功能:求参数中所有数值的平均值。

例如:在"一月份工资表"中求所有职工奖金的平均值。

所用函数为:AVERAGE(E3:E11)

(3) 判断函数 IF()

格式:IF(Logical-test,Value-if-true,Value-if-false)

说明:如果 logical-test 计算结果为 TRUE 即"真",则函数返回值为 value-if-true;如果 logical-test 计算结果为 FALSE 即"假",则函数返回值为value-if-false。

例如:利用 IF 函数计算税收,如果应发工资大于 1600 元,按超出部分的 5% 征税,小于或等于 1600 元不征税。

所用函数为:IF(F3>1600,(F3-1600)*5%,0)

(4) SUMIF()函数

格式:SUMIF(Range,Criteria,Sum_range)

例如:在如图 4-22 所示的工作表中,在 G13 单元格内用 SUMIF 函数计算所有应发工资大于 1000 元的职工养老保险之和。

所用函数为:SUMIF(F3:F11,">1000",G3:G11)

# 4.7 数 据 管 理

建立数据工作表的目的是为了管理数据,可以对数据进行处理得到一些有用的信息,数据管理是非常重要的,主要包括对数据进行排序、筛选、汇总等一系列的操作。

## 4.7.1 数据清单

在工作表中,我们将相关数据以行、列结构的形式存放数据称为数据清单,可以将数据清单作为数据库,在数据清单中有若干行和若干列数据,每一行称为一条记录,每一列称为一个字段。在 Excel 中可以对数据清单中的数据进行相应的操作,如排序、汇总等。

**1. 使用"记录单"编辑数据**

**例 4-13** 对"昆仑广告公司工资表"逐条显示数据清单(记录单)中的数据记录。

操作步骤如下:

① 选定数据清单所在的单元格区域 A2 至 K11;

② 选择"数据"菜单中"记录单"菜单项;

③ 在记录单对话框中,如图 4-26 所示,单击"上一条"或"下一条"来显示记录和修改记录,应用"新建"可以增加一条记录,应用"删除"可以删除一条记录。

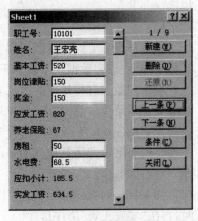

图 4-26 记录单对话框

**2. 使用"记录单"查找数据**

**例 4-14** 对"昆仑广告公司工资表"将"应发工资"大于 1000 元的记录查找出来显示。

操作步骤如下:

① 选定数据清单所在的单元格区域 A2 至 K11;

② 选择"数据"菜单中"记录单"菜单项;

③ 在记录单对话框中单击条件→在"应发工资"文本框中输入">＝1000"→按回车键→返回记录单对话框→单击"上一条""下一条"显示"应发工资"大于

1000 元的记录。

## 4.7.2　数据的排序、筛选和分类汇总

**1. 数据的排序**

在 Excel 的工作表中输入数据是随机的，数据按输入的顺序显示，我们也可以将数据按照升序或降序排列后显示出来，排序包括简单排序和多重排序。

（1）简单排序

对一列数据进行排序的方法是：选定需要进行排序的列中任一个单元格→单击"常用"工具栏中"升序排序"按钮 ²↓ 或"降序排序"按钮 ↓。

**例 4-15**　对"昆仑广告公司工资表"中的"奖金"按从多到少的顺序排序。

操作步骤如下：

打开"职工工资"工作簿→选择 Sheet1 工作表→选择"奖金"字段中任一个单元格→单击"常用"工具栏中"降序排序"按钮 ↓，数据清单按奖金从多到少顺序排序。

（2）多重排序

多重排序主要应用在需要对工作表中多列数据进行排序的情况，首先对某列进行排序，在该列数据中出现若干个相同数据时，可以再对另一列数据进行排序。

对多列数据进行排序的方法是：选定需要进行排序列中的任意一个单元格→选择"数据"菜单中的"排序"菜单项→在"排序"对话框的"主要关键字"下拉列表框中选择要排序列的字段名并选择升序或降序→在次要关键字的下拉列表框和第三关键字列表框中选择其他列的字段名作为次排序和第三排序对象并选择升序或降序→单击"确定"。

**例 4-16**　对"昆仑广告公司工资表"按"部门名称"升序排序，当部门名称相同时，再按"实发工资"降序排序。

操作步骤如下：

① 插入一列，输入标题为"部门名称"，并输入各部门的名称内容，选择"部门名称"这一列中任意一个单元格；

② 选择"数据"菜单中"排序"菜单项；

③ 在"排序"对话框的"主要关键字"下拉列表框中选择"部门名称"并选择"升序"选项→在"次要关键字"下拉列表框中选择"实发工资"并选择"降序"选项→单击"确定"按钮就可以实现多重排序，结果如图 4-27 所示。

**2. 数据的筛选**

要在工作表中显示满足条件的记录，可以通过 Excel 提供的筛选功能来完成。

图 4-27　多重排序结果

Excel 中提供了两种筛选操作,即"自动筛选"和"高级筛选"。

（1）自动筛选

自动筛选能够按照简单的筛选条件处理数据清单,将满足条件的数据筛选出来。

**例 4-17**　将"昆仑广告公司工资表"中"应发工资"大于 1000 元的记录筛选出来。

操作步骤如下:

① 选定"应发工资"所在的单元格 F2;

② 选择"数据"菜单下"筛选"子菜单中"自动筛选"子菜单项;

③ 单击"应发工资"字段名右侧的向下箭头→选择"自定义",如图 4-28 所示;

图 4-28　自动筛选

④ 在"自定义自动筛选方式"对话框左边下拉列表框中选"大于或等于"、在右边下拉列表框中输入"1000"（见图 4-29）→单击"确定",可以将应发工资在 1000 元以上的记录显示出来（见图 4-30）。

取消筛选时的具体操作为:在自动筛选状态中单击字段名右侧的箭头→在下拉列表框中选"全部"可以取消筛选条件,显示数据清单中所有行。

（2）高级筛选

当条件较复杂时,使用简单筛选难以解决问题,这时就要用高级筛选。

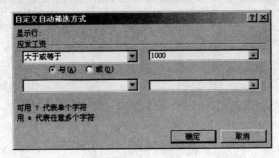

图 4-29 "自定义自动筛选方式"对话框

| 职工号 | 姓名 | 基本工资 | 岗位津贴 | 奖金 | 应发工资 | 养老保险 | 房租 | 水电费 |
|---|---|---|---|---|---|---|---|---|
| 10102 | 张艳 | 780 | 300 | 200 | 1280 | 108 | 0 | 110.8 |
| 10103 | 李平 | 700 | 260 | 180 | 1140 | 96 | 70 | 83.2 |
| 10104 | 马云龙 | 650 | 210 | 180 | 1040 | 86 | 60 | 55.1 |
| 10107 | 陈海 | 670 | 230 | 180 | 1080 | 90 | 60 | 78.5 |
| 10108 | 喻涛 | 720 | 280 | 200 | 1200 | 100 | 0 | 98.8 |

图 4-30 自定义自动筛选结果

**例 4-18** 将"昆仑广告公司工资表"中基本工资在 700 元以上,岗位津贴在 280 元以上,奖金在 200 元以上的职工工资情况筛选出来。

操作步骤如下:

① 选择工作表数据区域中含有筛选条件的字段名"基本工资""岗位津贴""奖金",进行"复制";

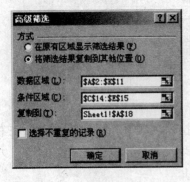

图 4-31 "高级筛选"对话框

② 选择与原始数据区域间隔一行或一列以上的空白区域作为条件区域,并且选择条件区域中的第一行进行"粘贴";

③ 在条件区域的第二行对应字段名输入条件:">=700"">=280"">=200";

④ 选择数据区域中任一个单元格;

⑤ 选择"数据"菜单下"筛选"子菜单中"高级筛选"菜单项,打开"高级筛选"对话框;

⑥ 在"高级筛选"对话框中选"将筛选结果复制到其他位置"选项→在"条件区域"编辑框中输入条件区域的引用"＄C＄14：＄E＄15"→在"复制到"编辑框中输入存放筛选结果数据区域中的第一个单元格"＄A＄18"(见图4-31)→单击"确定",显示高级筛选结

果,如图 4-32 所示。

| | A | B | C | D | E | F | G | H | I | J | K |
|---|---|---|---|---|---|---|---|---|---|---|---|
| 1 | | | | 昆仑广告公司工资表 | | | | | | | |
| 2 | 职工号 | 姓名 | 基本工资 | 岗位津贴 | 奖金 | 应发工资 | 养老保险 | 房租 | 水电费 | 应扣小计 | 实发工资 |
| 3 | 10101 | 王宏勇 | 520 | 150 | 150 | 820 | 67 | 50 | 68.5 | 185.5 | 634.5 |
| 4 | 10102 | 张艳 | 780 | 300 | 200 | 1280 | 108 | 0 | 110.8 | 218.8 | 1061.2 |
| 5 | 10103 | 李平 | 720 | 260 | 180 | 1160 | 98 | 70 | 83.2 | 251.2 | 908.8 |
| 6 | 10104 | 马云龙 | 650 | 210 | 180 | 1040 | 86 | 60 | 55.1 | 201.1 | 838.9 |
| 7 | 10105 | 张琳琳 | 590 | 180 | 160 | 930 | 77 | 50 | 51.6 | 178.6 | 751.4 |
| 8 | 10106 | 郭晓燕 | 460 | 110 | 160 | 730 | 57 | 40 | 50.3 | 147.3 | 582.7 |
| 9 | 10107 | 陈海 | 670 | 230 | 180 | 1080 | 90 | 60 | 51.8 | 228.5 | 851.5 |
| 10 | 10108 | 喻涛 | 720 | 280 | 200 | 1200 | 100 | 0 | 98.8 | 198.8 | 1001.2 |
| 11 | 10109 | 李小杰 | 480 | 120 | 180 | 780 | 60 | 40 | 61.9 | 161.9 | 618.1 |
| 12 | | | | | | | | | | | |
| 13 | | | | | | | | | | | |
| 14 | | | 基本工资 | 岗位津贴 | 奖金 | | | | | | |
| 15 | | | >=700 | >=280 | >=200 | | | | | | |
| 16 | | | | | | | | | | | |
| 17 | | | | | | | | | | | |
| 18 | 职工号 | 姓名 | 基本工资 | 岗位津贴 | 奖金 | 应发工资 | 养老保险 | 房租 | 水电费 | 应扣小计 | 实发工资 |
| 19 | 10102 | 张艳 | 780 | 300 | 200 | 1280 | 108 | 0 | 110.8 | 218.8 | 1061.2 |
| 20 | 10108 | 喻涛 | 720 | 280 | 200 | 1200 | 100 | 0 | 98.8 | 198.8 | 1001.2 |
| 21 | | | | | | | | | | | |

图 4-32　高级筛选结果

**3. 分类汇总**

（1）数据的分类汇总

在数据处理过程中,有时需要对数据进行分类后汇总,这就需要对工作表中数据清单先按某关键字段进行排序,再对关键字段值相同的记录按某字段进行汇总统计。其中汇总统计包括求和、求平均、统计个数等。

**例 4-19**　对"昆仑广告公司工资表"按部门对实发工资进行分类汇总求和。

操作步骤如下:

① 选定要分类的列"部门名称"→单击"常用"工具栏上的"排序"按钮,对部门名称进行排序;

② 选择数据清单中任一列;

③ 选择"数据"菜单中"分类汇总"菜单项,打开分类汇总对话框;

④ 在分类汇总对话框的"分类字段"下拉列表框中选择"部门名称"→在"汇总方式"下拉列表框中选择"求和"→在"选定汇总项"中选定"实发工资"→将"汇总结果显示在数据下方"选中;

⑤ 单击"确定",显示汇总结果,如图 4-33 所示。

（2）取消分类汇总

① 选择"数据"菜单中"分类汇总"菜单项,打开分类汇总对话框;

② 在分类汇总对话框中单击左下角的"全部删除"按钮,可以取消分类汇总。

| 1 2 3 | | A | B | C | D | E | F | G | H | I | J | K | L |
|---|---|---|---|---|---|---|---|---|---|---|---|---|---|
| | 1 | | | | 昆仑广告公司工资表 | | | | | | | | |
| | 2 | 职工号 | 部门名称 | 姓名 | 基本工资 | 岗位津贴 | 奖金 | 应发工资 | 养老保险 | 房租 | 水电费 | 应扣小计 | 实发工资 |
| | 3 | 10108 | 财务部 | 翰涛 | 720 | 280 | 200 | 1200 | 100 | 0 | 98.8 | 198.8 | 1001.2 |
| | 4 | 10109 | 财务部 | 李小杰 | 480 | 120 | 180 | 780 | 60 | 40 | 61.9 | 161.9 | 618.1 |
| | 5 | | 财务部 汇总 | | | | | | | | | | 1619.3 |
| | 6 | 10101 | 营销部 | 王宏亮 | 520 | 150 | 150 | 820 | 67 | 50 | 68.5 | 185.5 | 634.5 |
| | 7 | 10103 | 营销部 | 李平 | 720 | 260 | 180 | 1160 | 98 | 70 | 83.2 | 251.2 | 908.8 |
| | 8 | 10106 | 营销部 | 郭晓燕 | 460 | 110 | 160 | 730 | 57 | 40 | 50.3 | 147.3 | 582.7 |
| | 9 | | 营销部 汇总 | | | | | | | | | | 2126 |
| | 10 | 10102 | 制作部 | 张艳 | 780 | 300 | 200 | 1280 | 108 | 0 | 110.8 | 218.8 | 1061.2 |
| | 11 | 10104 | 制作部 | 马云龙 | 650 | 210 | 180 | 1040 | 86 | 60 | 55.1 | 201.1 | 838.9 |
| | 12 | 10105 | 制作部 | 张琳琳 | 590 | 180 | 160 | 930 | 77 | 50 | 51.6 | 178.6 | 751.4 |
| | 13 | 10107 | 制作部 | 陈海 | 670 | 230 | 180 | 1080 | 90 | 60 | 78.5 | 228.5 | 851.5 |
| | 14 | | 制作部 汇总 | | | | | | | | | | 3503 |
| | 15 | | 总计 | | | | | | | | | | 7248.3 |
| | 16 | | | | | | | | | | | | |

图 4-33　按"部门名称"分类汇总结果

# 4.8　图表的使用

将工作表用图形来表示,可以更直观地分析、观察、比较数据,用图表来处理工作表数据是常用的一种方法。

## 4.8.1　建立图表

建立图表可以使用图表向导和图表工具栏两种方法完成,下面就介绍这两种方法的应用。

**1. 使用图表向导建立图表**

**例 4-20**　使用图表向导为"昆仑广告公司工资表"建立图表,将图表嵌入到Sheet1 工作表中。

操作步骤如下:

① 选定要在图表中显示数据的单元格区域 C2∶L11;

② 选择"插入"菜单中"图表"菜单项,打开图表向导;

③ 在图表向导"4 步骤之 1"对话框中选择图表类型为"柱形图"、子图表类型为"三维簇状柱形图"→单击"下一步";

④ 在图表向导"4 步骤之 2"对话框中选择图表的"数据区域"为"＝Sheet1!＄C＄2∶＄L＄11"、将"系列产生在"选为"列"→单击"下一步";

⑤ 在图表向导"4 步骤之 3"对话框中输入图表的标题"工资表"、分类(X)轴的标题"职工姓名"、数值(Z)轴标题"工资额"→单击"下一步";

⑥ 在图表向导"4 步骤之 4"对话框中将图表的位置选择为"作为其中的对象插入"→单击"完成",在 Sheet1 工作表中嵌入一张图表,完成图表的建立,如图4-34所示。

　　**注意**　建立图表可以根据位置不同分为内嵌式图表和独立式图表。

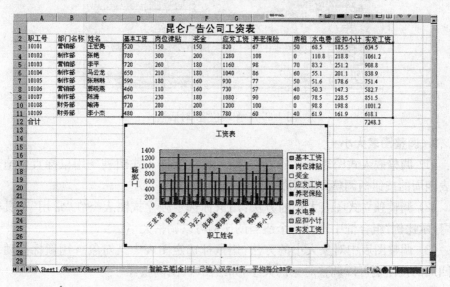

图 4-34　在工作表中插入一张图表

### 2. 使用图表工具栏建立图表

使用图表工具栏建立图表的方法如下:

① 打开图表工具栏:选择"视图"菜单下"工具栏"子菜单中"图表"选项;

② 选择要在图表中显示数据的单元格区域 C2∶L11;

③ 单击图表工具栏中"图表类型"按钮右边的箭头→从各种图表类型中选择一种图表类型,若选择默认的图表可以直接单击图表工具栏中的"图表类型"按钮。

## 4.8.2　编辑图表

在工作表中建立图表后,有时需要对图表位置、大小、类型等进行调整,有时需要将图表删除,这些就涉及图表的编辑工作。

### 1. 调整图表位置

可以将内嵌式图表变为独立式图表,操作步骤如下:

① 选定要调整位置的图表;

② 选择"图表"菜单中"位置"菜单项,弹出"图表位置"对话框,如图 4-35 所示;

③ 在"图表位置"对话框中将图表原来的位置"作为其中的对象插入"改为"作

为新工作表插入",就可以新建一个工作表,并将原来的内嵌式图表插入到新建的工作表中成为独立式图表,实现了位置调整。

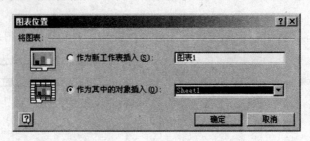

图 4-35 "图表位置"对话框

**2. 调整图表大小**

(1)调整嵌入式图表大小的方法:用鼠标选定嵌入式图表→用鼠标直接拖动图表四周的按钮柄调整到需要的大小为止。

(2)调整独立式图表大小的方法:用鼠标选定独立式图表→在"常用"工具栏的"显示比例"组合框中选择一个适当的比例可以调整大小。

(3)调整图表中对象大小的方法:用鼠标选定图表中某对象→用鼠标拖动对象四周的按钮柄可以调整对象的大小,如绘图区、图例项等。

**3. 删除图表**

删除嵌入式图表的方法如下:

方法 1:选定图表→按 Delete 键;

方法 2:选定图表→选择"编辑"菜单下"清除"子菜单中"全部"菜单项。

删除独立式图表的方法:选定图表→选择"编辑"菜单中的"删除工作表"菜单项。

**4. 修改图表对象**

修改图表对象的方法:

① 选定要修改对象的图表;

② 选择"图表"菜单中"图表选项"菜单项,打开"图表选项"对话框→可以对图表标题、坐标轴标题等进行修改;

③ 选择"图表"菜单中"图表类型"菜单项,打开"图表类型"对话框→选择需要的图表类型和子图表类型,对图表类型进行修改。

## 4.8.3 图表的格式化

在图表建立后,对图表和图表中的对象可以进行格式设置,如对字体、背景图案等进行设置。

**1. 设置图表的字体和背景图案颜色**

**例 4-21** 将"昆仑广告公司工资表"中建立的图表背景颜色改为"翠绿色",字体改为"隶书"。

操作步骤如下:

① 选定要进行格式设置的图表;

② 选择"格式"菜单中"图表区"菜单项,打开"图表区格式"对话框;

③ 选"字体"选项页→在"字体"列表框中选"隶书";

④ 选"图案"选项页→在颜色调色板中选"翠绿色"→单击"确定",就可以改变图表的字体和背景颜色。

若是对图表的绘图区对象设置格式,可以先选中图表中的绘图区,再选择"格式"菜单,此时菜单中将出现"绘图区"菜单项,选择该菜单项可以对绘图区背景颜色进行重新设置。

**2. 设置图表标题格式**

在图表建立后,若图表中加入了标题,也可以对图表中的标题格式进行修改。

**例 4-22** 将图表中图表标题的字体设置为"黑体"、字形为"加粗"、大小为 16。

操作步骤如下:

① 选定图表中的标题;

② 选择"格式"菜单中"坐标轴标题"菜单项,打开"坐标轴标题格式"对话框;

③ 选"字体"选项页→在"字体"列表框中选"黑体"、字形列表框中选"加粗"、字号列表框中选"16"→单击"确定"。

若要设置标题的对齐方式和背景图案,可以在"坐标轴标题格式"对话框中选"对齐"选项页或"图案"选项页,对标题的对齐方式和背景图案进行设置。

**3. 设置坐标轴格式**

在图表建立后,可以对图表中的坐标轴格式进行设置。

操作步骤如下:

① 选定图表中的坐标轴;

② 选择"格式"菜单中"坐标轴"菜单项,打开"坐标轴格式"对话框;

③ 在"坐标轴格式"对话框中,可以对坐标轴的图案、刻度、字体、数字、对齐方式等进行设置。

还可以对图例、数据系列等其他对象的格式进行设置,设置方法与上述各种设置方法类似。

# 4.9  Excel 综合应用

前面我们学习了 Excel 2003 中的相关知识,本节我们将通过一个系部学生管理的案例来学习如何综合运用这些知识。

## 4.9.1  输入基本数据

### 1. 新建工作表

启动进入 Excel 2003,通过"文件"菜单中的"新建"选项新建一个空白工作表,并将其文件名更改为"学生基本情况明细表",如图 4-36 所示。

图 4-36　新建"学生基本情况明细表"工作表

### 2. 向工作表中输入数据

① 选择单元格 A1 输入表格的标题"学生基本情况明细表";

② 从单元格 A2 到单元格 H2 区域内依次输入表格的列标题"学号""姓名""班级""性别""年龄""出生日期""身份证号码""联系电话";

③ 在数据区域内依次向表中"学号"、"姓名"、"班级"、"性别"、"身份证号码"以及"联系电话"字段输入数据,有效利用上下左右方向键、Tab 键以及回车键进行单元格的选择,对于编号可以采用拖动填充柄的方法进行连续输入来提高效率,对

于重复相同的信息可以采用必要的复制粘贴进行处理；

④ 其中"学生基本情况明细表"中的"出生日期"字段是通过 MID 函数对"身份证号码"字段处理来实现的；

公式为　MID(G3,7,4)&"年"&MID(G3,11,2)&"月"&MID(G3,13,2)&"日"

⑤ 其中"学生基本情况明细表"中的"年龄"字段是通过 DATEDIF 函数对"出生日期"字段的处理来实现的。

公式为　DATEDIF(F3,TODAY(),"Y")

结果如图 4-37 所示。

图 4-37　"学生基本情况明细表"中数据

### 3. 设置工作表格式

① 设置表格的标题：将标题内容从单元格 A1 到单元格 H1 区域合并居中，并将字体设置为"华文新魏"，字号设置为 18，加粗；

② 设置列标题：为了使列标题更加的醒目，将其字体颜色设置为褐色，加粗；

③ 设置单元格的边框线：选中单元格 A3 到单元格 H32 数据区域，然后单击"格式"菜单中"单元格"选项的"边框"选项页（见图 4-14），给数据区域加外边框和内部边框；

④ 设置单元格的背景颜色：由于表中数据过多，为了便于查看，可以给表格中

数据交错设置背景颜色，使表格变得更加美观、吸引人。例如，行与行之间交错设置浅灰色底纹。利用 Ctrl 键交错选中各个行，然后单击“格式”菜单中“单元格”选项的“图案”选项页，将单元格底纹设置为浅灰色，最终效果如图 4-38 所示。

| 学生基本情况明细表 | | | | | | | |
|---|---|---|---|---|---|---|---|
| 学号 | 姓名 | 班级 | 性别 | 年龄 | 出生日期 | 身份证号码 | 联系电话 |
| 7043101 | 江xx | 计信073 | 男 | 21 | 1989年05月09日 | 341xxxxxxxxxxxxxxx | 139xxxxxxxx |
| 7043102 | 丁xx | 计信071 | 男 | 22 | 1987年07月10日 | 341xxxxxxxxxxxxxxx | 130xxxxxxxx |
| 7043103 | 王xx | 计信072 | 女 | 22 | 1988年06月01日 | 341xxxxxxxxxxxxxxx | 131xxxxxxxx |
| 7043104 | 王xx | 计信073 | 女 | 20 | 1989年09月07日 | 342xxxxxxxxxxxxxxx | 138xxxxxxxx |
| 7043105 | 程xx | 计信073 | 男 | 21 | 1988年12月15日 | 341xxxxxxxxxxxxxxx | 139xxxxxxxx |
| 7043106 | 汪xx | 计信073 | 女 | 21 | 1989年03月10日 | 340xxxxxxxxxxxxxxx | 137xxxxxxxx |
| 7043107 | 杨xx | 计信073 | 女 | 21 | 1989年01月11日 | 341xxxxxxxxxxxxxxx | 138xxxxxxxx |
| 7043108 | 陶xx | 计信073 | 女 | 21 | 1988年07月19日 | 341xxxxxxxxxxxxxxx | 130xxxxxxxx |
| 7043109 | 蔡xx | 计信072 | 女 | 21 | 1989年06月03日 | 341xxxxxxxxxxxxxxx | 137xxxxxxxx |
| 7043110 | 肖xx | 计信072 | 女 | 22 | 1987年07月29日 | 342xxxxxxxxxxxxxxx | 136xxxxxxxx |
| 7043111 | 肖xx | 软件071 | 女 | 20 | 1989年08月29日 | 341xxxxxxxxxxxxxxx | 136xxxxxxxx |
| 7043112 | 舒xx | 计信071 | 女 | 21 | 1989年03月23日 | 342xxxxxxxxxxxxxxx | 133xxxxxxxx |
| 7043113 | 顾xx | 计信071 | 女 | 21 | 1988年10月14日 | 340xxxxxxxxxxxxxxx | 135xxxxxxxx |
| 7043114 | 王xx | 计信071 | 男 | 23 | 1987年03月21日 | 341xxxxxxxxxxxxxxx | 136xxxxxxxx |
| 7043115 | 陈xx | 软件071 | 女 | 20 | 1989年09月07日 | 342xxxxxxxxxxxxxxx | 135xxxxxxxx |
| 7043116 | 王xx | 计信072 | 女 | 22 | 1987年12月14日 | 340xxxxxxxxxxxxxxx | 138xxxxxxxx |
| 7043117 | 任xx | 计信072 | 男 | 23 | 1987年06月11日 | 341xxxxxxxxxxxxxxx | 136xxxxxxxx |
| 7043118 | 丁xx | 软件071 | 女 | 21 | 1988年12月26日 | 341xxxxxxxxxxxxxxx | 131xxxxxxxx |
| 7043119 | 张xx | 软件071 | 女 | 20 | 1989年08月11日 | 342xxxxxxxxxxxxxxx | 139xxxxxxxx |
| 7043120 | 钱xx | 计信073 | 女 | 19 | 1990年12月30日 | 342xxxxxxxxxxxxxxx | 130xxxxxxxx |
| 7043121 | 李xx | 计信073 | 男 | 22 | 1988年02月04日 | 342xxxxxxxxxxxxxxx | 136xxxxxxxx |
| 7043122 | 韩xx | 计信073 | 男 | 26 | 1983年09月04日 | 341xxxxxxxxxxxxxxx | 135xxxxxxxx |
| 7043123 | 聂xx | 计信073 | 女 | 20 | 1990年04月29日 | 342xxxxxxxxxxxxxxx | 139xxxxxxxx |
| 7043124 | 黄xx | 软件071 | 男 | 22 | 1987年07月27日 | 341xxxxxxxxxxxxxxx | 136xxxxxxxx |
| 7043125 | 伍xx | 软件071 | 男 | 22 | 1987年11月28日 | 342xxxxxxxxxxxxxxx | 138xxxxxxxx |

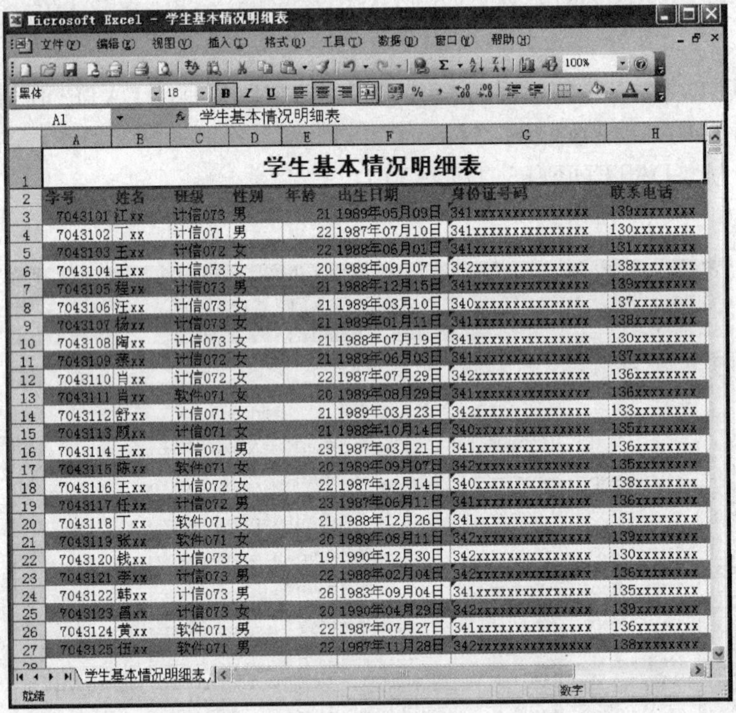

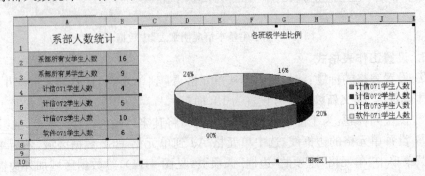

图 4-38 设置“学生基本情况明细表”格式

#### 4. 系部人数统计

为了便于了解系部学生分布情况，在“学生基本情况明细表”的基础上新建一张“系部人数统计”工作表，如图 4-39 所示。

| 系部人数统计 | |
|---|---|
| 系部所有女学生人数 | 16 |
| 系部所有男学生人数 | 9 |
| 计信071学生人数 | 4 |
| 计信072学生人数 | 5 |
| 计信073学生人数 | 10 |
| 软件071学生人数 | 6 |



图 4-39 “系部人数统计”工作表

① 分"性别"和"班级"统计相关人数:其中工作表 B 列使用 COUNTIF 函数对"学生基本情况明细表"中的"性别"以及"班级"进行分类统计。

例如,统计系部所有女学生人数。

公式为　　COUNTIF(学生基本情况明细表! $D$3:$D$32,"女")

又如,统计计信 071 班学生人数。

公式为　　COUNTIF(学生基本情况明细表! $C$3:$C$32,"计信 071")

② 建立图表:在分类统计出人数之后,为了更加形象直观地反映各班级人数的比例分布,针对单元格 A4 到 B7 区域绘制"各班级学生比例"三维饼图。首先选中单元格 A4 到 B7 区域,然后单击"插入"菜单中"图表"选项,在其中选择"饼图"中的"三维饼图",进行相关设置,最终绘制出图表。

### 4.9.2　建立相关表

在建立"学生基本情况表"之后,为了有效地对学生考勤进行管理,以下将分别建立"学生考勤明细表"(见图 4-40)以及"学生请假明细表"(见图 4-41)。

| | A | B | C | D | E | F | G |
|---|---|---|---|---|---|---|---|
| 1 | 学 生 考 勤 明 细 表 | | | | | | |
| 2 | 学号 | 姓名 | 班级 | 事假 | 病假 | 旷课 | 迟到(次) |
| 3 | 7043101 | 江XX | 计信073 | | | | |
| 4 | 7043102 | 丁XX | 计信071 | | | | |
| 5 | 7043103 | 王X | 计信072 | | | | 1 |
| 6 | 7043104 | 王X | 计信073 | | | | |
| 7 | 7043105 | 程XX | 计信073 | | | | 1 |
| 8 | 7043106 | 汪XX | 计信073 | | | | |
| 9 | 7043107 | 杨X | 计信071 | | | | |
| 10 | 7043108 | 陶XX | 计信073 | | | | 2 |
| 11 | 7043109 | 蔡X | 计信072 | | | | |
| 12 | 7043110 | 肖XX | 计信072 | | | | 1 |
| 13 | 7043111 | 肖X | 软件071 | | | | |
| 14 | 7043112 | 舒X | 计信071 | | | | 1 |
| 15 | 7043113 | 顾XX | 计信071 | | | | |
| 16 | 7043114 | 王XX | 计信071 | | | | |
| 17 | 7043115 | 陈XX | 软件071 | | | | |
| 18 | 7043116 | 王XX | 计信072 | | | | 1 |
| 19 | 7043117 | 任XX | 计信071 | | | | |
| 20 | 7043118 | 丁XX | 软件071 | | | | |
| 21 | 7043119 | 张X | 软件071 | | | | 1 |
| 22 | 7043120 | 钱XX | 计信073 | | | | |
| 23 | 7043121 | 李X | 计信073 | | | | 2 |
| 24 | 7043122 | 韩XX | 计信073 | | | | |
| 25 | 7043123 | 昌XX | 计信073 | | | | |
| 26 | 7043124 | 黄X | 软件071 | | | | |
| 27 | 7043125 | 伍XX | 软件071 | | | | 1 |
| 28 | 合计 | | | | | | |

图 4-40　学生考勤明细表

| | A | B | C | D | E | F | G |
|---|---|---|---|---|---|---|---|
| 1 | | | | 学生请假明细表 | | | |
| 2 | | | | | | 单位：天 | |
| 3 | 日期 | 学号 | 姓名 | 班级 | 事假 | 病假 | 旷课 |
| 4 | 2008-3-3 | | | | | | |
| 5 | | | | | | | |
| 6 | | | | | | | |
| 7 | | | | | | | |
| 8 | | | | | | | |
| 22 | | | | | | | |
| 23 | | | | | | | |
| 24 | | | | | | | |
| 25 | | | | | | | |
| 26 | | | | | | | |
| 27 | | | | | | | |
| 28 | 合计 | | | | | | |

图 4-41　学生请假明细表

**1. 数据处理**

① 其中"学生考勤明细表"中的"事假"字段是通过 SUMIF 函数对"学生请假明细表"的"事假"字段处理来实现的。

公式为　SUMIF(学生请假明细表！＄B＄4：＄B＄41,A3,学生请假明细表！＄E＄4：＄E＄41)

同样的方法,可以通过 SUMIF 函数求出"学生考勤明细表"中的 "病假"以及"旷课"字段。

② 通过 SUM 函数分别求出"学生考勤明细表"中的"事假"、"病假"、"旷课"以及"迟到"字段;"学生请假明细表"中的"事假"、"病假"以及"旷课"字段。

③ 其余字段自行填写,并进行适当的单元格背景颜色设置,美化表格。数据处理完成后的结果如图 4-42 和图 4-43 所示。

**2. 分类汇总**

为了便于对系部各班级考勤情况做总体的分析研究,在"学生考勤明细表"的基础上针对"班级"字段进行分类汇总求和。

① 选定要分类的列"班级",单击"常用"工具栏上的"排序"按钮,对"班级"进行降序排序;

② 选择数据清单中任意单元格;

③ 选择"数据"菜单中"分类汇总"菜单项,打开分类汇总对话框;

④ 首先在分类汇总对话框的"分类字段"下拉列表中选择"班级",然后在"汇总方式"下拉列表框中选择"求和",其次在"选定汇总项"中选定"事假"、" 病假"、"旷课"和"迟到",最后将"汇总结果显示在数据下方"选中;

⑤ 单击"确定",显示汇总结果(如图 4-44 所示)。

| | A | B | C | D | E | F | G |
|---|---|---|---|---|---|---|---|
| 1 | 学 生 考 勤 明 细 表 | | | | | | |
| 2 | 学号 | 姓名 | 班级 | 事假 | 病假 | 旷课 | 迟到（次） |
| 3 | 7043101 | 江 XX | 计信073 | 0 | 1 | 2 | |
| 4 | 7043102 | 丁 XX | 计信071 | 0.5 | 0 | 0 | |
| 5 | 7043103 | 王 X | 计信072 | 0.5 | 2 | 2 | 1 |
| 6 | 7043104 | 王 X | 计信073 | 0 | 0 | 0 | |
| 7 | 7043105 | 程 XX | 计信073 | 0 | 0 | 0 | 1 |
| 8 | 7043106 | 汪 XX | 计信073 | 0 | 0 | 0 | |
| 22 | 7043120 | 钱 XX | 计信073 | 0 | 1 | 0 | |
| 23 | 7043121 | 李 X | 计信073 | 0 | 1 | 8 | 2 |
| 24 | 7043122 | 韩 XX | 计信073 | 0 | 0 | 0 | |
| 25 | 7043123 | 昌 XX | 计信073 | 0 | 1 | 0 | 1 |
| 26 | 7043124 | 黄 X | 软件071 | 0.5 | 0 | 0 | |
| 27 | 7043125 | 伍 XX | 软件071 | 0 | 1 | 0 | 1 |
| 28 | 合计 | | | 9.5 | 16 | 32 | 12 |

图 4-42 数据处理后"学生考勤明细表"

| | A | B | C | D | E | F | G |
|---|---|---|---|---|---|---|---|
| 1 | 学生请假明细表 | | | | | | |
| 2 | | | | | | 单位：天 | |
| 3 | 日期 | 学号 | 姓名 | 班级 | 事假 | 病假 | 旷课 |
| 4 | 2008-3-3 | 7043114 | 王 XX | 计信071 | 1 | | |
| 5 | 2008-3-3 | 7043102 | 丁 XX | 计信071 | 0.5 | | |
| 6 | 2008-3-3 | 7043103 | 王 X | 计信072 | | 1 | |
| 7 | 2008-3-4 | 7043114 | 王 XX | 计信071 | | 1 | |
| 8 | 2008-3-4 | 7043101 | 江 XX | 计信073 | | | 2 |
| 9 | 2008-3-4 | 7043108 | 陶 XX | 计信073 | 0.5 | | |
| 10 | 2008-3-5 | 7043107 | 杨 X | 计信073 | 0.5 | | |
| 11 | 2008-3-5 | 7043108 | 陶 XX | 计信073 | | | 4 |
| 12 | 2008-3-7 | 7043109 | 蔡 X | 计信072 | 1 | | |
| 13 | 2008-3-7 | 7043101 | 江 XX | 计信073 | | 1 | |
| 27 | 2008-3-19 | 7043124 | 黄 X | 软件071 | 0.5 | | |
| 28 | 2008-3-19 | 7043125 | 伍 XX | 软件071 | | 1 | |
| 29 | 2008-3-19 | 7043117 | 任 XX | 计信072 | | 1 | |
| 30 | 2008-3-19 | 7043103 | 王 X | 计信072 | | 1 | |
| 31 | 2008-3-19 | 7043108 | 陶 XX | 计信073 | | | 4 |
| 32 | 2008-3-21 | 7043121 | 李 X | 计信073 | | | 4 |
| 33 | 2008-3-24 | 7043115 | 陈 XX | 软件071 | 1 | | |
| 34 | 2008-3-24 | 7043103 | 王 X | 计信072 | | | 2 |
| 35 | 2008-3-25 | 7043117 | 任 XX | 计信072 | | 1 | |
| 36 | 2008-3-25 | 7043115 | 陈 XX | 软件071 | 0.5 | | |
| 37 | 2008-3-26 | 7043114 | 王 XX | 计信071 | | 1 | |
| 38 | 2008-3-27 | 7043108 | 陶 XX | 计信073 | | | 4 |
| 39 | 2008-3-27 | 7043103 | 王 X | 计信072 | 0.5 | | |
| 40 | 2008-3-28 | 7043121 | 李 X | 计信073 | | | 4 |
| 41 | 2008-3-31 | 7043114 | 王 XX | 计信071 | 1 | | |
| 42 | 合计 | | | | 9.5 | 16 | 32 |

图 4-43 数据处理后"学生请假明细表"

| 学号 | 姓名 | 班级 | 事假 | 病假 | 旷课 | 迟到（次） |
|---|---|---|---|---|---|---|
| | | 学 生 考 勤 明 细 表 | | | | |
| 7043111 | 肖 X | 软件071 | 0 | 0 | 0 | |
| 7043115 | 陈 XX | 软件071 | 2.5 | 1 | 0 | |
| 7043118 | 丁 XX | 软件071 | 0 | 1 | 0 | |
| 7043119 | 张 X | 软件071 | 1 | 0 | 0 | 1 |
| 7043124 | 黄 X | 软件071 | 0.5 | 0 | 0 | |
| 7043125 | 伍 XX | 软件071 | 0 | 1 | 0 | 1 |
| | | 软件071 汇总 | 4 | 3 | 0 | 2 |
| 7043101 | 江 XX | 计信073 | 0 | 1 | 2 | |
| 7043104 | 王 X | 计信073 | 0 | 0 | 0 | |
| 7043105 | 程 XX | 计信073 | 0 | 0 | 0 | 1 |
| 7043106 | 汪 XX | 计信073 | 0 | 0 | 0 | |
| 7043107 | 杨 X | 计信073 | 0.5 | 0 | 0 | |
| 7043108 | 陶 XX | 计信073 | 0.5 | 0 | 16 | |
| 7043120 | 钱 XX | 计信073 | 0 | 1 | 0 | |
| 7043121 | 李 X | 计信073 | 0 | 1 | 8 | 2 |
| 7043122 | 韩 XX | 计信073 | 0 | 0 | 0 | |
| 7043123 | 昌 XX | 计信073 | 0 | 1 | 0 | 1 |
| | | 计信073 汇总 | 1 | 4 | 26 | 6 |
| 7043103 | 王 X | 计信072 | 0.5 | 2 | 2 | 1 |
| 7043109 | 蔡 X | 计信072 | 1 | 0 | 0 | |
| 7043110 | 肖 X | 计信072 | 0 | 0 | 0 | 1 |
| 7043116 | 王 XX | 计信072 | 0.5 | 0 | 0 | 1 |
| 7043117 | 任 XX | 计信072 | 0 | 3 | 0 | |
| | | 计信072 汇总 | 2 | 5 | 2 | 3 |
| | | 总计 | 9.5 | 16 | 32 | 12 |

图 4-44　按"班级"分类汇总"学生考勤明细表"

### 3. 各班级考勤情况统计图表

为了进一步形象直观地了解考勤情况，在图 4-44 的基础上选中数据区域，然后单击"插入"菜单中"图表"选项，在其中选择"柱形图"中的"簇状柱形图"，进行相关设置，最终绘制出图表，如图 4-45 所示。

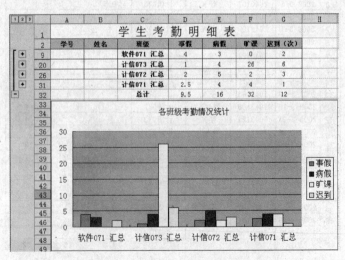

图 4-45　"学生考勤明细表"簇状柱形图

**4. 数据筛选**

① 为了直接准确地了解学生请病事假情况,在"学生考勤明细表"的基础上通过自动筛选的方法,将请过病事假的学生筛选出来。例如,筛选出请过事假的学生名单,首先选中"事假"一列,然后单击"数据"菜单下"筛选"子菜单中"自动筛选"选项;其次单击"事假"右侧的向下箭头,选择"自定义";最后在"自定义自动筛选方式"对话框左边下拉列表框中选"大于",在右边下拉列表框中输入"0",单击"确定"如图 4-46 所示。

| | A | B | C | D | E | F | G |
|---|---|---|---|---|---|---|---|
| 1 | 学号 ▼ | 姓名 ▼ | 班级 ▼ | 事假 ▼ | 病假 ▼ | 旷课 ▼ | 迟到(次 ▼ |
| 2 | 7043101 | 江XX | 计信073 | 升序排列 | 1 | 2 | |
| 3 | 7043102 | 丁XX | 计信071 | 降序排列 | 0 | 0 | |
| 4 | 7043103 | 王X | 计信072 | (全部) | 2 | 2 | 1 |
| 5 | 7043104 | 王X | 计信073 | (前 10 个...) | 0 | 0 | |
| 6 | 7043105 | 程XX | 计信073 | (自定义...) | 0 | 0 | 1 |
| 7 | 7043106 | 汪XX | 计信073 | 0 | 0 | 0 | |
| 8 | 7043107 | 杨X | 计信073 | 0.5 | 0 | 0 | |
| 9 | 7043108 | 陶XX | 计信073 | 0.5 | 0 | 16 | 2 |
| 10 | 7043109 | 蔡X | 计信072 | 1 | 0 | 0 | |

图 4-46 "学生考勤明细表"筛选有事假的学生

同样的方法,还可以筛选出请过病假、有过旷课或迟到等情况的学生信息。

② 如果需要同时筛选出既请过事假又请过病假的学生信息,这时可以通过高级筛选的方法来实现。首先建立一个条件区域,如图 4-47 所示;然后选择"数据"菜单下"筛选"子菜单中"高级筛选"选项,打开"高级筛选"对话框;其次在"方式"选项中选"将筛选结果复制到其他位置"选项,在数据区域选中整个数据区域包括列标题,在条件区域选择图 4-47 的区域 $I$1:$J$2,在"复制到"中输入存放筛选结果数据区域的第一个单元格 $I$5;最后单击"确定",显示高级筛选结果,如图 4-47 所示。

| I | J | K | L | M | N | O |
|---|---|---|---|---|---|---|
| 事假 | 病假 | | | | | |
| >0 | >0 | | | | | |
| | | | | | | |
| 学号 | 姓名 | 班级 | 事假 | 病假 | 旷课 | 迟到(次) |
| 7043103 | 王X | 计信072 | 0.5 | 2 | 2 | 1 |
| 7043114 | 王XX | 计信071 | 2 | 3 | 0 | |
| 7043115 | 陈XX | 软件071 | 2.5 | 1 | 0 | |
| 合计 | | | 9.5 | 16 | 32 | 12 |

图 4-47 "学生考勤明细表"筛选同时有病事假的学生

# 思考与练习

## 一、单项选择题

1. 在 Excel 中,工作簿文件的扩展名是＿＿＿＿＿。

   A. doc B. exe C. xls D. ppt

2. 启动 Excel 后,系统自动打开一个空白的工作簿,工作簿默认的名称为＿＿＿＿＿,默认的第一个工作表标签为＿＿＿＿＿。

   A. 工作簿 1 B. 工作表 1 C. Sheet1 D. Book1

3. 在 Excel 2003 中,工作簿指的是＿＿＿＿＿。

   A. 数据库

   B. 由若干类型的表格共存的单一电子表格

   C. 图表

   D. 在 Excel 中用来存储和处理数据的工作表的集合

4. 关闭当前工作簿用＿＿＿＿＿。

   A. Ctrl＋F4 B. Alt＋F4 C. Shift＋F4 D. Ctrl＋W

5. 一个工作簿默认有＿＿＿＿＿张工作表,一个工作簿最多允许有＿＿＿＿＿张工作表。

   A. 1,64 B. 1,255 C. 3,255 D. 3,64

6. 在 Excel 工作表中包括的内容＿＿＿＿＿。

   A. 只能是数字和字符串

   B. 只能是数字、字符串和汉字,但不能包括公式和图表

   C. 可以是字符串、数字、公式、图表等丰富信息

   D. 以上说法都是错误的

7. 下面错误的单元格地址是＿＿＿＿＿。

   A. 60FE B. FE60 C. ＄FE＄60 D. ＄FE60

8. 选定 B2：E5 单元格区域,当前活动单元格的个数为＿＿＿＿＿。

   A. 25 B. 20 C. 16 D. 12

9. Excel 提供了各种数据格式,默认的数据格式是＿＿＿＿＿。

   A. 常规 B. 数值 C. 货币 D. 会计专用

10. 若 C2、C3、C4 分别为 10、20、30,则 SUM(C2：C4)的值为＿＿＿＿＿。

    A. 30 B. 40 C. 50 D. 60

11. 要使某单元格成为活动单元格,可用鼠标＿＿＿＿＿单元格。

    A. 单击 B. 双击 C. 右击 D. 按 Shift 键＋右击

12. Excel 中对单元格进行"清除"操作,可以清除＿＿＿＿＿。

    A. 全部 B. 内容 C. 格式 D. 以上都不对

13. 对工作表重命名,可以＿＿＿＿＿。

    A. 双击工作表标签,输入新名

    B. 单击工作表标签,输入新名

  C. 对工作表标签右击,选"重命名"菜单项,输入新名

  D. 选"文件"菜单中的"另存为"菜单项,输入新名

14. 在 Excel 2003 中,不能对工作表进行的操作是_____。

  A. 恢复被删除的单元格      B. 恢复被删除的行

  C. 恢复被删除的工作表      D. 恢复被清除的内容

15. 将单元格中的内容复制到新的位置,可以_____。

  A. 选择要复制内容的单元格直接拖到新的位置

  B. 选择要复制内容的单元格,按住 Shift 键的同时拖到新位置

  C. "剪切"→"粘贴"

  D. "复制"→"粘贴"

16. 在单元格中输入字符型数据采取的默认对齐方式是_____,在单元格中输入数值型数据采取的默认对齐方式是_____。

  A. 左对齐     B. 右对齐     C. 居中     D. 两端对齐

17. 要设置单元格区域的边框线,应选择_____。

  A. "插入"菜单中"单元格"菜单项

  B. "编辑"菜单中"单元格"菜单项

  C. "格式"菜单中"单元格"菜单项

  D. "数据"菜单中"单元格"菜单项

18. 关于打印预览不正确的叙述是_____。

  A. 可以设置"页面"      B. 可以设置"页边距"

  C. 可以设置"页眉和页脚"     D. 可以编辑单元格中的数据

19. 插入行操作是在_____插入一个空行。

  A. 选定位置的上面      B. 选定位置的下面

  C. 工作表的第一行      D. 工作表的最后一行

20. Excel 提供的数据管理功能有_____。

  A. 排序数据    B. 筛选数据    C. 汇总数据    D. 显示记录

21. 在工作表中进行智能填充数据时,鼠标的形状为_____。

  A. 空心粗十字   B. 实心细十字   C. 向右上方箭头   D. 向左上方箭头

22. 若要向 C3 单元格输入分数"1/2"并显示为分数"1/2",正确的输入方法为_____。

  A. 0.5     B. 1/2     C. 01/2     D. 2/1

23. 在 Excel 中,利用"自动填充"功能进行操作,可以实现_____。

  A. 对若干连续单元格自动求和

  B. 对若干连续单元格求平均值

  C. 对若干连续单元格快速输入有规律的数据

  D. 对若干连续单元格进行复制

24. 单元格 C2、C3、D2、D3 中的值分别为 10、20、30、40,对这四个单元格中的数据求和,使用的函数为_____。

  A. SUM(C2 : D3)      B. SUM(C2 : C3)

　　　C. AVERAGE(C2 : D3)　　　　　　　　D. AVERAGE(C2 : C3)

25. 对已建立的图表中的图表类型进行修改,选择_____。

　　A. "插入"→"图表"　　　　　　　　　B. "格式"→"图表区"

　　C. "图表"→"图表类型"　　　　　　　D. "编辑"→"图表"

26. 在 Excel 中,数据排序可以按_____来排序。

　　A. 字母顺序　　　　B. 数值大小　　　C. 日期与时间顺序　　　D. 以上均可

27. 根据工作表中的数据创建图表后,当用图表表示的数据发生变化时,图表中表示数据的
　　图形_____。

　　A. 不会发生变化　　　　　　　　　　B. 会发生相应的变化

　　C. 会发生变化,但图形混乱　　　　　D. 会出现错误

## 二、填空题

1. 在 Excel 中,行与列交叉处的小矩形格称为_____,第一行与第一列交叉处的小矩
　　形格的相对地址表示为_____、绝对地址表示为_____、混合地址表示为_____。

2. 工作表是_____维表格,一张工作表最多有_____行和_____列。

3. 一张工作表的行号是从_____到_____,列号是从_____到_____。

4. 在一个单元格中输入数据最大的长度为_____个字符。

5. 单击单元格表示_____,双击单元格表示_____。

6. 选择连续单元格,在用鼠标单击单元格的同时按_____键;选择不连续单元格,在用鼠
　　标单击单元格的同时按_____键。

7. 对某单元格中的字体进行设置,在选中单元格后,选择"格式"菜单中的_____菜单项。

8. 合并单元格操作是选择_____菜单中_____菜单项,在_____对话框中的_____
　　选项页中完成。

9. 要想使单元格中的数据跨列居中,应在"单元格格式"对话框中的"对齐"选项页中选择
　　_____方式为_____。

10. 在工作簿中选择连续的工作表 sheet2 和 sheet3,再选择"插入"菜单中的"工作表"菜单
　　　项,则在工作表_____之前插入_____个工作表。

11. 当工作表的单元格中出现多个字符"#"时,说明该单元格_____。

12. 计算某单元格中的数据,在编辑栏输入公式时必须先输入_____,输入完毕必须
　　　_____。

13. 在 Excel 中,单元格的引用有_____、_____、_____。

14. 在 C2 单元格中输入公式"=$A2+$B2",将该公式复制到 D4 单元格,D4 单元格中的
　　　公式为_____。

15. 若单元格 A2 中的数值为 10,选中 C3 单元格并输入公式"IF(A2>9,A2,A2/2)",C3 单
　　　元格中的值为_____。

## 三、上机操作题

1. 根据"环宇电脑公司价格表"(见表 4-2),进行如下操作:

(1) 新建工作簿文件,并输入数据;

(2) 将标题行居中,合并(A1:G1)并将底纹加 75% 浅灰;

（3）对数据表设置边框（外边框为最粗的实线，内边框为最细的实线）；

（4）计算现价（现价＝原价＊折扣），并将现价的单元格设置为货币格式，保留 4 位小数；

（5）按现价对数据表进行降序排列；

（6）选择"机型"、"处理器"和"现价"字段绘制出簇状柱形图，要求图表的标题为"各机型报价"，嵌入在数据表格的下方；

（7）对数据表筛选出内存为"512 MB"的记录。

### 表 4-2    环宇电脑公司价格表

| 机型 | 处理器 | 内存 | 硬盘 | 原价 | 折扣 | 现价 |
|------|--------|------|------|------|------|------|
| A 型 | Intel P4 /2.8 G | 512M | B80GB EIDE | ￥5 300 | 0.90 | |
| B 型 | Intel P4 /2.0 G | 256MB | 40GB EDIE | ￥4 500 | 0.85 | |
| C 型 | Intel C4 /1.8 G | 128MB | 20GB EDIE | ￥3 600 | 0.8 | |
| E 型 | A643000 | 512 MB | 80GB EDIE | ￥5 400 | 0.95 | |
| D 型 | A642800 | 256 MB | 40GB EIDE | ￥4 300 | 0.8 | |

2. 根据"万家乐家电维修站职工信息表"（见表 4-3），进行如下操作：

（1）新建工作簿文件，并输入数据；

（2）将标题行居中并合并（A1:F1）；

（3）对数据表设置边框（外边框为双实线，内边框为点画线）；

（4）将标题字体设置成宋体、18 号字、深蓝色；

（5）使用条件格式将年龄低于 35 的单元格加灰-25％背景色，将年龄高于 40（含 40）的单元格字体颜色设为红色；

（6）选择姓名和工资两列绘制折线图，要求图表的 x 轴标题为"姓名"，设置图例的位置为"上方"；

（7）根据职称进行分类汇总，选定汇总项为工资和奖金，汇总方式为平均值。

### 表 4-3    万家乐家电维修站职工信息表

| 姓名 | 性别 | 年龄 | 职称 | 工资 | 奖金 |
|------|------|------|------|------|------|
| 张× | 男 | 44 | 助工 | 1 458.00 | ￥298.60 |
| 严×× | 男 | 48 | 工人 | 1 321.50 | ￥265.50 |
| 苏×× | 男 | 37 | 工人 | 1 346.80 | ￥276.00 |
| 李× | 男 | 44 | 工人 | 1 397.50 | ￥252.50 |
| 张×× | 男 | 37 | 工人 | 1 412.80 | ￥287.00 |
| 杨×× | 女 | 32 | 工人 | 1 453.00 | ￥243.00 |
| 彭×× | 女 | 28 | 助工 | 1 607.50 | ￥298.00 |

续表

| 姓名 | 性别 | 年龄 | 职称 | 工资 | 奖金 |
|---|---|---|---|---|---|
| 武×× | 女 | 34 | 技术员 | 1 402.60 | ￥502.80 |
| 路×× | 男 | 43 | 技术员 | 1 534.60 | ￥578.00 |
| 含×× | 女 | 36 | 技术员 | 1 587.20 | ￥575.40 |
| 杨×× | 男 | 33 | 工程师 | 1 425.80 | ￥898.30 |
| 张×× | 女 | 36 | 工程师 | 1 789.50 | ￥956.00 |

3. 此题着重考查学生对三维地址引用的掌握情况,见表 4-4～表 4.6,具体要求如下:

(1) 请建立"2005～2006 年学度学生成绩总表. xls",该工作簿中包含有三张工作表,分别名为 Sheet1、语文成绩表、数学成绩表,数据内容分别如下;

(2) 计算所有人的总成绩和平均成绩(各科成绩分别在语文成绩表和数学成绩表内);

(3) 修改工作表 Sheet1 的表名为"期末成绩表"。

表 4-4    工作表:期末成绩表

| 学号 | 姓名 | 总成绩 | 平均成绩 |
|---|---|---|---|
| 1001 | 马 强 | | |
| 1002 | 黄 亮 | | |
| 1003 | 张 化 | | |
| 1004 | 蒋文玲 | | |
| 1005 | 洪 毅 | | |
| 1006 | 王力宏 | | |
| 1007 | 彭飞上 | | |
| 1008 | 张董梁 | | |
| 1009 | 路 跃 | | |
| 1010 | 胡 军 | | |
| 1011 | 颜少军 | | |
| 1012 | 毕星雨 | | |
| 1013 | 张 磊 | | |
| 1014 | 沈文博 | | |
| 1015 | 李 君 | | |

表 4-5　工作表:语文成绩表

| 学号 | 姓名 | 语文成绩 |
|------|------|----------|
| 1001 | 马 强 | 75 |
| 1002 | 黄 亮 | 87 |
| 1003 | 张 化 | 94 |
| 1004 | 蒋文玲 | 77 |
| 1005 | 洪 毅 | 74 |
| 1006 | 王力宏 | 53 |
| 1007 | 彭飞上 | 87 |
| 1008 | 张董梁 | 87 |
| 1009 | 路 跃 | 97 |
| 1010 | 胡 军 | 89 |
| 1011 | 颜少军 | 99 |
| 1012 | 毕星雨 | 87 |
| 1013 | 张 磊 | 92 |
| 1014 | 沈文博 | 98 |
| 1015 | 李 君 | 97 |

表 4-6　工作表:数学成绩表

| 学号 | 姓名 | 数学成绩 |
|------|------|----------|
| 1001 | 马 强 | 66 |
| 1002 | 黄 亮 | 76 |
| 1003 | 张 化 | 89 |
| 1004 | 蒋文玲 | 87 |
| 1005 | 秦 毅 | 97 |
| 1006 | 王力宏 | 87 |
| 1007 | 彭飞上 | 88 |
| 1008 | 张董梁 | 92 |
| 1009 | 路 跃 | 79 |
| 1010 | 胡 军 | 95 |
| 1011 | 颜少军 | 75 |
| 1012 | 毕星雨 | 76 |
| 1013 | 张 磊 | 64 |
| 1014 | 沈文博 | 87 |
| 1015 | 李 君 | 94 |

# 第5章 演示文稿制作软件 PowerPoint 2003

◆ **学习内容**

5.1 演示文稿的基本操作

5.2 幻灯片的使用与制作

5.3 动画和超链接技术

5.4 演示文稿的放映与打包

◆ **学习目标**

通过本章的学习,你可以掌握 PowerPoint 2003 的基本操作,掌握演示文稿的创建及编辑,掌握幻灯片模板的应用,掌握演示文稿中幻灯片的播放设置、幻灯片的动画效果设置、演示文稿的打包等。

通过本章的学习,要求学生能够按指定要求,完成一个演示文稿的创建。

**案例:**奇石广告宣传片。

制作企业广告宣传片并不难,最重要的是"创意"。本案例主要是利用 Power-Point 2003 制作第三届中国灵璧奇石文化节广告宣传片,并添加音乐效果和动画效果,使制作出来的宣传片不仅图文并茂,而且声色俱佳。该宣传片的效果如图 5-1所示。

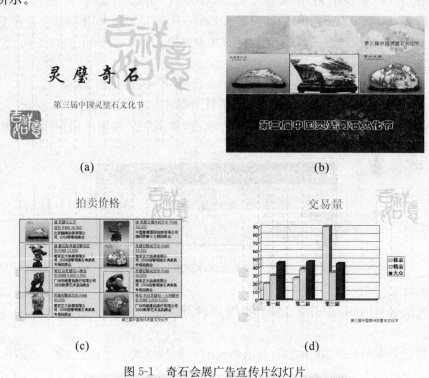

图 5-1   奇石会展广告宣传片幻灯片

# 5.1   演示文稿的基本操作

PowerPoint 2003 是微软公司 Microsoft Office XP 办公集成软件包中的一员,利用 PowerPoint 2003 能够制作出集文字、图形、图像、声音以及视频剪辑等多媒体元素于一体的演示文稿,并且在演示文稿制作完成后,可以把它们打印出来,制成标准的幻灯片,在投影仪上显示出来。当然也可以在计算机上进行演示,加以动画、特效以及声音等多媒体效果,使演示画面多姿多彩。

### 5.1.1　PowerPoint 2003 的启动和退出

**1. 启动 PowerPoint 2003**

在"开始"菜单的"程序"菜单中选"Microsoft Office"子菜单下"Microsoft Office PowerPoint 2003"菜单项,即可进入 PowerPoint 2003。如果桌面上存在 PowerPoint 2003 的快捷方式,双击此快捷方式也可进入 PowerPoint 2003。

**2. 退出 PowerPoint 2003**

单击标题栏上的关闭按钮或者选择"文件"菜单中的"退出"菜单项。

如果退出前对演示文稿做了修改,不管用哪种方法退出系统,都会弹出一个如图 5-2 所示的对话框,单击"是"按钮保存修改,单击"否"按钮不保存所做的修改,单击"取消"按钮取消退出。

图 5-2　提醒用户是否保存对演示文稿的修改

### 5.1.2　PowerPoint 2003 的用户界面

启动 PowerPoint 2003 之后,显示 PowerPoint 2003 的工作界面如图 5-3 所示。

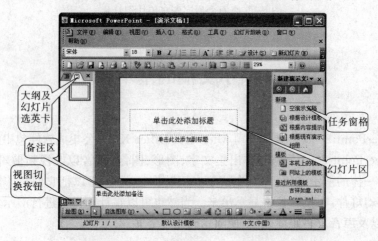

图 5-3　PowerPoint 2003 的工作界面

PowerPoint 2003 工作界面窗口中包含以下组成部分：标题栏、菜单栏、工具栏、幻灯片区、视图切换按钮、备注区、任务窗格等。

### 5.1.3　演示文稿的创建、打开、保存和关闭

**1. 创建演示文稿**

PowerPoint 中的"新建演示文稿"任务窗格提供了一系列创建演示文稿的方法。下面主要介绍四种方法：

（1）空白演示文稿创建

默认情况下，用户启动系统后打开的便是一个空白的演示文稿，该演示文稿的第一张幻灯片是标题页，并且在任务窗格显示的是"应用幻灯片版式"任务窗格。

（2）根据现有演示文稿创建演示文稿

在已经书写和设计过的演示文稿基础上创建演示文稿。使用此命令创建现有演示文稿的副本，以对新演示文稿进行设计或内容更改。

（3）根据设计模板创建演示文稿

在已经具备设计概念、字体和颜色方案的 PowerPoint 模板上创建演示文稿。除了使用 PowerPoint 提供的模板外，还可使用自己创建的模板。

（4）根据内容提示向导创建演示文稿

使用"内容提示向导"应用设计模板，该模板会提供有关幻灯片的文本建议，然后键入所需的文本。

用鼠标单击窗口右侧"新建演示文稿"任务窗格中的"根据内容提示向导"选项，弹出"内容提示向导"对话框，如图 5-4 所示。

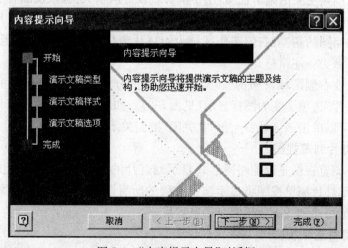

图 5-4　"内容提示向导"对话框

然后连续单击几个"下一步"按钮,并在出现的每一个对话框中选择相应的类型,即可完成创建。

**2. 打开演示文稿**

执行"文件"菜单下的"打开"命令或单击"常用"工具栏上的"打开"按钮→选择要打开的文件所在的盘符、文件夹及文件名→单击"打开",即可打开演示文稿。

**3. 保存演示文稿**

在建立新演示文稿过程中,首次执行"文件"菜单中"保存"命令,或者在编辑演示文稿时单击"文件"菜单中"另存为"命令,会弹出"另存为"对话框→在对话框的"保存位置"处选择要保存的文件所在的盘符或文件夹→在"文件名"文本框中输入演示文稿的名称→单击"确定"按钮,即可完成保存。

**4. 关闭演示文稿**

执行"文件"菜单中的"退出"命令或者单击标题栏上的关闭按钮,即可关闭演示文稿。

## 5.1.4 PowerPoint 2003 的视图

视图是 PowerPoint 中加工演示文稿的工作环境,Microsoft PowerPoint 主要有三种视图:普通视图、幻灯片浏览视图和幻灯片放映视图。每种视图都包含菜单命令、工具栏和工作区等组件。每种视图都有自己特定的显示方式和加工特色,在一种视图中对演示文稿修改和加工会自动反映在该演示文稿的其他视图中。

**1. 普通视图**

普通视图是主要的编辑视图,用于撰写或设计演示文稿,该视图有三个工作区域:左侧工作区域显示"大纲"选项卡和"幻灯片"选项卡,可以进行幻灯片文本大纲和幻灯片缩略图的切换;右侧工作区域为幻灯片窗格,以大视图显示当前幻灯片;底部工作区域为备注窗格。

若要改变右侧区域窗格的大小,可以拖动拆分条来完成,当窗格变窄时,"大纲"和"幻灯片"选项卡变为图标显示(见图 5-3)。如果仅希望在编辑窗口中观看当前幻灯片,可以单击该区域右上角的"关闭"按钮关闭选项卡。

**2. 幻灯片浏览视图**

幻灯片浏览视图是以缩略图形式显示幻灯片的视图,在结束演示文稿的编辑和创建后,幻灯片浏览视图将显示演示文稿的所有图片,使重新排列、添加或删除幻灯片,预览切换和动画效果都变得更容易。

**3. 幻灯片放映视图**

幻灯片放映视图占据整个计算机屏幕,对演示文稿按照幻灯片的形式进行放

映,可以看到图形、影片、动画等元素在实际放映中的效果。

# 5.2 幻灯片的使用与制作

## 5.2.1 编辑幻灯片

### 1. 创建幻灯片
选择"插入"菜单中的"新幻灯片"菜单项,即可添加一张幻灯片。

### 2. 选定幻灯片
用鼠标直接单击普通视图左侧窗格中的目标幻灯片,即可选定目标幻灯片。

### 3. 删除、复制或移动幻灯片
(1) 删除幻灯片

在普通视图左侧窗格中先选定需要删除的幻灯片,然后执行"编辑"菜单中的"删除幻灯片"命令,即可删除幻灯片。

(2) 复制幻灯片

在普通视图左侧窗格中先选定需要复制的幻灯片,然后执行"编辑"菜单中的"复制"命令,再执行"编辑"菜单中的"粘贴"命令,即可复制幻灯片。

(3) 移动幻灯片

在普通视图左侧窗格中先选定需要移动的幻灯片,然后按住鼠标左键将该幻灯片拖动到目标位置,即可移动幻灯片。

## 5.2.2 文本编辑及格式化

### 1. 添加文本
在幻灯片中,可以向占位符添加文本,也可使用"文本框"工具添加文本,还可以向自选图形中添加文本。

在占位符中输入标题文本,步骤如下:

① 单击标题占位符,可以发现在占位符中间位置出现一个闪烁的插入点;

② 输入标题的内容,在输入文本时,如果输入的文本超出占位符的宽度它会自动将超出占位符的部分转到下一行,如果按回车键将开始输入新的文本行,输入文本的行数不受限制;

③ 输入完毕,单击占位符外的空白区域。

**2. 文本的复制、移动和删除**

在 PowerPoint 2003 中要进行文本的复制、移动和删除，方法与 Word 2003 的操作方法完全相同。

**3. 格式化文本**

可用"编辑"菜单对文本进行格式设置，其方法与 Word 2003 的文本格式化方法相同；也可以用格式刷格式化文本。

### 5.2.3 段落格式化

在 PowerPoint 2003 中对段落进行格式化操作，方法与 Word 2003 的段落格式化方法一样，也包括段落对齐方式设置、段落间距设置、段落内行距设置、段落缩进设置等内容。

### 5.2.4 插入图形、影片和声音

**1. 插入图形**

要在幻灯片中插入图形，操作方法与 Word 2003 在文档中插入图形一样，使用"插入"菜单中的"图片"菜单项。

**2. 插入影片和声音**

选择"插入"菜单下"影片和声音"子菜单中的命令，然后选择相应的文件即可插入影片和声音。

### 5.2.5 插入表格和图表

在 PowerPoint 2003 中插入表格可单击"常用"工具栏上的"插入表格"按钮，然后使用"表格和边框"工具栏上的"绘制表格"功能来创建复杂表格，其操作与 Word 文档中绘制表格类似。插入图表时可使用"插入"菜单中的"图表"命令。

**例 5-1** 建立"奇石广告宣传片. ppt"演示文稿。

操作步骤如下：

① 启动 PowerPoint 2003 后，系统将自动创建含有 1 张幻灯片的"演示文稿 1"。

② 在左侧工作区域"幻灯片"选项卡中选第 1 张幻灯片，敲 3 次回车键，新增 3 张空白幻灯片。

③ 在"常用"工具栏中单击"保存"按钮→在弹出的"另存为"对话框中输入文件名为"奇石广告宣传片"→保存类型为"演示文稿( ＊. ppt)"→单击"保存"按钮。

④ 第一张幻灯片的制作：用鼠标选中第一张幻灯片→在"单击此处添加标题"的位置上单击鼠标左键→输入"灵璧奇石"4 个字→将格式设置为"华文行楷""80号""红色""居中"，如图 5-5 所示；在"单击此处添加副标题"的位置用相同的方法输入"第三届中国灵璧奇石文化节"，并对输入的文本格式进行相应的设置，完成第一张幻灯片的制作。

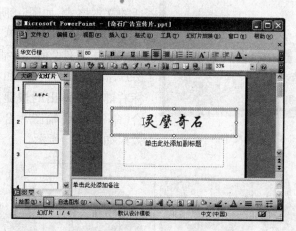

图 5-5　第一张幻灯片的制作

第二张幻灯片的制作过程比较复杂，下面进行详细介绍（⑤～⑧）：

⑤ 选中第二张幻灯片→删除其中的两个文本框→用"绘图"工具按先后顺序绘制四个矩形（见图 5-6），并排列好位置→分别双击每个矩形→在弹出的"设置自选图形格式"窗口中（见图 5-7）设置合适的"填充颜色"和"透明度"。

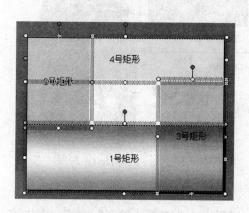

图 5-6　绘制背景图形

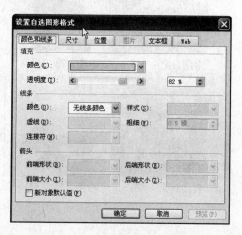

图 5-7　设置自选图形格式

⑥ 在幻灯片的下部插入一横排文本框→输入"奇石文化"4 个字→设置格式为 "宋体""44 号""加粗""白色";在幻灯片的下部继续输入其他文本,如"STONE CULTURE 第三届中国灵璧奇石文化节""以石会友建设宿州""瘦、绉、透、漏""清、奇、古、丑、朴、拙、顽、怪",并设置合适的文本格式,如图5-8所示。

图 5-8　输入文本

⑦ 执行"插入"菜单下"图片"子菜单中"来自文件"命令,插入图片(见图5-9),同时选中左图 4 和右图 4→单击鼠标右键→在弹出的快捷菜单中选择"组合"命令,使两幅图片合成为一个整体,效果如图5-10 所示。

左图1(第一层)　左图2(第二层)　左图3(第三层)　左图4(第四层)

中图1(第一层)　中图2(第二层)　中图3(第三层)　中图4(第四层)

右图1(第一层)　右图2(第二层)　右图3(第三层)　右图4(第四层)

图 5-9　导入图片

⑧ 在图 5-6 所示"1 号矩形"位置绘制同样大小的矩形→填充"红色"→右击该矩形→在弹出的快捷菜单中选择"编辑文本"命令→为矩形添加"第三届中国灵璧

奇石文化节"文本→导入"环形文字"图片→把红色矩形和环形文字图片组合在一起→在幻灯片的右上位置执行类似的操作。效果如图 5-11 所示。

图 5-10   插入图片后的效果图       图 5-11   第二张幻灯片效果图

⑨ 第三张幻灯片的制作:选中第三张幻灯片→在"单击此处添加标题"位置单击鼠标左键→输入"拍卖价格"4 个字,设置合适的格式,在"单击此处添加副标题"位置用鼠标单击(或者将此文本框删除)→选择"插入"菜单中的"表格"菜单项→在弹出的"插入表格"对话框中输入行数为 4、列数为 4→点击"确定"按钮,即可插入一个 4 行 4 列的表格→用鼠标在表格的边框上点击以选中表格→选择"格式"菜单中的"设置表格格式"菜单项→在对话框中把表格的边框颜色设为红色→在表格的单元格中插入奇石图片,并输入相应的文本。效果如图 5-12 所示。

图 5-12   第三张幻灯片效果图

⑩ 第四张幻灯片的制作:选中第四张幻灯片→选择"插入"菜单项中的"图表"菜单项→把如图 5-13 所示的表格数据改成如图 5-14 所示的表格数据→关闭数据表。

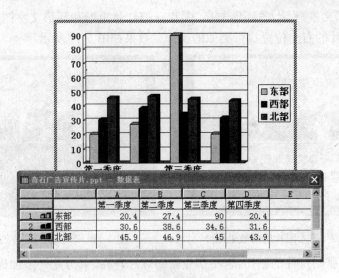

图 5-13　插入图表时的原始数据

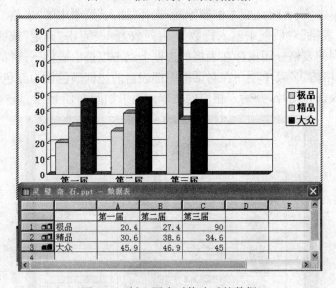

图 5-14　插入图表时修改后的数据

## 5.2.6　设置幻灯片外观

### 1. 应用设计模板设置幻灯片外观

在编辑演示文稿时,用户可以应用设计模板改变幻灯片的外观,在应用设计模板时,系统会自动对当前幻灯片或全部幻灯片应用设计模板文件中包含的各种版式、文字样式、背景等外观设置,但不会更改应用文件的文字内容。

**2. 设置幻灯片背景**

在制作幻灯片的过程中,可为幻灯片添加背景,PowerPoint 2003 提供了多种幻灯片背景填充方式,包括单色填充、渐变色填充、纹理、图片等。

**3. 使用幻灯片母版**

母版用于预设每张幻灯片的格式,包括标题、正文的位置、大小、项目符号、背景图案等。PowerPoint 2003 的母版有幻灯片母版、讲义母版和备注母版三种。

**例 5-2** "奇石广告宣传片.ppt"演示文稿的美化。

操作步骤如下:

① 应用设计模板。打开"幻灯片设计"任务窗格,在"应用设计模板"中选择"吉祥如意. POT",如图 5-15 所示。

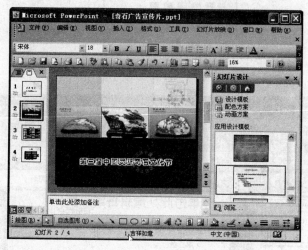

图 5-15 应用设计模板

② 添加背景图片。选择第二张幻灯片→执行"格式"菜单中的"背景"命令→在弹出的"背景"对话框(见图 5-16)中单击"背景填充"区域下面文本框的下拉箭头→单击"填充效果"选项→"填充效果"新窗口中选择"图片"选项卡→单击"选择图片"按钮→选择需要的图片(例如本例中的图片文件"背景.jpg")→按"确定"按钮,返回"背景"对话框→单击"应用"按钮,为第二张幻灯片添加了背景图片,效果如图 5-1(b)所示。

③ 添加幻灯片母版。幻灯片母版是存储关于模板信息的设计模板的一个元素,这些模板信息包括字形、占位符大小和位置、背景设计和配色方案。幻灯片母版使用的目的是可以对演示文稿进行全局更改(如添加页脚、替换字形等),并使该更改应用到演示文稿的所有幻灯片中。选择"视图"菜单下"母版"子菜单中"幻灯

片母版"子菜单项,进入幻灯片母版视图,如图 5-17 所示。本例中在页脚处输入文本"第三届中国宿州灵璧奇石文化节",并调整页脚输入框位置及大小。

图 5-16 "背景"对话框

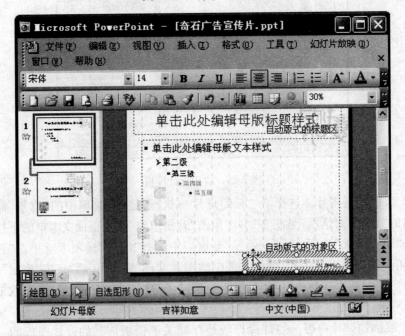

图 5-17 幻灯片母版

# 5.3 动画和超链接技术

## 5.3.1 动画效果

用户可以为幻灯片上的文本、图形、图像等对象设置动画效果,这样不但可以突出幻灯片中的重点、控制信息的流程,还可以提高演示文稿的趣味性。例如,可以让对象逐个出现或分批出现,设置动画出现的先后顺序和间隔时间,设置它们自动出现或通过单击鼠标出现等等。

**1. 幻灯片内的动画设计**

(1)使用动画方案创建动画效果

使用"动画方案"快速创建动画效果的步骤如下:

① 选择要设置动画效果的幻灯片为当前幻灯片;

② 选择"幻灯片放映"菜单中的"动画方案"菜单项→出现"动画方案"任务窗格→在"应用于所选幻灯片"列表中选择所需要的动画效果,如图 5-18 所示,点"播放"按钮在幻灯片工作窗口中可以预览所选择的动画效果;

③ 单击"应用于所有幻灯片"选项,可以为所有的幻灯片加上相同的动画效果。

(2)自定义动画效果

使用自定义动画效果可以为幻灯片中的所有元素添加动画效果,并且可以设置各元素动画效果的先后顺序以及每个对象的多个播放效果。执行"幻灯片放映"菜单中的"自定义动画"命令,出现"自定义动画"任务窗格,通过对该窗格中各选项的设置,便可以实现自定义动画效果。

**2. 幻灯片间切换效果的设计**

切换效果是加在连续的幻灯片之间的特殊效果。在幻灯片的放映过程中,由一张幻灯片切换到另一张幻灯片时,可用多种不同的切换效果将下一张幻灯片显示到屏幕上。

下面以案例中第二张幻灯片动画制作为例进行详细介绍。

**例 5-3** "奇石广告宣传片.ppt"中自定义动画及幻灯片切换效果的制作。

操作步骤如下:

① 选择第二张幻灯片作为当前幻灯片→用鼠标在该幻灯片的外围拖拽出一个大的选择框,以选中该幻灯片中的所有对象→松开鼠标左键后,在"自定义动画"

任务窗格中将列出所有对象→在"自定义动画"任务窗格中按 Ctrl 键同时选中图 5-6 所示的 4 个矩形→单击"添加效果"按钮→选择"出现"效果→"开始"选项设为 "之前",如图 5-19 所示。

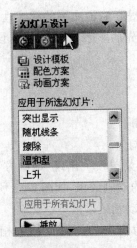

图5-18　使用"动画方案"

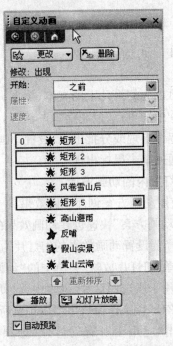

图 5-19　"自定义动画"任务窗格

　　② 选择第二张幻灯片中的左图 1、中图 1 和右图 1(即单击"自定义动画"任务窗格中图片相对应的文件名"高山避雨.jpg""风卷雪山后.jpg""黄山云海.jpg")→进行与上述 4 个矩形相同的设置。

　　③ 选中左图 2→设置其动画效果为"回旋"→双击左图 2(即双击"自定义动画"列表中对应的文件名"火树银花.jpg")→打开"回旋"对话框→在"计时"选项卡中设置"开始"为"之前"、"延迟"为"0.5 秒"、"速度"为"非常快(0.5 秒)",如图 5-20 所示。

　　④ 选中左图 3→设置其动画效果为"伸展"→双击左图 3(即双击"自定义动画"列表中对应的文件名"武陵源.gif")→打开"伸展"对话框→在"计时"选项卡中设置"开始"为"之前"、"延迟"为"4 秒"、"速度"为"非常快(0.5 秒)","效果"选项卡中设置"方向"为"跨越"。

　　⑤ 使用相同方法选中其他图片,根据实际情况设置动画效果。

　　**注意**　图片在播放时,应按照从下层到上层的顺序依次出现,因此在设置其延迟时间时应依次增加。

⑥ 最后选中左图 4 和右图 4 的组合对象→设置其动画效果为"渐变"→打开"渐变"对话框→在"计时"选项卡中设置"开始"为"之前"、"延迟"为"6 秒"、"速度"为"快速（1 秒）"。

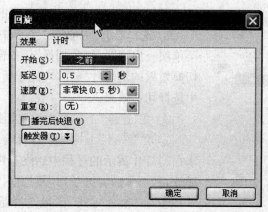

图 5-20　"回旋"效果选项对话框

下面介绍文字的动画制作步骤：

① 选中"奇石文化"文本→设置其动画效果为"飞入"→在"自定义动画"列表中双击"奇石文化"→打开"飞入"对话框，在"效果"选项卡中设置"方向"为"自左侧"、"动画播放后"为"播放动画后隐藏"→在"计时"选项卡中设置"开始"为"之前"、"延迟"为"0 秒"、"速度"为"中速（2 秒）"。

② 将文本"STONE CULTURE 第三届中国灵璧奇石文化节"的动画效果设置为"飞入"→在"飞入"对话框中设置"方向"为"自底部"、"动画播放后"为"播放动画后隐藏"、"开始"为"之前"、"延迟"为"1.5 秒"、"速度"为"中速（2 秒）"。

③ 将文本"以石会友建设宿州"的动画效果设置为"缩放"→在"缩放"对话框中设置"缩放"为"内"，"动画播放后"为"播放动画后隐藏"、"开始"为"之前"、"延迟"为"2 秒"、"速度"为"中速（2 秒）"。

④ 将文本"瘦、绉、透、漏"的动画效果设置为"颜色打字机"→在"颜色打字机"对话框中设置"动画文本"按"字母"、"动画播放后"为"播放动画后隐藏"、"开始"为"之前"、"延迟"为"4 秒"、"速度"为"非常快（0.5 秒）"。

⑤ 将文本"清、奇、古、丑、朴、拙、顽、怪"的"延迟"设置为"6 秒"，其余设置与"瘦、绉、透、漏"相同。

接着介绍组合的动画制作步骤：

① 选中幻灯片左上部文字"第三届中国灵璧奇石文化节"和相应的环形文字图片组合，为其设置"飞旋"动画效果，在"飞旋"对话框中设置"动画播放后"为"不变暗"、"开始"为"之前"、"延迟"为"0.2 秒"、"速度"为"快速（1 秒）"。

②选中幻灯片下部红色矩形和相应的环形文字图片组合，设置为"伸展"动画效果，在"伸展"对话框中设置"方向"为"跨越"、"动画播放后"为"不变暗"、"开始"为"之前"、"延迟"为"10 秒"、"速度"为"快速（1 秒）"。

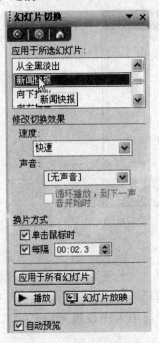

图 5-21  "幻灯片切换"任务窗格

最后介绍幻灯片的切换效果的制作步骤：

①选择"幻灯片放映"菜单中的"幻灯片切换"菜单项→出现"幻灯片切换"任务窗格→选择要添加切换效果的幻灯片→在"应用于所选幻灯片"列表框中选择切换效果。

②在"速度"下拉框中设置切换速度。

③在"声音"下拉框中选择合适的声音，如果要求在幻灯片演示的过程中始终有声音，则选择"循环播放，到下一声音开始时"复选框。

④在"换片方式"区域选择是单击鼠标换片还是在上一幻灯片结束一段时间后自动换片。

⑤要将切换效果应用到所有的幻灯片上，可以单击"应用于所有幻灯片"按钮。

本例选择"新闻快报"效果，并应用于所有幻灯片，其他选项为默认值，如图5-21所示。

### 5.3.2  超链接

在演示文稿中添加超级链接，可以在放映当前幻灯片时跳转到 Word 文档、Excel 工作簿、Internet 的网址或其他文稿等。文稿中的对象创建超链接后，当鼠标移到该对象上时将出现超链接的标志（鼠标成小手状），单击该对象则激活超链接，跳转到创建链接的对象上。

**1. 创建超链接**

先选中需要创建超链接的文字或图片，然后执行"插入"菜单中的"超链接"命令，弹出"插入超链接"对话框，如图 5-22 所示，在"地址"框中，输入指定的幻灯片标题或是通过"书签"按钮找到幻灯片的标题，单击"确定"按钮。"插入超链接"对话框中的"链接到"列表框用于链接跳转到文档、应用程序或 Internet 地址。

**2. 编辑和删除超链接**

选定已有链接对象并单击鼠标右键，弹出快捷菜单，从中选择"编辑超链接"选项，在打开的对话框中可对现有的链接进行修改，选择"删除链接"按钮即可删除链接。

图 5-22 "插入超链接"对话框

# 5.4 演示文稿的放映与打包

演示文稿创建后,用户可以用不同方式放映演示文稿,还可以将演示文稿打包到光盘中,做到随时随地地广告宣传。

## 5.4.1 放映演示文稿

### 1. 设置放映方式

选择"幻灯片放映"菜单中的"设置放映方式"菜单项,弹出"设置放映方式"对话框,如图 5-23 所示。

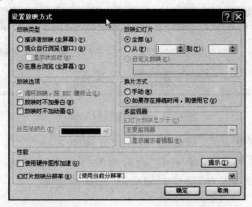

图 5-23 "设置放映方式"对话框

其中,"放映类型"框中有三个单选项:

(1)"演讲者放映(全屏幕)"单选项:可以完整地控制放映过程,可以采用自动或人工方式放映。

(2)"观众自行浏览(窗口)"单选项:可以利用滚动条或"浏览"菜单显示所需的幻灯片,这种放映方式很容易对当前放映的幻灯片进行复制、打印等操作。

(3)"在展台浏览(全屏幕)"单选项:适用于无人管理时放映幻灯片,放映过程不能控制。

在"放映幻灯片"框中可以选择放映全部还是部分幻灯片。

**2. 放映幻灯片**

执行"幻灯片放映"菜单中的"观看放映"命令,在屏幕上按设置方式放映幻灯片。通过快捷菜单可以对放映进行定位或退出放映等操作。

**例 5-4** 设置"奇石广告宣传片.ppt"的自动放映方式。

操作步骤如下:

① 执行"幻灯片放映"菜单中的"排练计时"命令,这时演示文稿将从第一张幻灯片开始播放,同时弹出如图 5-24 所示的窗口,窗口中记录了该张幻灯片的播放时间。第一张幻灯片播放结束后,单击"下一项"按钮将进入第二张幻灯片的播放计时。

图 5-24　排练计时预演窗口

② 在第四张幻灯片播放结束后,单击"关闭"按钮,退出排练计时预演窗口,这时会弹出如图 5-25 所示的保留排练时间对话框,单击"是"按钮,把此次演示文稿的播放时间保存下来。

图 5-25　保留排练时间窗口

③ 打开"设置放映方式"对话框,具体设置如图 5-23 所示。

④ 执行"幻灯片放映"菜单中的"观看放映"命令,这时演示文稿"奇石广告宣传片.ppt"将会按照"预演"的排练时间自动、循环地播放。

### 5.4.2　打包演示文稿

把制作好的演示文稿打包到光盘中,不仅可以在任何地方播放,而且还可以在没有安装PowerPoint软件的计算机上放映,具体操作步骤如下:

①　在打开的PowerPoint文档中,执行"文件"菜单中的"打包成CD"命令,打开"打包成CD"对话框,此时要打包的文件已经出现在"要复制的文件"列表中,例如本案例的演示文稿"奇石广告宣传片.ppt",如图5-26所示。

②　如果要在此CD中刻录多个PowerPoint演示片,可以单击"添加文件"按钮,然后从中选择PowerPoint演示片。

③　单击"选项"按钮,打开"选项"对话框,在"包含这些文件"选项区域中选中"PowerPoint播放器"复选框,这样就可以在没有安装PowerPoint的计算机上放映此宣传片了→分别选中"链接的文件"和"嵌入的TrueType字体"复选框,如图5-27所示,还可以输入密码对PowerPoint宣传片进行保护。

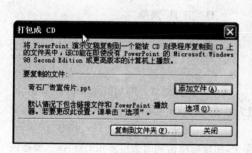

图5-26　"打包成CD"对话框　　　　　　图5-27　"选项"对话框

④　单击"确定"按钮→返回"打包成CD"对话框→单击"复制到CD"按钮,就可以把PowerPoint宣传片通过刻录机复制到CD上了。

## 思考与练习

一、单项选择题

1. 进入PowerPoint以后,打开一个已有的演示文稿P1.ppt,又进行了"新建"操作,则_____。

　　A. P1.ppt被关闭

　　B. P1.ppt和新建文稿均处于打开状态

　　C. "新建"操作失败

D. 新建文稿打开但被 P1. ppt 关闭

2. 在 PowerPoint 中打开了一个演示文稿,对文稿做了修改,并进行了"关闭"操作以后_____。

 A. 文稿被关闭,并自动保存修改后的内容

 B. 文稿被关闭,修改后的内容不能保存

 C. 弹出对话框,并询问是否保存对文稿的修改

 D. 文稿不能关闭,并提示出错

3. PowerPoint 提供了几种视图方便用户进行操作,分别是普通视图、幻灯片浏览视图和_____。

 A. 幻灯片放映视图  B. 图片视图  C. 文字视图  D. 一般视图

4. 在 PowerPoint 中执行了两次"剪切"操作,则剪贴板中_____。

 A. 仅有第一次剪切的内容   B. 仅有第二次剪切的内容

 C. 有两次被剪切的内容    D. 无内容

5. 幻灯片中还可以加入表格,只要单击"插入"菜单中的_____命令就可以插入一个表格。

 A. 图片   B. 制表位   C. 表格   D. 文本框

6. PowerPoint 2003 中,给幻灯片插入按钮,可以使用_____。

 A. "格式"菜单     B. "插入"菜单

 C. "幻灯片放映"菜单    D. "工具"菜单

7. PowerPoint 2003 中,不能实现的功能为_____。

 A. 设置对象出现的先后次序   B. 设置同一文本框中不同段落的出现次

 序            序

 C. 设置声音的循环播放    D. 设置幻灯片的切换效果

8. 在 PowerPoint 2003 中,将演示文稿打包为可播放的演示文稿后,文件类型为_____。

 A. . PPT   B. . PPZ   C. . PSP   D. . PPS

9. 在 PowerPoint 2003 的"幻灯片浏览"视图中,用鼠标单击同时选定多张幻灯片时,要按住_____键。

 A. Delete   B. Shift   C. Ctrl   D. Esc

10. PowerPoint 2003 是电子演示文稿软件,它_____。

 A. 在 DOS 环境下运行   B. 在 Windows 环境下运行

 C. 在 DOS 和 Windows 环境下运行  D. 可以不要任何环境,独立运行

11. 在 PowerPoint 2003 中,通过"背景"对话框可对演示文稿进行背景和颜色的设置,打开"背景"对话框的正确方法是_____。

 A. 选中"编辑"菜单中的"背景"命令  B. 选中"视图"菜单中的"背景"命令

 C. 选中"插入"菜单中的"背景"命令  D. 选中"格式"菜单中的"背景"命令

12. 在 PowerPoint 2003 中,改变艺术字的颜色的方法是:先选择艺术字,然后_____。

 A. 单击"绘图"工具栏的"填充颜色"按钮

 B. 单击"艺术字"工具栏的"设置艺术字格式"按钮,在出现的"设置艺术字格式"对话框中设置颜色

C. 单击"艺术字"工具栏的"重新着色"按钮

D. 单击"图片"工具栏的"重新着色"按钮

13. 在 PowerPoint 2003 中,修改艺术字文本的方法为_____。

　　A. 选中艺术字,然后单击"编辑"菜单的"编辑艺术字"命令

　　B. 选中艺术字,然后单击"艺术字"工具栏的"编辑文字"按钮

　　C. 选中艺术字,然后单击"格式"菜单的"编辑艺术字"命令

　　D. 以上均不正确

14. 在 PowerPoint 2003 中,幻灯片声音的播放方式是_____。

　　A. 执行到该幻灯片时自动播放

　　B. 执行到该幻灯片时不会自动播放,需双击该声音图标才能播放

　　C. 执行到该幻灯片时自动播放,需单击该声音图标才能播放

　　D. 由插入声音图标时的设定决定播放方式

15. 在 PowerPoint 中,要进行格式复制,我们可用何种工具进行操作_____。

　　A. 复制　　　　　B. 格式刷　　　　　C. 粘贴　　　　　D. 工具条

16. 幻灯片的背景颜色是可以调换的,我们可以通过右键快捷菜单中的_____命令。

　　A. 背景　　　　　B. 颜色　　　　　C. 动画设置　　　　　D. 标尺

17. 在调整幻灯片中的文字大小时,可以在字号中选择数码,其中以阿拉伯数字表示的字号的大小规律是_____。

　　A. 数字越大字越大　　　　　　　　　B. 数字越大字越小

　　C. 有部分数字越大字越大,还有部分数字越大字越小

　　D. 无规律

18. 在 PowerPoint 2003 中,使字体变斜的快捷键是_____。

　　A. Shift＋I　　　B. End＋I　　　C. Ctrl＋I　　　D. Alt＋I

二、上机操作题

启动 PowerPoint,制作自我介绍(个人简历. ppt),内容如下:

1. 为演示文稿设置"笔记本(Notebook)"应用设计模板。

2. 添加演示文稿第一页,如图 1 所示。要求如下:

图 1　　　　　　　　　　　　图 2

(1) 标题为"个人简历",文字为分散对齐,字体为"华文新魏",60 磅字,加粗。

(2) 副标题为本人姓名,文字为居中对齐,字体为"宋体",32 磅字,加粗。

3. 添加演示文稿第二页的内容,如图 2 所示,要求如下:

(1) 在左侧使用项目符号编写个人简历。

(2) 在右侧插入一张剪贴画,并根据页面情况调整好图片的尺寸。

4. 添加演示文稿第三页的内容,如图 3 所示,要求在左侧使用项目符号编写个人学习经历。

5. 添加演示文稿第四页的内容,如图 4 所示,要求如下:

(1) 插入一张个人的课程成绩单。

(2) 将表格中第一行文字的字体加粗。

(3) 使表格中的所有内容呈"居中"对齐。

6. 分别在五种视图下观察演示文稿的效果。

**学习经历**

- 1984-1990  新村小学
- 1990-1993  淄博十七中读初中
- 1993-1996  淄博十一中读高中
- 1996-2000  山东理工大学学士学位
- 2000-2003  山东大学硕士学位

图 3

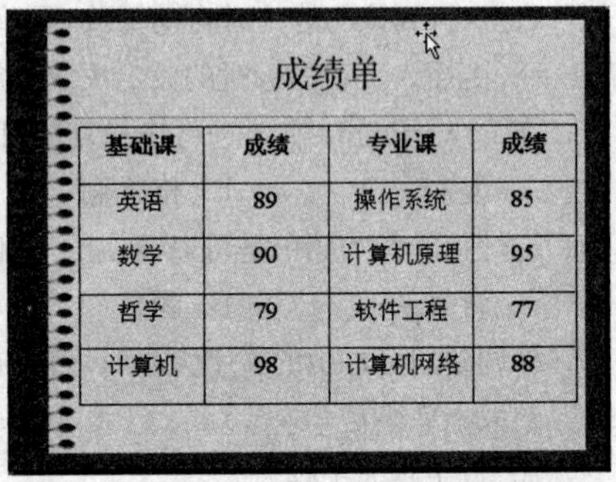

**成绩单**

| 基础课 | 成绩 | 专业课 | 成绩 |
|--------|------|--------|------|
| 英语 | 89 | 操作系统 | 85 |
| 数学 | 90 | 计算机原理 | 95 |
| 哲学 | 79 | 软件工程 | 77 |
| 计算机 | 98 | 计算机网络 | 88 |

图 4

7. 把此演示文稿保存为 D:\个人文件夹\个人简历.ppt。

# 第6章　Internet 及其应用

◆　学习目标

　　在本章的学习过程中,要求掌握计算机网络的基本概念、功能、拓扑结构,了解常见网络设备的使用方法;掌握 Internet 的相关知识,学会使用 IE 浏览器访问网站的方法以及使用搜索引擎查找信息的方法;掌握电子邮件的收发方法、文件传输的方法以及远程登录的方法。

计算机网络从 20 世纪 70 年代开始发展至今,已从小型的办公室局域网发展成全球性的大型广域网,对人类的生产、经济、生活、学习等各方面都产生了巨大的影响。在过去的 30 多年里,计算机和计算机网络技术取得了惊人的发展,处理信息的计算机和传输信息的计算机网络构成了信息社会的基础。在当今,Internet 已经渗透到人们生活的每一个方面,通过 Internet,人们可以收发电子邮件,进行网上学习、网上交易,开展网上讨论、网上聊天、网上娱乐等活动。

# 6.1　计算机网络概述

## 6.1.1　计算机网络的定义

所谓"计算机网络",是指利用通信设备和线路按不同的拓扑结构将地理位置不同的、功能独立的多个计算机系统连接起来,以功能完善的网络软件(网络通信协议、信息交换方式及网络操作系统等)实现网络中硬件、软件资源共享和信息传递的系统。地理位置不同,是一个相对的概念,可以小到一个房间内,也可以大至全球范围内。功能独立,是指在网络中计算机都是独立的,没有主从关系,一台计算机不能启动、停止或控制另一台计算机的运行。通信线路,是指通信介质,它既可以是有线的(如同轴电缆、双绞线和光纤等),也可以是无线的(如微波和通信卫星等)。通信设备,是在计算机和通信线路之间按照通信协议传输数据的设备。资源共享,是指在网络中的每一台计算机都可以使用系统中的硬件、软件和数据等资源。

## 6.1.2　计算机网络的功能

计算机网络是计算机技术和通信技术紧密结合的产物,它不仅使计算机的作用范围超越了地理位置的限制,而且也大大加强了计算机本身的能力。计算机网络具有单个计算机所不具备的功能,主要有:

**1. 数据交换和通信**

计算机网络中的计算机之间或计算机与终端之间,可以快速可靠地相互传递数据、程序或文件。例如,电子邮件(E-mail)可以使相隔万里的异地用户快速准确地相互通信;电子数据交换(EDI)可以实现商业部门(如银行、海关等)和公司之间订单、发票、单据等商业文件安全准确的交换;文件传输服务(FTP)可以实现文件

的实时传递,为用户复制和查找文件提供了有力的工具。

**2. 资源共享**

充分利用计算机网络中提供的资源(包括硬件、软件和数据)是计算机网络组网的目标之一。计算机的许多资源是十分昂贵的,不可能为每个用户所拥有。例如,进行复杂运算的巨型计算机、海量存储器、高速激光打印机、大型绘图仪、一些特殊的外部设备以及大型数据库和大型软件等,这些昂贵的资源都可以为计算机网络上的用户所共享。资源共享既可以使用户减少投资,又可以提高这些计算机资源的利用率。

**3. 提高系统的可靠性和可用性**

在单机使用的情况下,如没有备用机,计算机出现故障便会引起停机;如有备用机,则费用会大大增加。当计算机连成网络后,各计算机可以通过网络互为后备,当某一处计算机发生故障时,可由别处的计算机代为处理,还可以在网络的一些节点上设置一定的备用设备,作为全网络的公用后备,这种计算机网络具有较高的可靠性及可用性;特别是在地理分布很广且具有实时性管理和不间断运行的系统中,建立计算机网络可以保证更高的可靠性和可用性。

**4. 均衡负荷,相互协作**

对于大型的任务或当网络中某台计算机的任务负荷太重时,可将任务分散到较空闲的计算机上去处理,或由网络中比较空闲的计算机分担负荷。这就使得整个网络资源能互相协作,避免了网络中的计算机忙闲不均,既影响任务的完成又不能充分利用计算机资源的情况。

**5. 分布式网络处理**

在计算机网络中,用户可根据问题的实质和要求,选择网内最合适的资源来处理,以便问题能迅速而经济地得到解决。对于综合性的大型问题可以采用合适的算法将任务分散到不同的计算机上进行处理。同时,各计算机连成网络也有利于共同协作进行重大科研课题的开发和研究。利用网络技术还可以将许多小型机或微型机连成具有高性能的分布式计算机系统,使它具有解决复杂问题的能力,而费用却大为降低。

**6. 提高系统性价比,易于扩充,便于维护**

计算机组成网络后,虽然增加了通信费用,但由于资源共享,明显提高了整个系统的性价比,降低了系统的维护费用,且易于扩充,方便系统维护。

## 6.1.3 计算机网络的分类

计算机网络的分类可按多种方法进行:按分布地理范围的大小分类,按网络的用途分类,按网络所隶属的机构或团体分类,按采用的传输媒体或管理技术分类等等。一般按网络的分布地理范围来进行分类,可以分为局域网、城域网和广域网三种类型。

**1. 局域网**

局域网(Local Area Network,简称 LAN)的地理分布范围在几千米以内,一般局域网建立在某个机构所属的一个建筑群内或大学的校园内,也可以是办公室或实验室内几台、十几台计算机连成的小型局域网络。局域网连接这些用户的微型计算机及其网络上作为资源共享的设备(如打印机、绘图仪、数据流磁带机等)进行信息交换,另外通过路由器和广域网或城域网相连接以实现信息的远程访问和通信。LAN 是当前计算机网络发展中最活跃的分支。

局域网的特点是:

① 局域网的覆盖范围有限;

② 数据传输率高,一般在 10～100 Mbps,现在的高速 LAN 的数据传输率可达到千兆位;信息传输率的过程中延迟小、差错率低;局域网易于安装,便于维护;

③ 局域网的拓扑结构一般采用广播式信道的总线型、星型、树型和环型。

**2. 城域网**

城域网(Metropolitan Area Network,简称 MAN)采用类似于 LAN 的技术,但规模比 LAN 大,地理分布范围在 10～100 km,介于 LAN 和 WAN 之间,一般覆盖一个城市或地区。现在城域网的划分日益淡化,从采用的技术上将其归于广域网内。

**3. 广域网**

广域网(Wide Area Network,简称 WAN)的涉辖范围很大,可以是一个国家或洲际网络,规模十分庞大、结构复杂,它的传输媒体由专门负责公共数据通信的机构提供,Internet(国际互联网)就是典型的广域网。

### 6.1.4　计算机网络的拓扑结构

计算机网络是将分布在不同位置的计算机通过通信线路连接在一起的,网络中各个节点相互连接的方法和形式即为网络拓扑。计算机网络拓扑结构一般分为总线型拓扑、星型拓扑、环型拓扑和树型拓扑等形式。

**1. 总线型拓扑结构**

总线型拓扑是通过一根传输线路将网络中所有节点连接起来,这根线路称为总线,如图 6-1 所示。网络中各结点都通过总线进行通信,在同一时刻只能允许一对结点占用总线通信;总线型拓扑简单,易实现,易维护,易扩充,但故障检测比较困难。

**2. 星型拓扑结构**

星型拓扑中各结点都与中心结点连接,呈辐射状排列在中心结点周围,如图 6-2所示。网络中任意两个结点的通信都要通过中心结点转接,单个结点的故障不会影响到网络的其他部分,但中心结点的故障会导致整个网络的瘫痪。

**3. 环型拓扑结构**

环型拓扑中各结点首尾相连形成一个闭合的环,环中的数据沿着一个方向绕环逐站传输,如图 6-3 所示。环型拓扑的抗故障性能好,但网络中的任意一个结点或一条传输介质出现故障都将导致整个网络的故障。

**4. 树型拓扑结构**

树型拓扑由总线型拓扑演变而来,其结构图看上去像一棵倒挂的树,如图 6-4 所示。树最上端的结点叫根结点,一个结点发送信息时,根结点接收该信息并向全树广播。树型拓扑易于扩展、易与故障隔离,但对根结点依赖性太大。

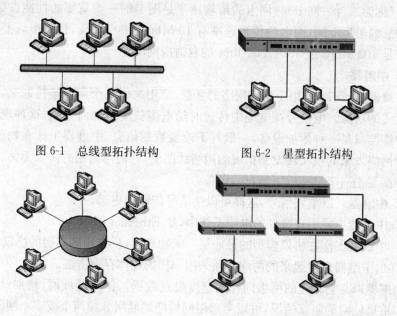

图 6-1　总线型拓扑结构　　　　图 6-2　星型拓扑结构

图 6-3　环型拓扑结构　　　　图 6-4　树型拓扑结构

### 6.1.5　常用的网络设备

在计算机网络中,计算机与计算机进行连接时,除了传输介质以外,还需要在计算机内部安装网络接口卡以及实现计算机之间互联的中介设备,包括各种网络传输介质连接器、中继器、集线器、交换机、路由器等设备,了解这些设备的作用和用途,对认识计算机网络大有帮助。

**1. 网卡**

网卡(Network Interface Card,简称 NIC)是插入计算机主板插槽上的一个硬件设备,其功能是完成计算机与传输介质的物理连接。计算机通过网卡向网络上传送数据和接收数据,根据数据位宽度的不同,网卡分为 8 位、16 位和 32 位,目前 8 位和 16 位网卡已经被淘汰,现在的计算机上一般采用 32 位网卡。根据网卡采用的总线接口,又可分为 ISA、EISA、VL−BUS、PCI 等接口。目前,市面上流行的只有 PCI 网卡,其他几种总线类型的网卡已经很少在计算机中使用。

根据不同的局域网协议,网卡又分为 Ethernet 网卡、Token Ring 网卡、ARCNET 网卡和 FDDI 网卡几种,Ethernet 网卡上的接口分为 BNC 接口(用于细缆连接)、RJ45 接口(用于双绞线连接)、AUI 接口(D 型 15 针连接器,通过粗缆收发器连接线连接到粗缆上)。网卡上可以是单独一种接口(称为单口网卡),也可以是两种接口(称为二合一网卡)。网卡的传输速率是网卡的一个重要的性能参数,根据使用的总线类型不同,网卡的传输速率有 10 Mbps、100 Mbps,目前市场上常见的网卡都是 100 Mbps 或 10~100 Mbps 的自适应网卡。

**2. 中继器**

中继器(Repeater)用于局域网络的互联,常用来将几个网段连接起来,起信号放大续传的功能。电信号在电缆中传送时随电缆长度增加而递减,这种现象叫衰减。中继器只是一种附加设备,一般并不改变数据信息,中继器工作在物理层,将从初始网络发来的报文转发到扩展的网络线路上,它们与高层的协议无关。

中继器是一个具有以下特点的设备:

① 中继器可以重发信号,这样可以使信号传输得更远。

② 中继器主要用在线性的电缆系统中,如 Ethernet 网。

③ 中继器工作在协议模型的最底层——物理层,没有用到高层的协议。

④ 由中继器连接起来的两端必须采用同样的媒体存取方法。

中继器以与它相连的网络同样的速度发送数据。扩充局域网、增加计算机数目会加重局域网的阻塞情况,可以考虑用网桥把局域网分成两个或多个网段。

**3. 集线器**

集线器(HUB)又称为集中器或 HUB,可分为独立式、叠加式,有 8 端口、16 端口、24 端口(传输率为 10 Mbps 或 100 Mbps)多种规格。

独立式(Standalone):这类集线器克服了总线结构的网络布线困难和易出故障的问题,一般不带管理功能,没有容错能力,不能支持多个网段,不能同时支持多协议。这类集线器适用于小型网络,一般支持 8~24 个节点,可以将多个集线器利用串接方式连接起来以扩充端口。

　　堆叠式(Stackable)：堆叠式集线器是将 HUB 一个一个地叠加，用一条高速链路连接起来，一共可以堆叠 4～8 个 HUB(根据各公司产品不同而不同)。它只支持一种局域网标准，即要么支持以太网络，要么支持令牌环网。它适用于网络节点密集的工作组网络和大楼水平子系统的布线。

### 4. 交换机

　　交换机(Switch)属于数据链路层互联设备，如图 6-5 所示。虽然集线器和交换机都起着局域网数据传送的"枢纽"作用，但是两者有着本质的差异。交换机与 HUB 不同之处在于每个端口都可以获得的带宽不同，如 10 Mbps 交换机，每个端口都可以获得 10 Mbps 的带宽，而 10 Mbps 的 HUB 则是多个端口共享 10 Mbps 带宽。10 Mbps 的交换机一般都有两个 100 Mbps 的高速端口，用于连接高速主干网或直接连到高性能服务器上，这样可以有效地克服网络瓶颈。

　　交换机有两种传输方式：

　　(1) 直通式(Cut through)

　　交换速度快，不进行错误校验，转发包时只读取目的地址。

　　(2) 存储转发(Store and forward)

　　转发前接收整个包，降低了交换器的速度但确保了所有转发的包中不含错误包。

图 6-5　交换机

### 5. 路由器

　　路由器(Router)属于网络层互联设备，用于连接多个逻辑上分开的网络。路由器有自己的操作系统，运行各种网络层协议，用于实现网络层的功能。

　　路由器有多个端口，如图 6-6 所示，端口分成 LAN 端口和串行端口(即广域网端口)，每个 LAN 端口连接一个局域网，串口连接广域网。路由器的主要功能是路由选择和数据交换，当一个数据包到达路由器时，路由器根据数据包的目标逻辑地址，查找路由表，如果存在一条到达目标网络的路径，路由器将数据包转发到相应的端口。

图 6-6　路由器

　　与网桥相比，路由器的异构网互联能力、网络阻塞控制能力和网段的隔离能力等方面都要强于网桥；另外，由于路由器能够隔离广播信息，从而可以将广播风暴的破坏性隔离在局部的网段之内。路由器是局域网和广域网之间进行互联的关键设备,通常的路由器都具有负载平衡、阻止广播风暴、控制网络流量以及提高系统容错能力等功能。

# 6.2　Internet 简介

Internet 又称为国际互联网或因特网,是建立在各种计算机网络之上的、最为成功、覆盖面最大、信息资源最丰富的、当今世界上最大的国际性计算机网络,Internet 被认为是未来全球信息高速公路的雏形。在短短的二十几年的发展过程中,特别是最近几年的飞跃发展,正逐渐改变着人们的生活,并将远远超过电话、电报、汽车、电视等对人类生活的影响。

## 6.2.1　Internet 的发展历程

20 世纪 80 年代中期,美国国家科学基金会(NSF)为鼓励大学与研究机构共享他们非常昂贵的四台计算机主机,希望通过计算机网络将各大学和研究机构的计算机连接起来,并出资建立了名为 NSFnet 的广域网,使得许多大学、研究机构将自己的局域网联上 NSFnet 中,从 1986 年至 1991 年,并入的计算机子网从 100 个增加到 3000 多个,第一次加速了 Internet 的发展。

Internet 的第二次飞跃应归功于 Internet 的商业化。以前都是大学和科研机构使用,1991 年商业机构踏入 Internet 后很快就发现了它在通讯、资料检索、客户服务等方面的巨大潜力,其势一发不可收,世界各地无数的企业及个人纷纷加入 Internet,从而使 Internet 的发展产生了一个新的飞跃。到 1996 年初,Internet 已通往全世界 180 多个国家和地区,连接着上千万台计算机主机,直接用户超过 2 亿,成为全世界最大的计算机网络。

我国进入 Internet 的时间很短,1994 年 3 月正式进入 Internet,通过国内四大骨干网联入国际 Internet,从而开通了 Internet 的全功能服务。这四大骨干网络是:中国公用计算机互联网 CHINANET(China Public Computer Network),是由信息产业部负责组建,其骨干覆盖全国各省市、自治区,以营业商业活动为主,业务范围覆盖所有电话能通达的地区;中国国家计算机与网络设施 NCFC(The National Computer and Networking Facility of China)也称中国科技网(CSTNET),是由中科院主持,联合北京大学、清华大学共同建设的全国性的网络,可以提供全方位

Internet 功能；中国教育和科研计算机网 CERNET(China Education and Research Network)，是 1994 年由国家投资建设，教育部负责管理，清华大学等高等学校承担建设和管理运行的全国性学术计算机互联网络。它主要面向教育和科研单位，是全国最大的公益性互联网络；中国国家公用经济信息通信网 CHINAGBN(China Golden Bridge Network)又称金桥网，是国民经济信息化的基础设施，面向政府、企业、事业、社会公众提供数据通信和信息服务。随着我国国民经济信息化建设迅速的发展，拥有连接国际出口的互联网已由上述四家发展成十大网络运营商（即十大互联网络单位），并有 200 家左右有跨省经营资格的网络服务提供商。

## 6.2.2　Internet 上的协议、IP 地址和域名

### 1. TCP/IP 协议

Internet 把世界范围内的网络集合起来，在这些网络中可能存在着许多不同类型的计算机和网络，是什么保证着这些不同类型的计算机和不同类型的网络协调工作的呢？是协议，协议是不同类型的计算机和不同类型的网络协调工作所必须遵守的约定。在 Internet 上最重要的协议就是 TCP/IP 协议，其实际名字是传输控制协议（Transmission Control Protocol，简称 TCP）和网际协议（Internet Protocol，简称 IP），它是由上百个小的协议组成的一个协议族。

在 Internet 上信息传送是把数据分解成小包，即数据包。如传送一个很长的信息给远方的计算机，在发送端，TCP 首先将这个信息分解成很多个小的数据包，并在每个包中加入一些纠错的信息；IP 协议负责数据包在网络上的传送，保证原始数据始终如一地按正确的目的地址传送到另一地；在接收端，TCP 协议对收到的数据包进行错误检查，如果发现有错误数据包，TCP 协议将要求重发特定的数据包，直到所有的数据包都被正确的接收。Internet 由上千个网络和数以百万计的计算机组成的，而 TCP/IP 协议就像粘合剂一样将它们连接在一起，使它们能协调地工作，Internet 的迅猛发展与 TCP/IP 协议是分不开的。

### 2. IP 地址

全球连接在 Internet 上的主机有几千万乃至上亿台，怎样识别每个主机呢？前面已介绍了联接互联网的主机都采用的是 TCP/IP 通信协议，在基于 TCP/IP 通信协议的网络上，每一台计算机和网络设备（称为主机或网络节点）都由一个唯一的 IP 地址来标识。IP 地址是一个 32 位的二进制数，即四个字节，为方便起见，通常将其表示为"W. X. Y. Z"的形式。其中 W、X、Y、Z 分别为一个 0~255 的十进制整数，对应着二进制表示法中的一个字节，这样的表示法叫做点分十进制表示法。

例如，某台机器的 IP 地址为

11001010 011100010 01000000 00000010

则写成点分十进制表示形式是

202.114.64.2

整个 Internet 由很多独立的网络互联而成,每个独立的网络就是一个子网,包含若干台计算机。根据这个模式,Internet 的设计人员用两级层次模式构造 IP 地址,类似电话号码。电话号码的前面一部分是区号,后面一部分是某部电话的客户号,如 010−62362288,010 是北京的区号,62362288 则是一个单独的客户号码。IP 地址的 32 个二进制位也被分为两个部分,即网络地址和主机地址,网络地址就像电话号码中的区号,标明主机所在的子网,主机地址则标明主机在子网内部的具体位置。

Internet 组织已经将 IP 地址进行了分类以适应不同规模的网络,根据网络规模中可连接的主机总数的大小主要分为 A、B、C 三类,每一类网络可以从 IP 地址的第一个数字看出。表 6-1 给出了 IP 地址的第一个十进制数与网络 ID 和主机 ID 之间的关系及总数。这里用 W. X. Y. Z 表示一个 IP 地址。

表 6-1　IP 地址的分类

| 网络类型 | W 值 | 网络 ID | 主机 ID | 网络总数 | 每个网络中的主机总数 |
|---|---|---|---|---|---|
| A | 1～126 | W | W. Y. Z | 126 | 16 777 214 |
| B | 128～191 | W. X | Y. Z | 16 384 | 65 534 |
| C | 192～223 | W. X. Y | Z | 2 097 151 | 254 |

注:其中每个网络 ID 号和主机 ID 号的二进制值的全"0"和全"1"不使用("0"代表其本身,"1"代表广播)。

### 3. Internet 的域名

虽然 IP 地址可以区别 Internet 中的每一台主机,但这四段 12 位(十进制)数字实在不好记忆,这种纯数字的地址使人们难以一目了然地认识和区别互联网上的千千万万个主机。为了解决这个问题,人们设计了用"."分隔的一串英文单词来标识每台主机的方法,按照美国地址取名的习惯,小地址在前、大地址在后的方式为互联网的每一台主机取一个见名知意的地址,如:美国 IBM 公司:ibm. com,微软公司:microsoft. com,中国清华大学:tsinghua. edu. cn 等。

在域名中,以"."分开最前面的是主机名,其后的是子域名,最后的是顶级域名,但是用这种方法所取的名字计算机网络并不认识,还需要一整套将字串式的地址翻译成对应的 IP 地址的方法,这一方法及域名到 IP 地址的翻译系统构成域名系统(Domain Name System,简称 DNS)。域名系统是一个分布式数据库,为 Internet 上的名字识别提供一个分层的名字系统。该数据库是一个树形结构,分布在 Internet 网的各个域及子域中,如:清华大学域名 tsinghua. edu. cn,其顶级域属

于 cn(中国)，子域 edu 从属于教育，最后是主机名 tsinghua；在清华园内还有许多子网，则 tsinghua 又是这些子网的上一级域名等等。下面给出了一些组织上的顶级域名和地理上的顶级域名，如表 6-2 和表 6-3 所示。

表 6-2 常见组织顶级域名

| 域名 | 含义 | 域名 | 含义 | 域名 | 含义 | 域名 | 含义 |
| --- | --- | --- | --- | --- | --- | --- | --- |
| com | 商业机构 | gov | 政府机构 | org | 非盈利组织 | int | 国际机构 |
| edu | 教育机构 | net | 网络机构 | mil | 军事机构 | | |

表 6-3 常见地理上的顶级域名

| 域名 | 国家或地区 | 域名 | 国家或地区 | 域名 | 国家或地区 | 域名 | 国家或地区 |
| --- | --- | --- | --- | --- | --- | --- | --- |
| au | 澳大利亚 | nl | 荷兰 | ca | 加拿大 | no | 挪威 |
| be | 比利时 | ru | 俄罗斯 | dk | 丹麦 | se | 瑞典 |
| fl | 芬兰 | es | 西班牙 | fr | 法国 | cn | 中国 |
| de | 德国 | ch | 瑞士 | in | 印度 | us | 美国 |
| ie | 爱尔兰 | gb | 英国 | il | 以色列 | | |
| it | 意大利 | at | 奥地利 | jp | 日本 | | |

## 6.2.3 Internet 的接入方式

Internet 是一个有着丰富资源的虚拟世界，它给人类的生活方式带来了巨大的影响。要想利用 Internet 上的丰富资源，用户就必须将自己的计算机接入 Internet，下面介绍几种常见的 Internet 接入方法。

**1. 拨号接入**

拨号接入 Internet 是一种利用电话线和公用电话网（Public Switched Telephone Network，简称 PSTN）接入 Internet 的技术。目前的电话入户信号基本上都是模拟信号，而计算机所处理和传输的信息都是数字化的，因此计算机入网通信时必须能将数字信号转换为模拟信号及模拟信号转换为数字信号的转换设备，前者称为调制，后者称为解调，集两种功能于一身的网络设备，就叫做调制解调器（Modem），它是借助于 PSTN 为传输信道，实现广域网连接必不可少的连接设备。拨号连接的原理图如图 6-7 所示。

下面我们介绍以拨号方式接入 Internet 的方法。

（1）硬件和软件准备

要想通过拨号的方式接入 Internet，一些相关的硬件设备是必需的，包括计算

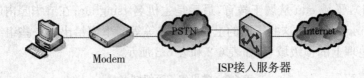

图 6-7　拨号上网原理图

机、调制解调器、电话线等。除了上述的硬件外,上网还必须有相应的软件,最基本的就是操作系统和浏览器。

(2) 向 ISP 提出上网申请

有了上述的硬件和软件后,要想上网还必须向 Internet 服务商(Internet Service Provider,简称 ISP)申请一个用户名,即 Internet 的账号。ISP 的主要作用就是为通过拨号网络访问 Internet 的用户提供一条进入 Internet 的通路,ISP 本身是与 Internet 相连接的,用户只要通过电话线路拨通 ISP,就可以进入 Internet,但不是任何人都能通过 ISP 访问 Internet,只有拥有合法 Internet 账号的用户才能通过 ISP 访问 Internet。用户向 Internet 服务商 ISP 申请账号时,需要向 ISP 提供希望使用的账号名,一旦用户的申请被接纳,ISP 会告知用户的合法账号名和口令。

(3) 安装硬件设备

调制解调器是拨号上网必备的设备,其种类主要有内置式和外置式两种。内置式是将调制解调器安装在计算机主板的扩展槽上,使其位于计算机内部;外置式是将调制解调器放在机箱外,用一根专用电缆线与计算机连接。安装时,首先将调制解调器连接到计算机上,根据硬件安装向导的提示为调制解调器选择相应的驱动程序,安装完成后可通过下面的步骤来测试调制解调器能否正常工作。

① 选择“开始”菜单中“设置”菜单下“控制面板”菜单项,在控制面板窗口中双击“电话和调制解调器选项”,打开调制解调器窗口,检查计算机是否安装上了调制解调器。

② 选中已安装的调制解调器,点击“属性”按钮,打开如图 6-8 所示的窗口,进入“诊断”窗口,点击“查询调制解调器”,计算机会与调制解调器进行一些信息传递,此时如观察调制解调器的指示灯,便会发现 RD 和 SD 灯不断地闪烁。

③ 计算机与调制解调器交换完信息后,若连接正常,会弹出一个对话框,如图 6-9 所示,显示与调制解调器的对话结果。若连接错误,则返回错误提示,弹出对话框为空;若检测正常,则表示调制解调器已在 Windows XP 系统安装好了,可以正常运行。

(4) 建立连接

在 Windows XP 中为用户提供了一个“网络连接向导”,用这个向导,可以创建一个连到其他计算机和网络、启用应用程序的连接。如电子邮件、Web 浏览、文件

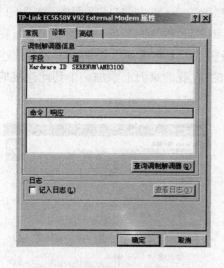

图 6-8　调制解调器属性窗口　　　图 6-9　调制解调器检测窗口

共享和打印等。

建立拨号连接的操作步骤如下：

① 选择"开始"菜单中"设置"子菜单下"控制面板"子菜单项,在控制面板窗口中双击"网络连接",在"网络连接"窗口中,单击左侧"网络任务"中的"创建一个新连接"图标,打开如图 6-10 所示新建连接向导,单击"下一步"。

② 在弹出的"网络连接类型"页面中,选择"连接到 Internet",单击"下一步",此时打开了 Internet 连接向导,在 Internet 连接向导页面中,选择"手动设置我的连接"项,如图 6-11 所示,然后单击下一步,在弹出的连接向导页面中,选择"用拨号调制解调器连接"项,然后单击"下一步"。

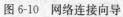

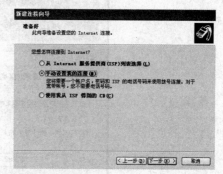

图 6-10　网络连接向导　　　　　图 6-11　Internet 连接向导

③ 接下来您将会看到"连接名"页面,如图 6-12 所示,在这里要求输入 ISP 提供商的名称,输入完毕后,单击"下一步",在弹出的页面中输入 ISP 提供的电话号

码,输入完毕后,单击"下一步",在弹出的"Internet 账户信息"页面中,如图6-13所示,您要输入 ISP 为您提供的登录用户名和密码,输入完毕后,单击"下一步";在弹出的"正在完成新连接向导"页面中,询问您是否要在桌面上添加一个到新建连接的快捷方式,如果需要则选中连接向导中的"在我的桌面上添加一个到此连接的快捷方式"选项,最后单击"完成"即可。

图 6-12　设置 Internet 连接名　　　　　图 6-13　设置 Internet 账户信息

　　至此,拨号连接已设置完毕,在控制面板的"网络连接"对话框中,您将看到刚刚建立的拨号连接的图标。双击此图标,即可弹出连接对话框如图 6-14 所示,输入正确的用户名和口令,单击"拨号"按钮,即可登录 Internet。

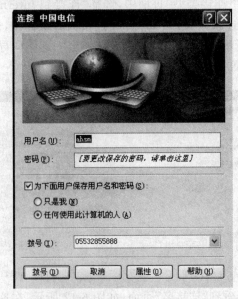

图 6-14　"网络和拨号连接"对话框

### 2. ADSL 宽带接入

非对称用户线路（Asymmetrical Digital Subscriber Line,简称 ADSL）是数字用户线路（Digital Subscriber Line,简称 DSL）中的一种,它是一种能够通过普通电话线提供宽带业务的技术,也是目前最为普遍的一种接入方式。ADSL 接入技术的简单示意图如图 6-15 所示。ADSL 方案的最大特点是不需要改造信号传输线路,可以用普通电话线作为传输介质,配上专用的 ADSL Modem 即可实现高速的数据传输。具体的 ADSL 安装与接入都是由 ADSL 业务提供商负责,在这里我们就不再做详细地介绍了。

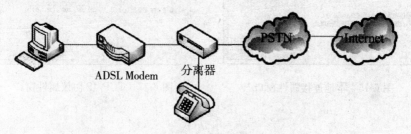

图 6-15    ADSL 接入技术示意图

### 3. 通过局域网接入

如果某个局域网已经接入到 Internet,局域网中的计算机可以通过局域网连接方式很容易地接入到 Internet,一般的局域网都是通过专线或光纤接入 Internet 的,因此采用这种接入方式上网的速度一般都比较快。要使用这种方式接入 Internet,用户的计算机必须配置一块网卡和一根能够连接到局域网的电缆。

操作步骤如下：

① 首先将网卡安装到计算机的主板插槽中,然后安装相应的驱动程序,等网卡安装成功后,将网线的 RJ45 插头插入到网卡对应的接口上。

② 右击"网上邻居"图标,选择"属性",打开"网络和拨号连接"窗口,在此窗口中右击"本地连接"图标,选择"属性",打开"本地连接属性"对话框,如图 6-16 所示。

③ 在"本地连接属性"对话框中,选择"Internet 协议（TCP/IP）",单击"属性"按钮,打开"Internet 协议（TCP/IP）属性"对话框如图 6-17 所示,在对话框中输入 IP 地址、子网掩码、默认网关、DNS 等参数后,单击"确定"按钮,完成设置。

至此,通过局域网接入 Internet 的网络配置完成,如果你输入的 IP 地址、子网掩码、默认网关、DNS 等参数是正确的,现在你就可以启动各种网络应用程序通过局域网来访问 Internet 了。IP 地址、子网掩码、默认网关、DNS 等参数因每个局域网的设置不同而不同,正确的参数信息可以向局域网管理员咨询。

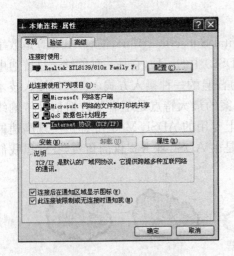

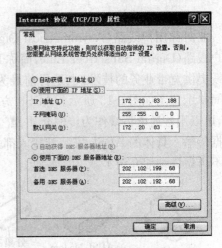

图 6-16　本地连接属性窗口　　　　　　图 6-17　TCP/IP 协议属性窗口

# 6.3　Internet 的主要服务及其应用

　　加入 Internet 能做什么？简单地说,使用 Internet 就是使用 Internet 所提供的各种服务。通过这些服务,可以获得分布于 Internet 上的各种资源,这些资源包括自然科学、社会科学、技术科学、农业、气象、医学、军事等各个领域。同时,也可以通过使用 Internet 提供的服务将自己的信息发布出去,这些信息会成为网上的资源。Internet 上的服务主要有:电子邮件、远程登录、文件传输、World Wide Web、BBS 服务等。

## 6.3.1　WWW 服务

　　国际互联网(World Wide Web,简称 WWW 或 3W),可以说是目前 Internet 上最流行的一种新兴工具,它让原来生硬的文字界面被生动的多媒体界面所代替,也可以说 WWW 是建立在 Internet 上的一种多媒体集合,它透过超媒体(Hyper-media)的数据截取技术,通过一种名叫超文本(Hypertext)的表达方式,将 WWW 上的数字信息连接在一起,WWW 最迷人之处在于它连接了全球上的所有信息。Internet 是一个信息的海洋,这些信息分布在全球各地的无以计数的不同类型的服务器上,用户连接到 Internet 后,就可以寻找到所需要的信息,浏览到所需要的网页。

**1. 使用 IE 浏览器访问网站**

要想浏览 Internet 上的信息，必须借助于一些工具软件，它可以帮助你查找、浏览你所需要的信息，可以存取各式各样的资源。下面介绍最流行的 IE(Internet Explorer)浏览器的使用。

Internet Explorer 6.0 是 Windows XP 操作系统自带的 Web 浏览器，安装操作系统后，IE 6.0 将被自动地安装到计算机中，并且在桌面上建立了 IE 6.0 的快捷方式。双击桌面上的 IE 图标，将启动 IE 浏览器。那么如何使用 IE 浏览器访问所需的网页呢？下面我们通过一个例子来学习如何使用浏览器来访问 Web 站点。

**例 6-1**　使用 IE 浏览器，查看清华大学网站，浏览有关的招生信息。

操作步骤如下：

① 双击桌面上的 IE 快捷方式，运行 IE 浏览器；

② 在 IE 浏览器的地址栏中输入清华大学的网址：http://www.tsinghua.edu.cn，并按回车，下载该网页后出现如图 6-18 所示的页面。

图 6-18　清华大学主页

③ 通过主页上的各种超链接，用户可以浏览所需要的 Web 页面。将鼠标指针移过 Web 页面上的项目时，如果指针变成手形，表明该项目是一个超链接。一个超链接可以是图片或文字，单击超链接可打开一个新的页面。在本例中我们点击"招生就业"，就可以打开如图 6-19 所示的页面。

**注意**　在上例中，第二个页面的地址栏中的网址已发生了变化，其实我们所说的网址即是定位 Internet 中不同资源的一个标识，称为 URL，即统一资源定位器(Uniform Resource Locator)，通俗地说，它就是用来指出某一项信息所在位置及存取方式。比如我们要访问某个网站，在 IE 或其他浏览器的地址一栏中输入的就是 URL。URL 在 WWW 上指明是什么通信协议、在什么地址、以什么方式来享用

图 6-19    清华大学"招生信息"页面

网络上的各种服务。在 WWW 上各种功能的服务器有成千上万个,依靠 URL 这种简单又单一的形式定位,可以找到所需要的资源在哪个服务器、哪个目录下。

URL 的语法格式如下:

协议名称://主机名称[:端口地址/存放目录/文件名称]

例如:http://www.microsoft.com:23/exploring/exploring.html

| | |
|---|---|
| http | 协议名称 |
| www.microsoft.com | 主机名称 |
| 23 | 端口地址 |
| exploring | 存放目录 |
| exploring.html | 文件名称 |

在 URL 语法格式中,除了协议名称及主机名称是必需的外,其余像端口地址、存放目录等都可以省略。协议名称就是 URL 所链接网络的服务性质的名称,例如http 就是指 WWW 上的存取方式。常见的协议还有 ftp(文件传输协议)、telnet(远程登录协议)。

**注意**   在 URL 中的主机名部分是不区分大小写的,如 http://www.tsinghua.edu.cn 和 http://WWW.TSINGHUA.EDU.CN 是一样的,而存放目录和文件名称是要区分大小写的。

**2. 在 Internet 上搜索信息**

Internet 上的信息量是巨大的,它们分布在全球的各个地方,并且每天都在不断地更新。如果我们想在 Internet 上浏览包含某些信息的网页或资源,而又不知道这些网页的 URL 地址时,我们可以用下列方法来解决这一问题。

**例 6-2**  如何在 Internet 上搜索"photoshop"的相关资源。

方法 1:使用搜索栏搜索"photoshop"的相关资源。

搜索栏是 IE 为方便用户搜索信息而提供的,在 IE 的"标准按钮"工具栏上,单击"搜索"按钮,或者选择"查看"菜单下"浏览器栏"子菜单中"搜索"菜单项,在浏览器的左侧将打开"搜索"窗口,如图 6-20 所示,在"查找包含下列内容的网页"下面的文本框中,输入要查找的文字"photoshop",单击"搜索"按钮,将搜索到的符合条件的站点显示在窗口中,用户可以根据自己的需要进行点击访问。

方法 2:使用搜索引擎搜索"photoshop"的相关资源。

除了 IE 浏览器内置的搜索栏外,在 Internet 上还有众多的专门帮助用户搜索信息的中文或英文搜索工具,我们称这类搜索工具为搜索引擎。在使用搜索引擎进行信息搜索前,首先要确定使用哪一个搜索引擎,目前常用的搜索引擎有 Yahoo、Baidu、Google 等。下面我们主要讲解使用 Yahoo 中文搜索引擎进行信息搜索的方法。

首先打开 IE 浏览器,在地址栏中输入 Yahoo 中文搜索引擎的网址:www.yahoo.com.cn,显示首页如图 6-21 所示,然后在搜索引擎主页"雅虎搜索"按钮左边的文本框中输入关键字"photoshop",单击"雅虎搜索"按钮,则可以将不同类别的所有与查找的关键字有关的站点列出,这些搜索结果是按照匹配程序由高到低的顺序列出了符合条件的所有站点,用户可以选择其中的站点浏览所需要的信息。

图 6-20  使用 IE 内置的搜索工具　　图 6-21  雅虎中文搜索引擎主页

**3. 使用收藏夹**

用户找到自己喜欢的 Web 页或站点时,可以保存其地址,将站点添加到收藏夹列表中,每当需要访问该站点时,只需在工具栏上单击"收藏"按钮,从收藏夹列表中选择站点,就能够轻松打开这些站点了。

**例 6-3**  将清华大学的网站添加到收藏夹中。

操作步骤如下:

① 在 IE 浏览器中打开要添加到收藏夹的 Web 页面:http://www.tsinghua.edu.cn。

② 选择"收藏"菜单中"添加到收藏夹"菜单项,打开"添加到收藏夹"对话框如图 6-22 所示,在"添加到收藏夹"对话框中,键入该页的新名称"清华大学首页",如果勾选"允许脱机使用"复选框,则该页将可以脱机浏览;如果单击"创建到"按钮,将在对话框的下面打开创建到文件夹列表,此时用户可以新建文件夹,然后选择一个文件夹来保存要收藏的 Web 页地址。

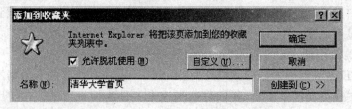

图 6-22　"添加到收藏夹"对话框

### 4. 保存网页信息

当我们在浏览网页时,免不了看到一些爱不释手的文章或图案,这时你可以将它们以图形格式或 HTML 格式储存在电脑上,也可以将网页上的图片进行单独保存。

**例 6-4**　将正在浏览的清华大学网页保存到本地计算机上。

操作步骤如下:

① 在 IE 浏览器窗口,选择"文件"菜单中"另存为"菜单项,打开"保存 Web 页"对话框,如图 6-23 所示;

② 选择准备用于保存 Web 页的文件夹;

图 6-23　保存 Web 页对话框

③ 在"文件名"框中输入"清华大学网页";

④ 在"保存类型"框中选择文件类型。

Web 页的保存有四种类型,分别是:

（a）"Web 页,全部",该类型可以保存显示该 Web 页时所需的全部文件,包括图像、框架和样式表,该选项将按原始格式保存所有文件。

（b）"Web 电子邮件档案",该类型可以把显示该 Web 页所需的全部信息保存在一个 MIME 编码的文件中。该选项将保存当前 Web 页的可视信息。

（c）"Web 页,仅 HTML",该选项保存 Web 页信息,但它不保存图像、声音或其他文件。

（d）"文本文件",该类型只保存当前 Web 页的文本。

若选择"Web 页,全部"和"Web 电子邮件档案",可以脱机查看所有的 Web 页,而不用将 Web 页添加到收藏夹列表,并标记为可脱机查看。

用户在浏览 Web 页时,如果只需要把一些网页中的图片保存下来,可以右击要保存的图片,在弹出的"快捷菜单"中选择"图片另存为"命令,打开"另存为"对话框,可以选择保存文件的文件夹,指定保存文件所用的文件名等选项,完成将图片保存到计算机中的操作。

**5. 使用历史记录**

"历史记录"列表是用户在一定时间内曾经访问过的 Web 页面或文件,它们被保存在本地的计算机中,用户可以通过"历史记录"列表来回顾曾经访问过的 Web 页。当忘记网页地址,又需要查看该网页时,浏览器的"历史记录"功能将非常有用。

当需要访问历史记录时,用户可以在 IE 浏览器的"标准按钮"工具栏上单击"历史"按钮,IE 浏览器的左侧打开"历史"窗口,如图 6-24 所示。

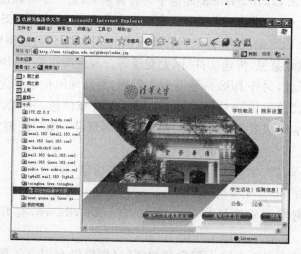

图 6-24　查看历史记录

　　用户可以在"历史记录"窗口中选择某个时间曾经访问的站点或文件,单击"历史记录"窗口中的"查看"按钮,可以选择历史记录列表的顺序为按日期、按地点、按访问次数或今天的访问顺序。

### 6.3.2　新闻组论坛和 BBS 服务

**1. 新闻组论坛**

　　新闻组论坛通常又称作 USEnet。它是具有共同爱好的 Internet 用户相互交换意见的一种无形的用户交流网络,相当于一个全球范围的电子公告牌系统。

　　新闻组论坛是按不同的专题组织的,志趣相同的用户借助网络上被称为新闻服务器的计算机开展各种类型的专题讨论。只要用户的计算机运行一种称为"新闻阅读器"的软件,就可以通过 Internet 随时阅读新闻服务器提供的分门别类的消息,并可以将您的见解提供给新闻服务器,以便作为一条消息发送出去。

　　新闻组论坛是按专题分类的,每一类为一个分组。目前有八个大的专题组,分别是计算机科学、网络新闻、娱乐、科技、社会科学、专题辩论、杂类及候补组,每一个专题组又分为若干子专题,子专题下还可以有更小的子专题。在 Windows XP 中,Outlook Express 可以实现发布和阅读网络新闻的功能。有关新闻组论坛的主要网站有 Dejanews(网址为:http://www.deja.com)、SuperNews(网址为:http://www.supernews.com)等。

**2. BBS 服务**

　　BBS(Bulletin Board System)即电子公告牌系统,是一个可以由众多人参与的论坛系统,是 Internet 上的一个重要信息资源服务系统。提供 BBS 服务的站点称为 BBS 站,登录 BBS 站成功后,根据它所提供的菜单,用户可以浏览信息、发布信息、提出问题、发表意见、传送文件、网上交谈等。与新闻组相比,BBS 规模较小且具有明显的地域性,另外 BBS 一般有专人管理,而新闻组论坛是无人管理的。用户可以通过 IE 浏览器访问 BBS 站点,在 BBS 上发布信息,一般要注册一个 BBS 站点用户,用户也可以匿名登录 BBS 站点,但匿名登录一般只能浏览信息,而不能发布信息。

　　**例 6-5**　在清华大学水木清华 BBS 站点发表信息。

　　操作步骤如下:

　　① 在 IE 浏览器的地址栏输入:http://smth.edu.cn,打开 BBS 站点,如图 6-25所示;

　　② 在相应的文本框中输入用户名和密码(如果没有用户名和密码可以点击"申请"按钮,填写相关的注册信息,注册一个用户名和密码),单击"登录"按钮,登

录到 BBS 站点,如图 6-26 所示。

③ 选择相应的讨论主题就可以发布信息了。

图 6-25 水木清华 BBS 站点首页 图 6-26 BBS 讨论页面

## 6.3.3 电子邮件(E-mail)服务

电子邮件(Electronic Mail)亦称 E-mail。它是用户或用户组之间通过计算机网络收发信息的服务。目前电子邮件已成为网络用户之间快速、简便、可靠且成本低廉的现代通信手段之一,也是 Internet 上使用最广泛、最受欢迎的服务之一。电子邮件使网络用户能够发送或接收文字、图像和语音等多种形式的信息,目前 Internet 上 60% 以上的活动都与电子邮件有关。

### 1. 电子邮件的工作原理与邮件地址

邮件在 Internet 中的传输由邮件客户、SMTP 服务器和 POP3 服务器共同完成,下面介绍邮件协议和简单的传输过程。

SMTP(Simple Mail Transfer Protocol)即简单邮件传输协议,是 TCP/IP 协议套件的成员,用来管理邮件传输代理之间电子邮件的交换。客户端通过 SMTP 协议将邮件传送到客户的邮件服务器,邮件服务器之间也通过 SMTP 协议传递邮件。安装了 SMTP 服务的计算机称为外发邮件服务器,负责将客户的邮件发送出去。

POP3(Post Office Protocol)即邮局协议,同样是 TCP/IP 协议套件的成员。安装了 POP3 服务的计算机称为接收邮件服务器,负责客户端的登录以及将邮件下载到客户端。一个完整的邮件服务器应该支持 SMTP 和 POP3 两种协议,或将这两种服务安装在不同的计算机上,使用 SMTP 服务器发送邮件,从 POP 服务器接收消息。电子邮件的工作原理如图 6-27 所示。

E-mail 地址,即 Internet 上电子邮件信箱的地址。与传递普通邮件一样,用户要想使自己的邮件准确到达目的地,不仅要知道对方的邮件地址,还必须在 Internet 上

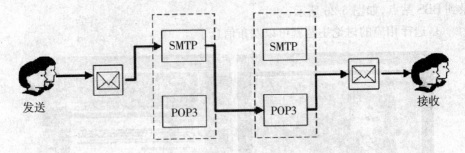

图 6-27　电子邮件传输过程示意图

拥有自己的电子邮件信箱,这个信箱具有唯一的地址,只有这样才能保证信件能够准确地寄到用户手中或接收电子邮件。E-mail 地址具有以下统一的标准格式:用户名@主机域名,用户名就是你在主机上使用的用户识别码,@符号后是你使用的邮件服务器域名,@可以读成"at",也就是"在"的意思。整个 E-mail 地址可以理解为网络中某台主机上的某个用户的地址。

例如,邮件地址:lvlixing@sina.com.cn

其中 lvlixing 是用户名,一般由用户自己确定,通常由姓名或企业名称拼写构成,它也是邮件地址中最具有用户个人特征的部分。

@是分隔符,其左边是用户名,表示此地址被谁拥有;右边是邮件服务器域名,表示此服务器在 Internet 中的位置。

通常人们把发送电子邮件的信箱地址称作发件箱地址,而把接收电子邮件的信箱地址称为收信箱地址。

**2. 申请免费邮箱**

邮箱有两种类型,一种是不需要支付费用的邮箱,称为免费邮箱;另一种是需要交纳相应使用费用的邮箱,称为收费邮箱。免费邮箱可以在提供免费邮箱服务的网站上申请。下面我们通过一个例子来学习如何在网站上申请一个免费邮箱。

**例 6-6**　在新浪网上申请一个免费邮箱。

操作步骤如下:

① 先登录到新浪网中文网站(http://www.sina.com.cn),访问提供电子信箱的网页。

② 单击"2G 免费邮箱",打开"欢迎注册 2G 免费邮箱"的窗口,要求输入用户名,例如,输入用户名"anhuism",若你填写的用户名别人已经用过,系统会提醒你重新取一个名字,输入用户名后单击"下一步"按钮。

③ 填写个人资料。带有"＊"号的栏目是必须填写的,密码要记牢,它是以后进入信箱的"钥匙",没有密码就打不开信箱。个人资料填写完成后,单击"确认"按钮。

④ 当申请成功,会出现申请成功的页面,申请到的邮箱地址为 anhuism@sina. com. cn。

**3. 发送电子邮件**

收发电子邮件,可以使用 Outlook、Foxmail 等专用软件发送,也可以通过登录个人邮箱在网站上发送,下面我们通过一个例子来学习使用网站发送电子邮件的方法。

**例 6-7**　给你的朋友 TOM(邮件地址:tom123@163. com)发送一份电子邮件。操作步骤如下:

① 首先应登录到自己申请的免费邮箱:打开 http://www. sina. com. cn,输入用户名和密码,单击"登录"按钮,进入邮箱。

② 单击"写邮件"按钮,进入写邮件页面,如图 6-28 所示。

③ 在相应的文本框中输入收信人的地址、信的内容和信的主题,单击"发送"按钮,就可以将信发往收信人的邮箱,发送成功会出现发送成功页面。

图 6-28　写邮件页面

电子邮件除了可以是文字外还可以是文章、图片、图像、声音和程序等文件,这些文件可以作为电子邮件的附件一起发送出去。为邮件添加附件的方法如下:

① 在写邮件页面(如图 6-28 所示)的正文处写好信件的内容后,单击"附件"右侧的"浏览"按钮,出现"打开"对话框,选定作为附件的文件,则在文本框中显示文件的路径。

② 附件添加完毕后,回到"写邮件"页面,单击"发送"按钮,可将附件里的文件连同邮件一起发出去。

**4. 邮件的接收和阅读**

要阅读邮件,必须首先打开邮箱,然后进入收件箱来阅读邮件。

操作步骤如下:

① 在邮箱页面中,单击"收件夹"进入收件箱,如图 6-29 所示,这时你所收到的所有邮件都会在该页面中显示。

② 点击"收件夹"中邮件列表的邮件主题,就可以打开这个邮件阅读其内容。如果想回复正在阅读的邮件,可在该页面中单击"回复"按钮进行回复。

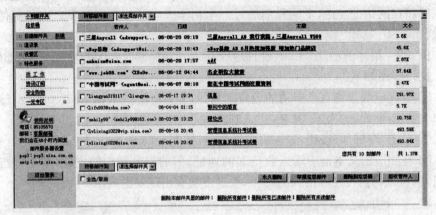

图 6-29 收件夹页面

## 6.3.4 文件传输服务

文件传输服务使用 TCP/IP 协议中的文件传输协议(File Transfer Protocol,简称 FTP)进行工作,所以也常叫 FTP 服务,它是目前普遍使用的一种文件传输方式。用户在使用 FTP 传输文件时,先要登录到对方主机上,然后就可以在两者之间传输文件。与 FTP 服务器联机后,用户还可以远程执行 FTP 命令,浏览对方主机的文件目录,设置文件的传输方式等。

FTP 软件有字符界面和图形界面两种,在 Windows XP 中可使用 FTP 命令来传输文件,还可以使用 Internet Explorer 6.0 实现文件传输。与命令方式相比,在 IE 中采用图形界面显示 FTP 服务器的资源,下载和上传操作更加方便。下面我们通过一个例子来学习使用 IE 进行 FTP 文件下载的方法。

**例 6-8** 使用 IE 浏览器进行 FTP 文件下载。

操作步骤如下:

① 打开 IE 浏览器,在浏览器的地址栏中输入 FTP 服务器的域名或 IP 地址后回车,连接到 FTP 服务器,如连接到 IP 地址为 172.17.24.60 的 FTP 服务器上,在 IE 地址栏中输入:ftp://172.17.24.60。

② 连接成功后,在浏览器中会显示 FTP 服务器上的文件目录列表,如图 6-30 所示。

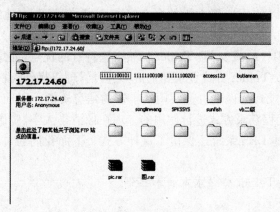

图 6-30　FTP 服务器主窗口

③ 接下来的操作与 Windows 资源管理器类似,双击一个文件夹,文件夹被打开,右击某个项目,在快捷菜单中单击"复制文件夹",然后选择本地计算机的一个文件夹,文件则被下载到本地计算机指定的文件夹中。

要从 FTP 服务器上面下载信息则必须要知道服务器的地址,为了查找 FTP 服务器,与搜索 Web 页一样,我们也可以使用 FTP 搜索引擎。一般的 FTP 搜索引擎都具有按照文件名查找和分类的功能(如北京大学的天网搜索引擎 http://e.pku.edu.cn),搜索结果为包含要搜索文件的 FTP 站点列表,它们以 Web 页形式返回给用户。

目前还有一些具有断点续传功能的 FTP 下载软件,这种软件可以在线路中断再次恢复连接后,接着上次中断的地方继续传输文件,这对于在网络上传输大型文件非常有用。常见的支持 FTP 的下载软件有:FlashGet、CuteFTP、WS—FTP 等。

## 6.3.5　远程登录服务

远程登录是指在网络通信协议 Telnet 的支持下,用户计算机(终端或主机)暂时成为远程某一台主机的仿真终端。只要知道远程计算机上的域名或 IP 地址、账号和口令,用户就可以通过 Telnet 工具实现远程登录,登录成功后,用户可以使用远程计算机对外开放功能和资源。

远程登录由来已久。以前,个人电脑很少且性能很低,在教育、研究机构中使用大型计算机的用户较多,一个大型计算机都连接有多个终端,用户在终端上登录到大型计算机上(用户在大型计算机上有账户),利用大型计算机的强大功能进行计算等工作。在 Internet 中人们将低性能的个人电脑连接到互联网上的大型计算机上,将个人电脑作为大型主机的一个终端的方式称为"登录"。这种登录的技术称为 Telnet(远程登录)。主机可以近在眼前,也可以远在地球的另一端,当登录上远程主机后,就可以使用远程主机的命令操作主机,就像在本地终端上使用主机一样。

Telnet 的使用日趋减少,但 Telnet 仍然有它特有的优点,如您是主机管理员,您可以坐在家里以 Telnet 方式登录到主机上进行管理等操作,就像在工作地工作一样;您也可以登录到远程主机上使用其丰富的信息资源。以前多数的电子公告栏(BBS)都是以远程登录方式进行使用的。现在像清华大学、中国科学技术大学、华中理工大学等的 BBS 系统还保留了这种方式。下面我们通过一个例子来学习如何使用 Telnet。

**例 6-9** 使用 Telnet 登录水木清华 BBS。

操作步骤如下:

①选择"开始"菜单中"运行"菜单项,打开"运行"对话框,在对话框中输入"Telnet"后回车,进入 Windows XP 命令界面,如图 6-31 所示。

图 6-31　Telnet 命令界面

②在命令提示符后输入"open smth. edu. cn"命令后回车,屏幕会提示"正在连接到 smth. edu. cn……"字样。

③连接成功后就可进入如图 6-32 所示的界面,根据提示输入用户名和密码就可以进入水木清华 BBS 的讨论主题了。

图 6-32　水木清华 BBS 登录界面

# 思考与练习

## 一、单项选择题

1. 计算机网络的主要作用是实现资源共享和_____。
   A. 计算机之间的互相备份　　　　　B. 电子商务
   C. 数据通信　　　　　　　　　　　D. 协同工作

2. 网络按通信范围分为_____。
   A. 局域网、以太网、广域网　　　　B. 局域网、城域网、广域网
   C. 电缆网、城域网、广域网　　　　D. 中继网、局域网、广域网

3. 在网络中,LAN 被称为_____。
   A. 远程网　　　　B. 中程网　　　　C. 近程网　　　　D. 局域网

4. 进行网络互联,当总线网的网段已超过最大距离时,可用_____来延伸。
   A. 路由器　　　　B. 中继器　　　　C. 网桥　　　　D. 网关

5. 在下列网络接入方式中,不属于宽带接入的是_____。
   A. 拨号接入　　　B. ADSL 接入　　　C. LAN 接入　　　D. 光纤接入

6. 网络的_____称为拓扑结构。
   A. 接入的计算机多少　　　　　　　B. 物理连接的构型
   C. 物理介质种类　　　　　　　　　D. 接入的计算机距离

7. Internet 是_____类型的网络。
   A. 局域网　　　　B. 城域网　　　　C. 广域网　　　　D. 企业网

8. 当网络中任何一个工作站发生故障时,都有可能导致整个网络停止工作,这种网络的拓扑结构为_____结构。
   A. 星型　　　　　B. 环型　　　　　C. 总线型　　　　D. 树型

9. 局域网中,连接计算机与物理线路的设备是_____。

    A. 路由器　　　　　　B. 交换机　　　　　　C. 中继器　　　　　　D. 网卡

10. 某办公室有多台计算机需要连入 Internet,目前仅有电话线而无网络,则需购置_____。

    A. 路由器　　　　　　B. 网卡　　　　　　C. 调制解调器　　　　　　D. 集线器

11. 下面 4 个 IP 地址中,正确的是_____。

    A. 202.9.1.12　　　　　　　　　　B. CX.9.23.01

    C. 202.122.202.345.34　　　　　　D. 202.156.33.D

12. Internet 网的通信协议主要是_____。

    A. PPP　　　　B. IPX/SPX 兼容协议　　　C. NetBEUI　　　　D. TCP/IP

13. 目前 IP 地址一般分为 A、B、C 三类,其中 C 类地址的主机号占_____二进制位。

    A. 16 位　　　　　　B. 8 位　　　　　　C. 4 位　　　　　　D. 24 位

14. URL 是 Internet 上的统一资源定位器。URL 地址中的 HTTP 协议是指_____。

    A. 文件传输协议　　　　　　　　B. 计算机域名

    C. 超文本传输协议　　　　　　　D. 电子邮件协议

15. 在以字符特征名为代表的域名中,第二级域名的_____代表教育机构。

    A. com　　　　　　B. edu　　　　　　C. net　　　　　　D. gov

16. 在 Internet 域名体系中,域的下面可以划分子域,各级域名用圆点分开,按照_____。

    A. 从左到右越来越小的方式分 4 层排列

    B. 从左到右越来越小的方式分多层排列

    C. 从右到左越来越小的方式分 4 层排列

    C. 从右到左越来越小的方式分多层排列

17. 利用网络交换文字信息的非交互式服务通常称为_____。

    A. E-mail　　　　　　B. Telent　　　　　　C. WWW　　　　　　D. BBS

18. 在 Internet 上,能让许多人一起交流信息的服务是_____。

    A. BBS　　　　　　B. WWW　　　　　　C. 索引服务　　　　　　D. 以上三者都不是

19. Internet 应用之一的 FTP 指的是_____。

    A. 用户数据协议　　　　　　　　B. 简单邮件传输协议

    C. 超文本传输协议　　　　　　　D. 文件传输协议

20. Internet 网络服务中,BBS 服务是指_____。

    A. 文件传输　　　　　　B. 网络浏览　　　　　　C. 电子公告牌　　　　　　D. 远程登录

21. 下列关于搜索引擎的说法中,错误的是_____。

    A. 搜索引擎是某些网站提供的用于网上信息查询的搜索工具

    B. 搜索引擎也是一种程序

    C. 搜索引擎也能查找网址

    D. 搜索引擎所找到的信息就是网上的实时信息

22. 收发电子邮件的条件是_____。

    A. 有自己的电子信箱

    B. 双方都有电子信箱

    C. 系统装有收发电子邮件的软件

    D. 双方都有电子信箱且系统装有收发电子邮件的软件

23. 合法的电子邮件地址是_____。

    A. 用户名♯主机域名                 B. 用户名＋主机域名

    C. 用户名@主机域名                D. 用户地址@主机名

24. 使用_____可以把自己喜欢的网址记录下来以便下次直接访问。

    A. 状态栏          B. 地址栏          C. 导航条          D. 收藏夹

## 二、填空题

1. 在 Internet 上必须使用的协议是_____。

2. 使用 IE 浏览器浏览网页时,鼠标变成手形说明此处是一个_____,单击此处,可以从一个网页_____到另一个网页。

3. 当打开一封新邮件,需要给发送者回信时,应选择_____功能。

4. 一封打开的邮件要发送给其他人时,应选择_____功能。

5. 在 WWW 浏览时,为了方便以后多次访问,可以将这个站点加入到_____。

6. 搜索引擎查询信息的方式主要有_____和_____两种。

7. 在主机的域名中,WWW 是指_____。

8. 发送邮件的服务器和接收邮件的服务器是_____。

## 三、上机操作题

1. IE 浏览器操作。

(1) 浏览 Web 页。

在 IE 浏览器的地址栏中输入 URL,如 http://www.tsinghua.edu.cn,回车后出现清华大学的主页。此外,还可以打开"历史记录"或"搜索"栏浏览。当打开"搜索"栏时,能在右边搜索结果;打开"历史记录"时,会按时间排列显示以前浏览过的页面,从中选择曾经浏览过的页面。

(2) 在清华大学主页上任意选择一个链接,点击进入另一页面。

移动鼠标指针至某个高亮度的图形或加下划线的文字上,此时鼠标指针变成"手"的形状。单击某一链接,便进入到与其链接的下一个页面。通过选择工具栏中的前进、后退按钮进行前后翻页。

(3) 由地址进入另一页面。

单击地址框,当前页面被选中,输入另一个 URL 地址如 www.huawei.com 并回车后,就从现在的页面转到了华为公司的主页。

(4) 保存 Web 页。

正确将华为公司的主页保存起来。在"文件"菜单中选择"另存为"命令后,出现保存 Web 页面的窗口。先选定保存到本地计算机硬盘上的指定目录下,输入文件名后,单击"保存"按钮即可。

2. 利用雅虎(http://www.yahoo.com.cn)、百度(http://www.baidu.com)或 google (www.google.com)等网站提供的搜索引擎搜索"计算机网络技术"的相关信息。

3. 给同学或老师发一封电子邮件,告诉对方自己的电子邮件地址,在附件里放置你在大学里的照片文件。

# 第7章　计算机信息系统安全

◆　学习内容

7.1　计算机信息系统安全范畴

7.2　计算机信息安全技术

7.3　计算机病毒

◆　学习目标

在本章的学习过程中,要求掌握计算机信息系统安全范畴的四个方面,掌握实体安全技术、信息安全技术、运行安全技术和网络安全技术等计算机信息系统安全技术。了解计算机病毒的定义和特点,掌握计算机病毒的危害和传播途径以及计算机病毒的防治方法。

　　随着信息技术的飞速发展,信息化社会悄然而至。信息技术的应用引起人们生产方式、生活方式以及思想观念的巨大变化,推动了人类社会的发展和文明的进步。信息已成为社会发展的重要战略资源和决策资源。然而人们在享受网络信息所带来的巨大利益的同时,也面临着信息安全的严峻考验,计算机不断遭到各种非法入侵,计算机病毒不断产生和传播,重要数据资源遭到破坏或丢失等。这些事件给计算机信息系统的正常运行造成了严重的危害。因此普及计算机系统安全知识,提高信息安全防范意识,加速信息安全的研究和发展,培养计算机网络安全的专门人才,已成为我国信息化发展的当务之急。

# 7.1　计算机信息系统安全范畴

　　计算机信息系统安全就是保障计算机及其相关配套设备、设施(含网络)的安全,运行环境安全,信息的安全,从而保证计算机功能的正常发挥。计算机信息安全的范畴包括实体安全、运行安全、信息安全和网络安全。

## 7.1.1　实体安全

　　计算机信息系统的实体安全是整个计算机信息系统安全的前提。因此,保证实体的安全是十分重要的。计算机信息系统的实体安全是指计算机信息系统设备及相关设施的安全、正常运行,其具体内容包括以下三个方面:

### 1. 环境安全
　　环境安全是指计算机和信息系统的设备及其相关设施所放置的地理环境、气候条件、污染状况以及电磁干扰等对实体安全的影响。

　　① 远离滑坡、危岩、泥石流等地质灾害高发地区。

　　② 远离易燃、易爆物品的生产工厂及储库房。

　　③ 远离环境污染严重的地区。例如:不要将场地选择在水泥厂、火电厂及其他有毒气体、腐蚀性气体生产工厂的附近。

　　④ 远离低洼、潮湿及雷击区。

　　⑤ 远离强烈振动设备、强电场设备及强磁场设备所在地。

　　⑥ 远离飓风、台风及洪涝灾害高发地区。

　　根据计算机信息系统在国民经济中的地位和作用,场地的选择有不同的控制标准。总的来说,越重要的系统,场地的选择标准越高。当实在不能满足某些条件时,应采取相应的安全措施。

**2. 设备安全**

设备安全保护是指计算机信息系统的设备及相关设施的防盗、防毁以及抗电磁干扰、静电保护、电源保护等几个方面。

**3. 媒介安全**

媒介安全是指对存储有数据的媒介进行安全保护。存储信息的媒介主要有:纸介质、磁介质(硬盘、软盘、磁带)、半导体介质的存储器以及光盘。媒介是信息和数据的载体,媒介损坏、被盗或丢失,损失最大的不是媒介本身,而是媒介中存储的数据和信息。对于存储有一般数据信息的媒介,这种损失在没有备份的情况下会造成大量人力和时间的浪费;对于存储有重要和机密信息的媒介,造成的是无法挽回的巨大损失,甚至会影响到社会的安定和战争的成败。媒介的安全保护,一是控制媒介存放的环境要满足要求,对磁介质媒介库房温度应控制在 $15 \sim 25$ ℃之间,相对湿度应控制在 $45\% \sim 65\%$ 之间,否则易发生霉变,造成数据无法读出;二是完善相应管理制度,存储有数据和信息的媒介应有专人管理,使用和借出应有十分严格的控制。对于需要长期保存的媒介,则应定期翻录,避免因介质老化而造成损失。

## 7.1.2　运行安全

运行安全的保护是指计算机信息系统在运行过程中的安全必须得到保证,使之能对信息和数据进行正确地处理,正常发挥系统的各项功能。影响运行安全的主要因素有:

**1. 工作人员的误操作**

工作人员的业务技术水平、工作态度及操作流程的不合理都会造成误操作,误操作带来的损失可能是难于估量的。常见的误操作有:误删除程序和数据、误移动程序和数据的存储位置、误切断电源以及误修改系统的参数等。

**2. 硬件故障**

造成硬件故障的原因很多,如电路中的设计错误或漏洞、元器件的质量、印刷电路板的生产工艺、焊接的工艺、供电系统的质量、静电影响及电磁场干扰等,均会导致在运行过程中硬件发生故障。硬件故障,轻则使计算机信息系统运行不正常、数据处理出错,重则导致系统不能工作,造成不可估量的巨大损失。

**3. 软件故障**

软件故障通常是由于程序编制错误而引起。随着程序的增大,出现错误的地方就会越来越多,这些错误对于很大的程序来说是不可能完全排除的,因为在程序

调试时,不可能通过所有的硬件环境来处理数据。这些错误平时是无法发现的,只有当满足一定的条件时才会表现出来,众所周知,微软的 Windows 98、Windows 2000 均存在几十处程序错误,发现这些错误后均通过打补丁的形式来解决,以至于"打补丁"这个词在软件产业界已经习以为常。程序编制中的错误尽管不是恶意的,但仍会带来巨大的损失。

**4. 计算机病毒**

计算机病毒是破坏计算机信息系统运行安全的最重要因素之一,Internet 在为人们提供信息传输和浏览功能的同时,也为计算机病毒的传播提供了方便。1999 年,人们刚从"美丽杀手"的阴影中解脱出来,紧接着 4 月 26 日,全球便遭到了目前认为最厉害的病毒 CIH 的洗劫,全球至少有数百万台计算机因 CIH 病毒而瘫痪。它不但破坏 BIOS 芯片,而且破坏硬盘中的数据,所造成的损失难以用金钱来计算。2000 年 4 月 26 日,CIH 病毒第二次大爆发,尽管人们已经接受了去年的教训,仍有大量的计算机遭到 CIH 病毒的破坏,人们还没有摆脱 CIH 阴霾的笼罩,"爱虫"病毒又向计算机张开了血盆大口,尽管没有全球大爆发,但仅在美国造成的损失已近 100 亿美元。

**5. "黑客"攻击**

"黑客"具有高超的技术,对计算机硬、软件系统的安全漏洞非常了解。他们的攻击目的具有多样性,一些是恶意的犯罪行为,一些是玩笑型的调侃行为,也有一些是正义的攻击行为,如在美国等北约国家对南联盟轰炸期间,许多黑客对美国官方网站进行攻击,他们的目的是反对侵略战争和霸权主义。随着 Internet 的发展和普及,黑客的攻击会越来越多。我国的大型网站新浪、搜狐及 IT163 均受到过黑客的攻击,网站的运行安全受到不同程度的影响。

**6. 恶意破坏**

恶意破坏是一种犯罪行为,它包括对计算机信息系统的物理破坏和逻辑破坏两个方面。物理破坏,只要犯罪分子能足够地接近计算机便可实施,通过暴力对实体进行毁坏。逻辑破坏,是利用冒充身份、窃取口令等方式进入计算机信息系统,改变系统参数、修改有用数据、修改程序等,造成系统不能正常运行。物理破坏容易发现,而逻辑破坏具有较强的隐蔽性,常常不能及时被发现。

## 7.1.3 信息安全

信息安全是指防止信息财产被故意或偶然地泄漏、破坏或更改,保证信息的使用完整、有效、合法。信息安全的破坏主要表现在如下几个方面:

### 1. 信息可用性遭到破坏

信息的可用性是指用户的应用程序能够利用相应的信息进行正确地处理。计算机程序与信息数据文件之间都有约定的存放磁盘、文件夹、文件名的关系,如果将某数据文件的文件名称进行了改变,对于它的处理程序来说,这个数据文件就变成了不可用,因为它找不到要处理的文件,同样,将数据文件存放的磁盘或文件夹改变后,数据文件的可用性也遭到了破坏;另一种情况是在数据文件中加入一些错误的或应用程序不能识别的信息代码,导致程序不能正常运行或得到错误的结果。

### 2. 对信息完整性的破坏

信息的完整性包含信息数据的多少、正确与否、排列顺序等几个方面。任何一个方面遭破坏,均会破坏信息的完整性。信息完整性的破坏可能来自多个方面,如人为因素、设备因素、自然因素及计算机病毒等,这些均可能破坏信息的完整性。

### 3. 对保密性的破坏

对保密性的破坏一般包括非法访问、信息泄漏、非法拷贝、盗窃以及非法监视、监听等方面。

非法访问指盗用别人的口令或密码等,并对超出自己权限的信息进行访问、查询、浏览。

信息泄漏包含人为泄漏和设备、通信线路的泄漏。人为泄漏是指掌握有机密信息的人员有意或无意地将机密信息传给了非授权的人员。设备及通信线路的信息泄漏,主要指电磁辐射泄漏、搭线侦听几个方面。电磁辐射泄漏,主要是指计算机及其设备、通信线路及其设备在工作时所产生的电磁辐射,利用专门的接收设备就可以在很远的地方接收到这些辐射信息。

## 7.1.4　网络安全

计算机网络是把具有独立功能的多个计算机系统通过通信设备和通信信道连接起来,并通过网络软件(网络协议、信息交换方式及网络操作系统)实现网络中各种资源的共享。

网络按覆盖的地域范围可分为局域网、城域网及广域网;按完成的功能可分为资源子网和通信子网。对于计算机网络的安全来说,它主要包括两个部分,一是资源子网中各计算机系统的安全性;二是通信子网中通信设备和通信线路的安全性。对它们安全性的威胁主要有以下几种形式:

### 1. 计算机犯罪行为

计算机犯罪行为包括故意破坏网络中计算机系统的硬软件系统、网络通信设施及通信线路;非法窃听或获取通信信道中传输的信息;假冒合法用户非法访问或

占用网络中的各种资源；故意修改或删除网络中的有用数据等。

**2. 自然因素的影响**

自然因素的影响包括自然环境和自然灾害的影响。自然环境的影响包括地理环境、气候状况、环境污染状况及电磁干扰等多个方面。自然灾害有地震、水灾、大风、雷电等，它们可能给计算机网络带来致命的危害。

**3. 计算机病毒的影响**

计算机网络中的计算机病毒会造成计算机方面的重大损失，轻则造成系统的处理速度下降，重则导致整个网络系统的瘫痪，既破坏软件系统和数据文件，也破坏硬件设备。

**4. 人为失误和事故的影响**

人为失误是非故意的，但它仍会给计算机网络安全带来巨大的威胁。例如，某网络管理人员违章带电拔插网络服务器中的板卡，导致服务器不能工作，使整个网络瘫痪，这期间可能丢失了许多重要的信息，延误了信息的交换和处理，其损失可能是难以弥补的。

网络越大，其安全问题就越是突出，安全保障的困难也就越大。近年来，随着计算机网络技术的飞速发展和应用的普及，国际互联网的用户大幅度增加。就我国而言，目前已有 1000 万用户接入国际互联网，人们在享受互联网给工作、生活、学习带来各种便利的同时，也承受了因网络安全性不足而造成的诸多损失。国际互联网本身就是在没有政府的干预和指导下无序发展起来的，它过分强调了开放性和公平性，而忽略了安全性。网络中每个用户的地位均是同等的，网络中没有任何人是管理者。近年来，互联网上黑客横行、病毒猖獗、有害数据泛滥、犯罪事件不断发生，暴露了众多的安全问题，引起了各国政府的高度重视。

# 7.2　计算机信息安全技术

计算机信息系统安全保护技术是通过技术手段对实体安全、运行安全、信息安全和网络安全实施保护，是一种主动保护措施，能增强计算机信息系统防御攻击和防御破坏的能力。

## 7.2.1　实体安全技术

实体安全技术是为了保护计算机信息系统实体安全而采取的技术措施，主要有以下几个方面：

**1. 接地要求与技术**

接地分为避雷接地、交流电源接地和直流电源接地等多种方式。避雷接地可以减少雷电对计算机机房建筑、计算机及设备的破坏，以及保护系统使用人员的人身安全。其接地点应深埋地下，采用与大地良好相通的金属板为接地点，接地电阻应小于 10 Ω，这样才能为遭到雷击时的强大电流提供良好的放电路径。交流电源接地则可以保护人身及设备的安全。安全正确的交流供电线路应该是三芯线，即相线、中线和地线，地线的接地电阻值应小于 4 Ω。直流电源为各个信号回路提供能源，常由交流电源经过整流变换而来，它处在各种信号和交流电源交汇的地方，良好的接地是耦合、滤波等取得良好效果的基础，其接地电阻要求在 4 Ω 以下。

**2. 防火安全技术**

从国内外的情况分析，火灾是威胁实体安全最大的因素之一。因此，从技术上采取一些防火措施是十分必要的。

(1) 建筑防火

建筑防火是指在修建机房建筑时采取的一些防火措施。一般隔墙应采用耐火等级高的建筑材料，室内装修的表面材料应采用符合防火等级要求的装饰材料，设置两个以上出入口，并应考虑排烟孔，以减轻火势蔓延。为了防止电器火灾，应设置应急开关，以便快速切断电源。

(2) 设置报警装置

设置报警装置的目的是为了尽早发现火灾，在火灾的早期进行扑救以减小损失，通常在屋顶或地板之下安放烟感装置。

(3) 设置灭火设备

灭火设备包括人工操作的灭火器和自动消防系统两大类。

灭火器适合于安全级别要求不高的信息系统，灭火剂应选择灭火效率高，且不损伤计算机设备的种类。特别注意的是不能采用水去灭火，水有很好的导电性能，会使计算机设备因短路而烧坏。自动消防系统造价高，它能自动监测火情、报警并能自动切断电源，同时启动预先安好的灭火设备进行灭火，适合于重要的、大型的计算机信息系统。

**3. 防盗技术**

防盗技术是防止计算机设备被盗窃而采取的一些技术措施，分为阻拦设施、报警装置、监视装置及设备标记等方面。阻拦设施是为了防止盗窃犯从门窗等薄弱环节进入计算机房进行偷盗活动，常用的做法是安装防盗门窗，必要时配备电子门锁。报警装置是窃贼进入计算机房内，接近或触摸被保护设备时自动报警，主要有光电系统、微波系统、红外线系统三大类。监视系统是利用闭路电视对计算机房的

各个部位进行监视保护,这种系统造价高,适合于重要的计算机信息系统。设备标记是为了设备被盗后查找赃物时准确、方便,在为设备制作标记时应采用先进的技术,使标记便于辨认,且不能清除。

### 7.2.2　运行安全技术

运行安全技术是为了保障计算机信息系统安全运行而采取的一些技术措施和技术手段,分为风险分析、审计跟踪、应急措施和容错技术四个方面。

**1. 风险分析**

风险分析是对计算机信息系统可能遭到攻击的部位及其防御能力进行评估,并对攻击发生的可能性进行预测。风险分析的结果是我们确定安全保护级别和措施的重要依据,既避免了盲目进行保护造成的经济浪费,也使应该保护的地方得到强有力的保护。一句话,使我们的钱花得值得、有效。风险分析分为四个阶段进行:系统设计前,系统运行前,系统运行期间及系统运行后。风险分析过程中应对可能的风险来源进行估计,并对其危害的严重性、可能性做出定量地评估。

**2. 审计跟踪**

审计跟踪是采用一些技术手段对计算机信息系统的运行状况及用户使用情况进行跟踪记录,主要功能有:其一是记录用户活动,记录下用户名、使用系统的起始日期和时间以及访问的数据库等;其二是监视系统的运行和使用状况,可以发现系统文件和数据正在被哪些用户访问,硬件系统运行是否处于正常状态,一旦发生故障及时报警;其三是安全事故定位,如某用户多次使用错误口令试图进入系统,试图越权访问或删除某些程序和文件等,这时审计跟踪系统会记录下用户的终端号及使用时间等定位信息;其四是保存跟踪日志,日志是计算机信息系统一天的运行状况及使用状况的一个记录,它直接保存在磁盘上,通过阅读日志可以发现很多安全隐患。

**3. 应急措施**

无论如何进行安全保护,计算机信息系统在运行过程中都可能会发生一些突发事件,导致系统不能正常运行,甚至整个系统的瘫痪。因此,事前做一些应急准备,事后实施一些应急措施是十分必要的。应急准备包括关键设备的整机备份、设备主要配件备份、电源备份、软件备份及数据备份等,一旦事故发生,应立即启用备份,使计算机信息系统尽快恢复正常工作。此外,对于应付火灾、水灾这类灾害,应制定人员及设备的快速撤离方案,规划好撤离线路,并落实到具体的工作岗位。事故发生后,应根据平时的应急准备,快速实施应急措施,尽快使系统恢复正常运行,减少损失。

**4. 容错技术**

容错技术是使系统能够发现和确认错误,给用户以错误提示信息,并试图自动恢复。容错能力是评价一个系统是否先进的重要指标,容错的一种方式是通过软件设计来解决。第二种容错的方式是对数据进行冗余编码,常用的有奇偶校验码、循环冗余码、分组码及卷积码等,这些编码方式使信息占用的存储空间加大、传输时间加长,但它们可以发现和纠正一些数据错误。第三种容错的方式是采用多个磁盘来完成,如磁盘冗余阵列、磁盘镜像、磁盘双工等。

## 7.2.3　信息安全技术

为了保障信息的可用性、完整性、保密性而采用的技术措施称为信息安全技术。为了保护信息不被非法地使用或删改,对其访问必须加以控制,如设置用户权限、使用口令、密码以及身份验证等。为了使被窃取后的信息不可识别,必须对明数据按一定的算法进行处理,这称为数据加密。加密后的数据在使用时必须进行解密后才能变为明数据,其关键是加解密算法和加解密密钥。另一方面要防止信息通过电磁辐射而泄漏,其技术措施主要有四个:一是采用低辐射的计算机设备,这类设备辐射强度低,但造价高;二是采用安全距离保护,辐射强度是随着距离的增加而减弱的,在一定距离之后,场强减弱,使接收设备不能正常接收;三是利用噪声干扰方法,在计算机旁安放一台噪声干扰器,使干扰器产生的噪声和计算机设备产生的辐射混杂一起,使接收设备不能正确复现计算机设备的辐射信息;四是利用电磁屏蔽使辐射电磁波的能量不外泄,方法是采用低电阻的金属导体材料制作一个表面封闭的空心立体把计算机设备罩住,辐射电磁波遇到屏蔽体后产生折射或被吸收,这种屏蔽体被称为屏蔽室。

## 7.2.4　网络安全技术

计算机网络的目标是实现资源的共享,也正因为要实现共享资源,网络的安全遭到多方面的威胁。网络分为内部网和互联网两个类型,内部网是一个企业、一个学校或一个机构内部使用的计算机组成的网络,互联网是将多个内部网络连接起来,实现更大范围内的资源共享,众所周知的 Internet 是一个国际范围的互联网。下面我们以两种类型的网络来讨论其安全技术。

**1. 局域网安全技术**

对内部网络的攻击主要来自内部,据有关资料统计,其比例高达 85%。因此,内部网络的安全技术是十分重要的,其实用安全技术有如下几个方面:

（1）身份验证

身份验证是对使用网络的终端用户进行识别的验证，以证实他是否为声称的那个人，防止冒充。身份验证包含识别和验证两个部分，识别是对用户声称的标识进行对比，看是否符合条件；验证是对用户的身份进行验证，其验证的方法有口令字、信物及人类生物特征。真正可靠的是利用人的生物特征，如指纹、声音等。

（2）报文验证

报文验证包括内容的完整性、真实性、正确性的验证以及报文发送方和接收方的验证。报文内容验证可以通过发送方在报文中加入一些验证码，收到报文后利用验证码进行鉴别，符合的接收，不符合的拒绝。对于报文是否来自确认发送方的验证，有以下两种方法：一是对发送方加密的身份标识解密后进行识别；二是报文中设置加密的通行字。确认自己是否为该报文接收方的方法与确认发送方的方法类似。

（3）数字签名

签名的目的是为了确认信息是由签名者认可的，这在我们的日常生活及工作中是常见的现象。电子签名具有相同的目的，作为一种安全技术它首先使签名者事后不能否认自己的签名，其次签名不能被伪造和冒充。电子签名是一种组合加密技术，密文和用来解码的密钥一起发送，而该密钥本身又被加密，还需要另一个密钥来解码。由此可见，电子签名具有较好的安全性，是电子商务中首选的安全技术。

（4）信息加密技术

加密技术是密码学研究的主要范畴，是一种主动的信息安全保护技术，能有效防止信息泄漏。在网络中，主要是对信息的传输进行加密保护，在信息的发送方利用一定的加密算法将明文变成密文后，在通信线路中传送，接收方收到的是密文，且必须经过一个解密算法才能恢复为明文，这样就只有确认的通信双方才能进行正确信息交换。加密算法既可以通过硬件也可以通过软件来实现。

**2. Internet 安全技术**

Internet 经过近二十多年的发展，已成为世界上规模最大、用户最多、资源最丰富的网络系统，覆盖了 160 多个国家和地区，其内约有十万个子网，有一亿多个用户。Internet 是一个无中心的分布式网络，在安全性方面十分脆弱。近年来大型网站遭到"黑客"攻击的事件频频发生，CIH 病毒势掠全球的噩耗至今令我们不寒而栗，因此，了解和掌握一些有关 Internet 的安全技术是十分有益的，下面以防火墙技术为例来加以介绍。

（1）防火墙概述

防火墙是在内部网和外部网之间实施安全防范的系统（含硬件和软件），也可被认为是一种访问控制机制，用于确定哪些内部服务可被外部访问。由此可见，当我们与 Internet 相连的内部网有安全要求时，防火墙是必须考虑的安全保护设施。防火墙有两种基本保护原则：一种是未被允许的均为禁止，这时防火墙封锁所有的信息流，然后对希望的服务逐项开放。这种原则安全性高，但使用不够方便。第二种原则是未被禁止的均为允许，这时防火墙转发所有的信息流，再逐项屏蔽可能有害的服务。这种原则使用方便，但安全性容易遭到破坏。

（2）防火墙的分类

防火墙根据功能的特点分为包过滤型、代理服务器型及复合型三种，下面分别加以介绍。

① 包过滤型

包过滤型通常安装在路由器上，多数商用路由器都提供包过滤功能。包的过滤是根据信息包中的源地址、目标地址及所用端口等信息，与事先预定好的信息进行比较，相同的允许通过，反之则被拒绝。这种防火墙的优点是使用方便、速度快且易于维护，缺点是易于欺骗且不记录有谁曾经由此通过。

② 代理服务器

代理服务器也称应用级网关，它把内部网和外部网进行隔离，内部网和外部网之间没有了物理连接，不能直接进行数据交换，所有数据交换均由代理服务器完成。例如：内部用户对外发出的请求需要经由代理服务器审核，当符合条件时，代理服务器为其到指定地址取回信息后转发给用户；代理服务器还对提供的服务产生一个详细的记录，也就是说提供日志及审计服务。这种防火墙的缺点是使用不够方便，且易产生通信瓶颈。

③ 复合型防火墙

复合型防火墙是包过滤防火墙和代理服务器防火墙相结合的产物，它具有两种防火墙的功能，有双归属网关、屏蔽主机网关和屏蔽子网防火墙三种类型。

# 7.3　计算机病毒

所谓的计算机病毒，是指一种在计算机系统运行过程中，能把自身精确复制或有修改地复制到其他程序内的程序。它隐藏在计算机的数据资源中，利用系统资源进行繁殖，并破坏或干扰计算机系统的正常运行。由于计算机病毒是人为设计的程序，这些程序隐藏在计算机系统中，通过自我复制来传播，满足一定条件即被激活，从而给计算机系统造成一定损害甚至严重破坏。这种程序的活动方式与生

物学中的病毒相类似,所以被称为计算机"病毒"。

### 7.3.1 计算机病毒的特点及其发展历史

计算机病毒虽然对人体无害,但它具有生物病毒类似的特征。

(1)传染性

从计算机病毒的定义中可以看出,它具有自我复制的能力,将自己嵌入到其他程序中实现其传染目的。程序是否有传染性是判断其是否为计算机病毒的基本标志。

(2)隐蔽性

计算机病毒嵌入在正常的程序当中,在没有发作时,一切正常,不易被发觉。

(3)破坏性

计算机病毒的目的是为了破坏数据或硬件、软件资源,凡是软件技术能触及到的资源均可能遭到破坏。

(4)潜伏性

计算机病毒传染给正常的程序后并不是立即发作,而是等待一定条件的发生,在此期间它们不断地传染给新对象,一旦满足条件时破坏的范围更大。

1977年,托马斯·丁·瑞安在他的一部科幻小说中幻想了世界上第一个计算机病毒。几年之后,美国的计算机安全专家弗雷德·科恩首次成功地进行了计算机病毒实验,由此计算机病毒从幻想变成了现实。美国是最早发现真实计算机病毒的国家,在20世纪80年代末的短短几年间,计算机病毒很快就蔓延到了世界各地。计算机病毒的来源众说纷纭,有恶作剧起源说、报复起源说、软件保护起源说等。计算机病毒从出现到现在,经历了以下几个发展阶段:

(1)DOS时代

DOS是PC机上最早最流行的一个操作系统,至今仍有部分用户群体。DOS操作系统的安全性较差,易受到病毒的攻击。在这个时代病毒的数量和种类都很多,按其传染的方式分为系统引导型、外壳型及复合型。系统引导型病毒在DOS引导时装入内存,获得对系统的控制权,对外传播。外壳型病毒包围在可执行文件的周围,执行文件时,病毒代码首先被执行,进入系统中再传染,这类病毒一般来说要增加文件的长度。复合型病毒同时具有系统引导型和外壳型病毒的特征。

(2)Windows时代

微软的Windows 95操作系统一经推出,受到了用户的极大欢迎,以前的DOS用户纷纷加入了Windows的行列,从此宣布PC机操作系统进入了Windows时代。由于Windows文件的运行机制与DOS文件的运行机制有较大的差别,使得遭到

DOS病毒感染的程序在Windows中无法运行，从而失去了进一步传染的可能，逐渐销声匿迹。Windows时代的病毒主要有两种类型：

一是按传统的思路根据Windows可执行文件的结构重新改写传染模块的病毒，其典型当属台湾陈氏编写的CIH病毒；另一种是利用Office系统中提供的宏语言编写的宏病毒。

（3）Internet时代

Internet上的病毒大多是Windows时代宏病毒的延续，它们往往利用强大的宏语言读取E-mail软件的地址簿，并将自己作为附件发送到地址簿中的那些E-mail地址，从而实现病毒的网上传播。这种传播方式极快，感染的用户成几何级数增加，其危害是以前任何一种病毒无法比拟的。近期出现的Internet病毒有美丽杀手、爱虫、爱情后门、蠕虫等，它们在全球造成的损失均达到百亿美元。

### 7.3.2　计算机病毒的传播途径及其危害

**1. 计算机病毒的传播途径**

计算机病毒可以通过优盘、硬盘、光盘及网络等多种途径进行传播。当计算机因使用带病毒的优盘而遭到感染后，又会感染以后被使用的优盘，如此循环往复使传播的范围越来越大。当硬盘带毒后，又可以感染所使用过的软盘，在用软盘交换程序和数据时又会感染其他计算机上的硬盘。目前盗版光盘很多，既有各种应用软件，也有各种游戏，这些都可能带有病毒，一旦我们安装和使用这些软件、游戏，病毒就会感染计算机中的硬盘，从而形成病毒的传播。通过计算机网络传播病毒已经成了感染计算机病毒的主流方式。这种方式传播病毒的速度极快，且范围特广。我们在Internet中进行邮件收发、下载程序、文件传输等操作时，均可能被感染计算机病毒。

**2. 计算机病毒的危害**

计算机病毒的种类繁多，它们对计算机信息系统的危害主要有以下四个方面：

① 破坏系统和数据：病毒通过感染并破坏电脑硬盘的引导扇区、分区表，或用错误数据改写主板上可擦写型BIOS芯片，造成整个系统瘫痪、数据丢失，甚至主板损坏。

② 耗费资源：病毒通过感染可执行程序，大量耗费CPU、内存及硬盘资源，造成计算机运行效率大幅度降低，计算机处理速度变慢。

③ 破坏功能：计算机病毒可能造成不能正常列出文件清单、封锁打印功能等。

④ 删改文件：对用户的程序及其他各类文件进行删除或更改，破坏用户资料。

### 7.3.3　计算机病毒的防治

做好计算机病毒的防治是减少其危害的有力措施,防治的办法有两种:一是从管理入手;二是采取一些技术手段,如定期利用杀毒软件检查和清除病毒或安装防病毒卡等。

**1. 管理措施**

① 不要随意使用外来的优盘,必须使用时务必先用杀毒软件扫描,确信无毒后方可使用。

② 不要使用来源不明的程序,尤其是游戏程序,这些程序中很可能带有病毒。

③ 不要到网上随意下载程序或资料,对来源不明的邮件不要随意打开。

④ 不要使用盗版光盘上的软件,甚至不要将盗版光盘放入光驱内,因为自启动程序便可能使病毒传染到你的计算机上。

⑤ 对重要的数据和程序应做独立备份,以防万一。

⑥ 对特定日期发作的病毒,应作提示公告。

**2. 技术措施**

(1) 杀毒软件

杀毒软件的种类很多,目前国内比较流行的有北京江民新技术有限公司开发的 KV3000,金山公司的金山毒霸,瑞星公司推出的瑞星系列杀毒软件等。杀毒软件分为单机版和网络版,通常单机版只能检查和消除单个机器上的病毒,价格较便宜;网络版可以检查和消除整个网络中各个计算机上的病毒,价格较为昂贵。下面我们通过一个例子来学习使用瑞星 2009 软件进行查杀病毒的方法。

**例 7-1**　使用瑞星 2009 软件进行查杀病毒。

操作步骤如下:

① 双击 Windows 桌面上的瑞星杀毒软件快捷方式图标(狮子盾牌)或者双击 Windows 任务栏中的瑞星计算机监控图标(打开的小绿伞),快速启动瑞星杀毒软件主程序,瑞星杀毒软件主程序界面如图 7-1 所示。

② 在"杀毒"标签页中确定要扫描的文件夹或者其他目标,在"查杀目标"中勾选的目录即是当前选定的查杀目标。在右侧的"设置"区内设置发现病毒后的处理方式为"清除病毒",杀毒结束时的处理方式为"返回"。

③ 单击"开始查杀",则开始扫描相应目标,如图 7-2 所示,扫描过程中可随时点击"暂停查杀"按钮来暂时停止扫描,按"继续查杀"按钮则继续中断的扫描,或点击"停止查杀"按钮来停止扫描。扫描中,带毒文件或系统的名称、所在文件夹、病毒名称将显示在查毒结果栏内,您可以使用右键菜单对染毒文件进行处理。

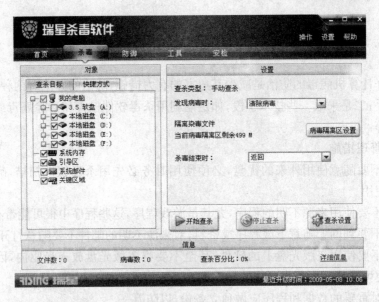

图 7-1  瑞星杀毒程序主界面

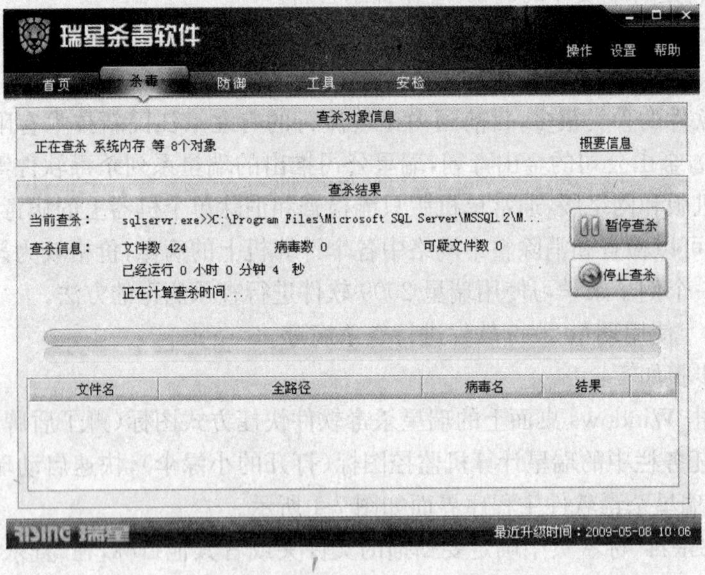

图 7-2  瑞星杀毒软件病毒扫描界面

　　如果在使用"我的电脑"或"资源浏览器"进行文件浏览时怀疑某个文件或文件夹感染病毒,可以右击该文件或文件夹,从弹出式菜单中选择"瑞星杀毒"命令,将打开瑞星杀毒软件主界面,并自动开始扫描该文件或文件夹。

　　值得提醒的是:任何一个杀毒软件都不可能检查出所有病毒,当然更不能清除所有的病毒,因为软件公司不可能搜集到所有的病毒,且新的病毒不断地产生。所

以即使使用了杀毒软件,也要注意及时更新和升级以防止有新的病毒感染计算机系统,给计算机系统和数据安全造成损失。

（2）防病毒卡

防病毒卡是用硬件的方式保护计算机免遭病毒的感染。国内使用较多的产品有瑞星防病毒卡、化能反病毒卡等。防病毒卡有以下特点：

① 广泛性：防病毒卡是从病毒机理入手进行有效的检测和防范,因此可以检测出具有共性的一类病毒,包括未曾发现的病毒。

② 双向性：防病毒卡既能防止外来病毒的侵入,又能抑制已有的病毒向外扩散。

③ 自保护性：任何杀毒软件都不能保证自身不被病毒感染,而防病毒卡采用特殊的硬件保护,使自身免遭病毒感染。

## 思考与练习

一、单项选择题

1. 目前被认为是最有效的安全控制方法是_____。
   A. 口令
   B. 用户权限设置
   C. 限制对计算机的物理接触
   D. 数据加密

2. 导致信息安全问题产生的原因较多,但综合起来一般有_____两类。
   A. 物理与人为
   B. 黑客与病毒
   C. 系统漏洞与硬件故障
   D. 计算机犯罪与破坏

3. 计算机病毒的特点可以归纳为_____。
   A. 破坏性、隐蔽性、传染性和可读性
   B. 破坏性、隐蔽性、传染性和潜伏性
   C. 破坏性、隐蔽性、潜伏性和先进性
   D. 破坏性、隐蔽性、潜伏性和继承性

4. 计算机病毒一般是人为开发的小程序,下列说法错误的是_____。
   A. 计算机病毒是一种程序
   B. 计算机病毒具有潜伏性
   C. 计算机病毒可通过运行外来程序传染
   D. 用杀病毒软件能确保清除所有病毒

5. 计算机病毒可以使整个计算机瘫痪,危害极大,计算机病毒是_____。
   A. 人为开发的程序
   B. 一种生物病毒
   C. 错误的程序
   D. 空气中的灰尘

6. 为了保证系统在受到破坏后能尽可能地恢复,应该采取的做法是_____。
   A. 定期做数据备份
   B. 多安装一些硬盘

    C. 在机房内安装 UPS             D. 准备两套系统软件及应用软件

7. 计算机病毒不是通过_____传染的。

    A. 局部网络                    B. 远程网络

    C. 带病操作人员的身体          D. 使用了不正当途径复制的优盘

8. 目前使用的杀毒软件能够_____。

    A. 检查计算机是否感染了某些病毒,如有感染,可以清除一些病毒

    B. 检查计算机感染的各种病毒,并可以清除其中的一些病毒

    C. 检查计算机是否感染了病毒,如有感染,可以清除所有病毒

    D. 防止任何病毒再对计算机进行侵害

9. 对于存放有重要数据的 3.25 寸软盘,防止感染病毒的方法是_____。

    A. 不要与有病毒的软盘放在一起     B. 移动滑块,挡上写保护口

    C. 保持软盘清洁                D. 移动滑块,露出写保护口

10. 当用各种杀毒软件都不能清除软盘上的系统病毒时,则应对此软盘_____。

    A. 丢弃不用                  B. 删除所有文件

    C. 重新格式化               D. 删除 COMMAND. COM 文件

11. 下列方式中,_____一般不会感染计算机病毒。

    A. 在网络上下载软件,直接使用

    B. 试用来历不明软盘上的软件,以了解其功能

    C. 在本机的电子邮箱中发现有奇怪的邮件,打开看看究竟

    D. 安装购买的正版软件

12. 关于计算机病毒的传播途径,不正确的说法是_____。

    A. 通过软盘的复制          B. 通过硬盘的复制

    C. 通过软盘放在一起       D. 通过网络传输

13. 随着网络使用的日益普及,_____成了病毒传播的主要途径之一。

    A. Web 页面     B. 电子邮件     C. BBS     D. FTP

14. 发现计算机感染病毒后,应该采取的做法是_____。

    A. 重新启动计算机并删除硬盘上的所有文件

    B. 重新启动计算机并格式化硬盘

    C. 用一张干净的系统软盘重新启动计算机后,用杀毒软件检测并清除病毒

    D. 立即向公安部门报告

15. 下列关于防火墙的叙述不正确的是_____。

    A. 防火墙是硬件设备       B. 防火墙将企业内部网与其他网络隔开

    C. 防火墙禁止非法数据进入    D. 防火墙增强了网络系统的安全性

16. 网络"黑客"是指_____的人。

    A. 匿名上网                 B. 在网上私闯他人计算机

    C. 不花钱上网               D. 总在夜晚上网

17. 下列现象中,肯定不属于计算机病毒危害的是_____。

    A. 影响程序的执行,破坏用户程序和数据

    B. 能造成计算机器件永久性失效

    C. 影响计算机的运行速度

    D. 影响外部设备的正常使用

18. 下列结果中,属于计算机病毒破坏的是_____。

    A. 使盘片发生霉变            B. 破坏系统软件和文件内容

    C. 改写了文本文件            D. 磁盘被复制

19. 计算机病毒破坏的对象是_____。

    A. 计算机硬盘               B. 计算机显示器

    C. CPU                        D. 计算机软件和数据

20. 为了保证内部网络的安全,下面的做法中无效的是_____。

    A. 制定安全管理制度          B. 在内部网与因特网之间加防火墙

    C. 给使用人员设定不同的权限      D. 购买高性能计算机

21. 保证网络安全最重要的核心策略之一是_____。

    A. 身份验证和访问控制

    B. 身份验证和加强教育,提高网络安全防范意识

    C. 访问控制和加强教育,提高网络安全防范意识

    D. 以上说法都不对

二、简答题

1. 影响计算机信息系统安全的因素有哪些?

2. 简述保障计算机信息系统安全的措施。

3. 什么是防火墙? 它有什么作用?

4. 计算机病毒的危害和传播途径有哪些?

5. 计算机病毒的防治措施有哪些?

三、上机操作题

1. 请在网上查询有关"黑客"对计算机信息系统造成危害的事例。

2. 请从网上查阅预防计算机病毒的一些方案,并提出你的看法。

3. 请从网上查询有关"计算机网络道德"的热点话题,并提出你的看法。

4. 任意选择一种杀毒软件,如瑞星、金山毒霸或 KV3000,学习其使用方法。

# 第8章 常用工具软件

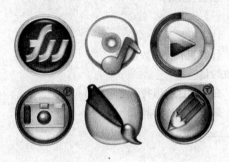

◆ 学习内容

8.1 文件压缩软件

8.2 光盘刻录软件

8.3 图像处理软件

8.4 音频处理软件

8.5 视频处理软件

◆ 学习目标

通过本章的学习,要求学生掌握文件压缩软件 WinRAR 的使用方法;熟练运用 Nero Burning ROM 软件刻录光盘、数据文件等;掌握常见图片处理方法;掌握声音的采集、编辑、添加特殊效果的方法和技巧;学会使用 Premiere 进行制作视频短片等。

# 8.1 文件压缩软件

使用压缩软件可以减小文件的体积，便于网络传送和携带。文件之所以能够压缩，是因为文件里的数据有一定的规律，用科学的方法存储，就能使文件体积减小。常见的文件压缩软件有 WinRAR、WinZip 等。WinRAR 是目前流行的压缩工具，界面友好，使用方便，在压缩率和速度方面都有很好的表现，也是目前压缩率较大、压缩速度较快的格式之一。本节以 WinRAR 为例介绍压缩软件的使用。

## 8.1.1 解压缩文件

大多数文件是经过压缩后传送的，获得压缩文件后，就可以使用压缩软件进行解压的操作。解压缩文件通常使用以下三种方法：

**1. 解压到当前文件夹**

右键单击压缩文件，在弹出的菜单中选择"解压到当前文件夹"菜单项，把文件解压到当前位置，如图 8-1 所示。

**2. 解压到指定位置**

右键单击压缩文件，在弹出的菜单中选择"解压到"菜单项，把文件解压到一个新的文件夹中，文件夹的名称就是压缩文件名，当压缩文件中有多个文件（夹）时，此种方法比较适合，如图 8-2 所示。

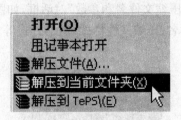

图 8-1　解压到当前文件夹　　　　　　图 8-2　解压到指定位置

**3. 自定义解压**

右键单击压缩文件，在弹出的菜单中选择"解压文件"菜单项；这时候会弹出"解压路径和选项"对话框，如图 8-3 所示。可以选择解压的位置，然后点击"确定"按钮，也可以在目标路径的后面输入新的名字。

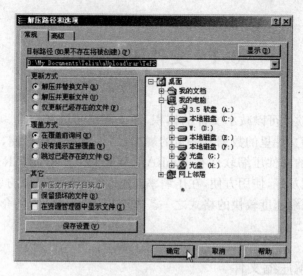

图 8-3 "解压路径和选项"对话框

## 8.1.2 压缩文件

**1. 直接压缩**

选择要压缩的文件或文件夹,单击右键,在弹出的菜单中选择"添加到文件(夹)名.rar"菜单项,如图 8-4 所示,这时就会把该文件压缩到当前文件夹中,并以文件或文件夹的名字直接命名。

**2. 自定义压缩**

选择要压缩的文件或文件夹,单击右键,在弹出的菜单中选择"添加到压缩文件"菜单项,如图 8-5 所示,这时就会出现一个"压缩文件名和参数"对话框,如图8-6所示。此时可以根据自己的需要设置压缩文件名、压缩文件格式、压缩方式等一系列参数。

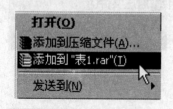

图 8-4 直接压缩

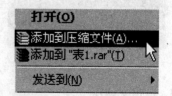

图 8-5 自定义压缩

**3. 自解压压缩**

若别人的计算机中没有安装压缩软件,这样压缩包就不能被解压,可以在压缩

的时候勾上"创建自解压格式压缩文件",这样压缩后的文件是一个可执行文件,即使对方没有压缩文件也可以解压,此时文件或文件夹的名字为文件扩展名.exe,双击运行后可以自行解压,具体设置如图8-7所示。

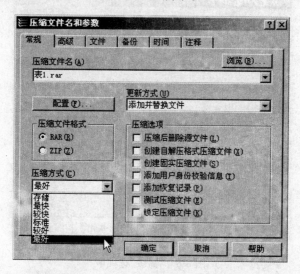

图 8-6  "压缩文件名和参数"对话框

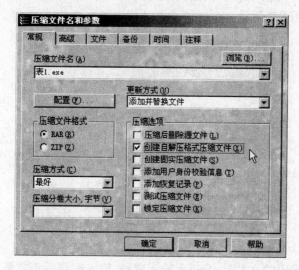

图 8-7  "压缩文件名和参数"对话框

### 4. 加密压缩

使用压缩软件 WinRAR 还可以对自认为需要保密的文件进行加密,设定密码后,打开文件时会提示输入密码。具体操作步骤如下:

① 右键单击要压缩的文件,在弹出的菜单中选择"添加到压缩文件"菜单项;

② 在弹出的"压缩文件名和参数"对话框上边选择"高级"选项卡；

③ 单击选项卡右边中间的"设置密码"按钮，如图 8-8 所示；

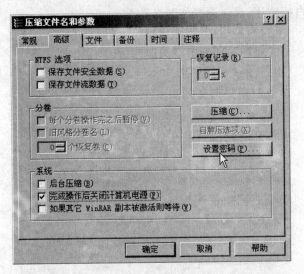

图 8-8 "高级"选项卡

④ 在密码框中输入密码，根据提示再次输入密码进行确认，两次输入密码必须是一致的，如图 8-9 所示；

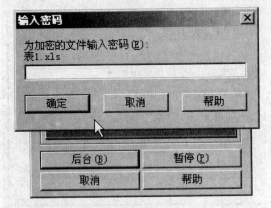

图 8-9 "输入密码"对话框

⑤ 解压带密码的文件时，会提示输入密码，输入密码后正常解压，否则会提示失败。

# 8.2 光盘刻录软件

## 8.2.1 NERO 的特点和功能

NERO 是一款德国公司出品的非常出色的刻录软件，它支持数据光盘、音频光盘、视频光盘、启动光盘、硬盘备份以及混合模式光盘刻录，操作简便并提供多种可以定义的刻录选项，同时拥有经典的 Nero Burning ROM 界面和易用界面 Nero Express，如图 8-10 所示。

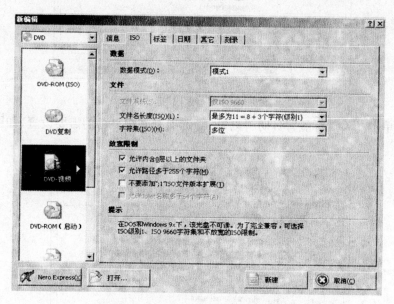

图 8-10　Nero Burning ROM 工作界面

不论所要刻录的是资料 CD、音乐 CD、Video CD、SuperVideo CD、DDCD 还是 DVD，所有的程序都是一样的，即使用鼠标将文件从文件浏览器拖拽至编辑窗口中，开启刻录对话框，然后激活刻录。

## 8.2.2 刻录数据光盘

刻录数据光盘的具体操作步骤如下：

① 将空白 CD-R 刻录盘放入刻录机中；

② 启动 NREO 软件,选择菜单栏中的"新建"菜单项,出现"新编辑"窗口,单击 "CD-ROM(ISO)"选项,单击"多重区段"选项卡,选择"没有多重区段"选项,表示 以后不能再添加数据,如图 8-11 所示;

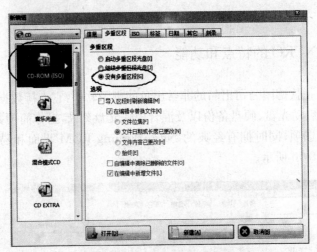

图 8-11 "多重区段"选项卡

③ 单击"ISO""标签""日期""刻录"等选项卡并按自己的需要设置,如图 8-12 所示;

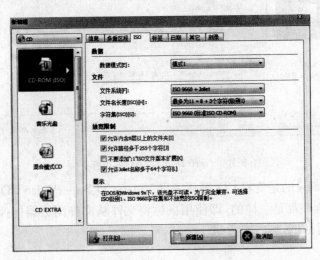

图 8-12 "ISO"选项卡

④ 单击"新建"按钮,弹出"ISO1-Nero Burning ROM"对话框,如图 8-13 所示, 左边两个窗口是待刻录光盘文件编辑窗口,左窗口显示盘符或文件夹,右窗口显示 选中对象包含的文件或文件夹,右边两个窗口是硬盘文件浏览器窗口;

⑤ 用鼠标将目标数据文件或文件夹从硬盘文件窗口拖拽到光盘文件窗口中，如图 8-14 所示；

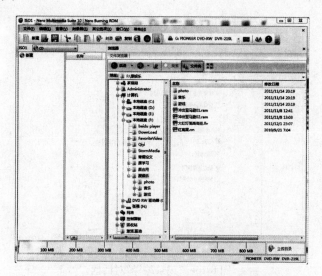

图 8-13   "ISO1-Nero Burning ROM"对话框

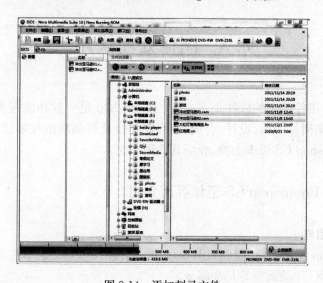

图 8-14   添加刻录文件

⑥ 单击工具栏中的"刻录"按钮，打开"刻录编译"对话框，如图 8-15 所示，进行刻录前的参数设置；

⑦ 单击"刻录"按钮，根据对话框提示设置相关参数，进入刻录程序，刻录完成后取出光盘即可。

使用 Nero Burning ROM 按照同样的方法可以进行刻录音频光盘、视频光盘、启动光盘、硬盘备份以及混合模式光盘，或者 DVD、蓝光的刻录等，不再做详细介绍。

图 8-15　"刻录编译"对话框

# 8.3　图像处理软件

目前用于图像处理的软件很多，其中 Photoshop 是一款功能强大的常用图像处理软件，它集图像编辑、设计、合成、网页制作以及高品质图片输出功能为一体。本节以 Photoshop CS 版本为例，介绍其常用功能。

## 8.3.1　Photoshop CS 工作界面介绍

### 1. 界面组成

Photoshop CS 的界面组成如图 8-16 所示，包括标题栏、菜单栏、工具属性栏、工具箱、工作区、浮动面板等几个部分。

### 2. 工具箱

Photoshop CS 菜单中有很多命令，通过联合运用各菜单中的命令和工具箱中的工具，能够绘制精美的平面作品或者对图片进行编辑，如图 8-17 所示。

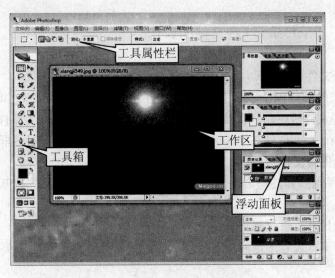

图 8-16　Photoshop CS 工作界面

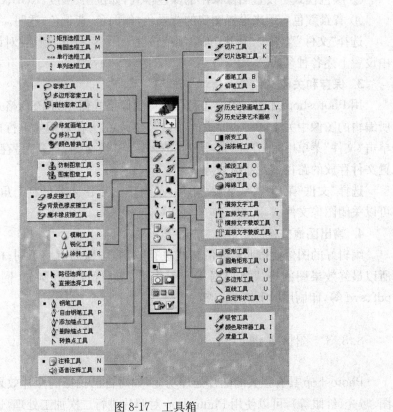

图 8-17　工具箱

### 8.3.2　Photoshop CS 文件的操作

**1. 打开文件**

选择"文件"菜单中"打开"菜单项,在"打开"对话框的图像"文件格式"列表框中查看、选择文件所在路径以及文件名,单击"打开"按钮,可将文件打开。也可使用快捷键"Ctrl+O"或者在工作区空白处双击,也可弹出"打开"对话框。

**2. 新建图像文件**

创建作品时要新建一个空白的图像文件,任何一个图像文件的基本参数都包括以下内容:

① 图像尺寸　设置画布的大小,单位有像素、英寸和厘米等。

② 分辨率　设置图像的精度,分辨率越大,图像质量就会越好,默认分辨率为72 像素/英寸。

③ 颜色模式　设置图像采用的颜色模式,如位图、灰度、RGB、CMYK 等。

④ 背景颜色　用来设置图像的背景色,如白色、背景色、透明。

选择"文件"菜单中"新建"菜单项或按"Ctrl+N"打开"新建"对话框,在对话框中设置上述各种参数。

**3. 保存和关闭文件**

用 Photoshop 处理完图像之后一般将图像格式保存为 PSD 格式,因为它能将所编辑的图像中关于图层和通道的信息保存下来,方便对图像进行再编辑和修改。单击"文件"菜单中"另存为"选项或按"Ctrl+S"快捷键,打开"另存为"对话框,设置文件存放的路径、名称、格式等。

选择"文件"菜单中"关闭"菜单项,或者单击工作区窗口右上角的"关闭"按钮可以关闭图像文件。

**4. 输出图像文件**

编辑好的图像要按照需要的格式进行输出,图像的应用不同,格式也不一样,所以最终效果图的格式要根据实际工作需要进行设置。例如,网页中用的 gif、pdf、swf 等,印刷用的 bmp、jpg 等。

### 8.3.3　图像处理实例

Photoshop 具有强大的图片处理功能,如对自己拍摄的照片效果不满意(如构图、曝光、红眼等),可以使用 Photoshop 对照片进行二次加工处理,进行美化;也可以对图片进行合成等,本节只介绍几种常用的功能。

**1. 图像幅面和分辨率的调整**

① 图像尺寸与分辨率的调整 打开图片后,选择"图像"菜单中"图像大小"菜单项,在弹出的"图像大小"对话框中,根据需要调整图像的尺寸和分辨率,如图8-18 所示。

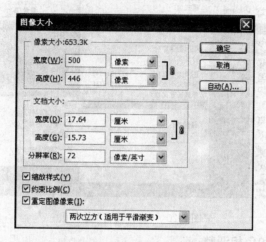

图 8-18 "图像大小"对话框

② 修改图像版面(画布)的大小 选择"图像"菜单中"图像大小"菜单项,在弹出的"画布大小"对话框中输入需要改变的图像版面大小,如图 8-19 所示,其中"当前大小"指当前文件的实际尺寸,要改变图像的版面大小,只要在"新建大小"中输入相应的宽度和高度即可,同时在"定位"项中确定图像在画布中的位置。

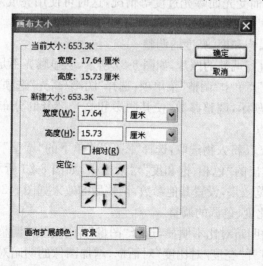

图 8-19 "画布大小"对话框

③ 图像的旋转　选择"图像"菜单中"旋转画布"菜单项,如图 8-20 所示。根据需要可以进行 90°顺时针、90°逆时针、180°、任意角度、水平、垂直等的旋转。

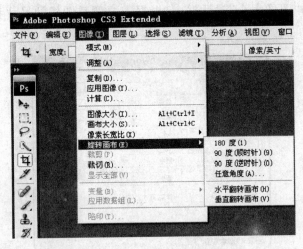

图 8-20　"旋转画布"菜单项

### 2. 图像色彩和色相调整

色彩是彩色图像的重要指标之一,对图像色彩和色调的控制是图像处理的重要环节。只有有效地控制图像的色彩和色调,才能制作出高品质的图像。"图像"菜单中的"调整"命令提供了多种调节颜色的方法,包括色彩层次、曲线、平衡、亮度和对比度、色相和饱和度等。在拍摄照片过程中,由于光源照射方向等原因,会出现背光面曝光不足而受光面曝光过度等情况,这时可使用亮度对比度或色相饱和度等进行调整。

(1) 图像色相、饱和度、亮度的调整

① 打开需要进行调整的照片,如图 8-21 所示,明显曝光不足,色彩暗淡;

② 选择"图像"菜单中"调整"菜单项,选择"阴影/高光"选项,打开"阴影/高光"对话框,如图 8-22 所示,调整参数,使其阴影和高光部分的分布更合理,设置完成后单击"确定"按钮;

③ 使用套索工具将人物选取,选择"图像"菜单下的"调整"子菜单中"色相/饱和度"菜单项,在弹出的"色相/饱和度"对话框中,如图 8-23 所示,设置参数,增加明度,同时根据预览效果,设置其他参数,调整后的效果如图 8-24 所示。

(2) 亮度、对比度、色调的调整

人物和背景的明暗对比不明显,选择"图像"菜单下的"调整"子菜单中"亮度/对比度"菜单项,打开"亮度/对比度"对话框,增加图像的明暗对比,具体如图 8-25 所示。

图 8-21　调整前　　　　图 8-22　"阴影/高光"对话框

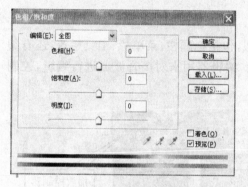

图 8-23　"色相/饱和度"对话框　　　　图 8-24　调整后

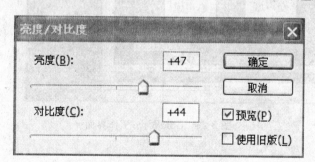

图 8-25　"亮度/对比度"对话框

　　Photoshop 的选取、蒙版、绘图、通道、滤镜等功能本教材不做介绍,有兴趣的同学自行查阅其他书籍学习。

# 8.4  音频处理软件

GoldWave 是一个功能强大的数字音乐编辑器,它可以对音频内容进行播放、录制、编辑以及转换格式等处理。GoldWave 支持 wav、ogg、voc、mp3、mov 等多种音频文件格式,也可以从 CD、VCD、DVD 或其他视频文件中提取声音。

## 8.4.1  GoldWave 的工作界面

GoldWave 工作界面和其他软件相似,包括标题栏、菜单栏、工具栏等,还有编辑器和控制器两个面板,如图 8-26 所示。编辑器用来对声音波形进行编辑,控制器可控制录制、播放和一些设置操作。

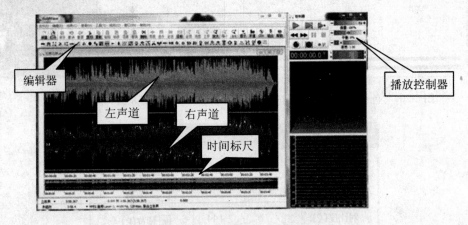

图 8-26  GoldWave 工作界面

## 8.4.2  GoldWave 的文件操作

### 1. 打开声音文件

打开声音文件的操作步骤如下:

① 选择"文件"菜单中的"打开"菜单项,弹出"打开声音文件"对话框,在对话框中选择要导入的音频素材,单击"打开",如图 8-27 所示;

② 音频导入完毕后,在主界面中显示音频文件波形图,如图 8-26 所示;

③单击播放控制器中的" ▶ "播放按钮,播放被导入的音频文件,在主窗口中

显示播放进程。

图 8-27　打开声音文件

**2. 保存文件**

如果要将当前编辑的音频文件保存为一个新文件时，单击"文件"菜单中"另存为"菜单项，然后指定文件夹和文件名，选择保存类型和采样频率，单击"保存"。在修改声音文件时，单击"文件"菜单中的"保存"菜单项，将最新修改结果保存到原来的声音文件中，无需指定文件夹和文件名。

## 8.4.3　数字录音采样

录音的声源可以是 CD-ROM 播放的 CD 音乐，也可以是音频电缆传送过来的录音机信号，还可以是通过麦克风直接进行的现场录音，所以在录制前要进行相关参数设置。

**1. 确定录音源**

录制文件需要预先设定录音源，在设备控制器中单击"　"属性按钮打开"控制属性"对话框，单击"设备"选项卡，如图 8-28 所示，进行相关设置，选择音源。

**2. 设定录音参数**

① 单击"录音"选项卡，打开录音设置界面，如图 8-29 所示，进行参数设置；

② 录制和数据保存，即单击"文件"菜单中"新建"菜单项，弹出"新建声音"对话框，如图 8-30 所示，来设置相关参数。

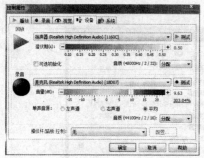

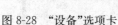

　　图 8-28　"设备"选项卡　　　　　　　　　图 8-29　"录音"选项卡

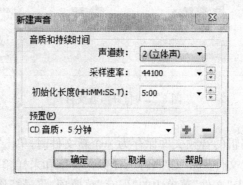

图 8-30　"新建声音"对话框

　　其中,"声道数"可选择单声道或立体声;"采样速率"中默认是"44 K",另外还有很多选项,可根据需要选择;"初始化长度"是建立声音文件的长度,也就是时间数,输入值按"HH：MM：SS. T"的格式,前面的"HH"表示小时数,中间的"MM"表示分钟数,后面的"SS"表示秒数,以冒号为分界。没有冒号的数字就表示秒;有一个冒号,前面为分钟、后面为秒;有两个冒号,最前面为小时。如上图中长度为"5：00",就表示 5 分钟。

**3. 录音**

　　点击控制器里的" "录音按钮开始录音,对着麦克风说话时,编辑区里就出现声音波形,录音结束后,单击控制器中的" "停止按钮,即可停止录音。

**4. 保存文件**

　　录音结束后,播放录制的音频,效果满意后,选择"文件"|"保存"菜单命令,保存文件。GoldWave 中可存储的类型有很多,一般我们常用的是 mp3 和 wav,wav是记录声音波形文件,mp3 是压缩后的波形文件。

### 8.4.4　声音基本编辑

**1. 选择编辑区**

编辑音频首先要选择编辑区,即选择要编辑的音频波段,编辑命令都是针对选中的波形进行操作的。可以直接用鼠标左键在波形图里面进行拖拽选择需要编辑的区域,也可以单击鼠标右键选择"设置开始标记"和"设置结束标记"确定编辑区域,编辑区被确定后,以深蓝色作为背景颜色,编辑区以外的区域为黑色。选取区域的长度,可以通过编辑器下方的标尺来进行查看。

① 全选　单击"编辑"菜单中"选择全部"菜单项,也可单击工具栏中的"🔲"全选按钮,或在波形图上单击鼠标右键选择"选择全部"选项。

② 展开编辑区域　单击工具栏中"🔳"选显按钮,即可以展开选定的区域,便于看清楚选定的波形。

**2. 编辑区的基本操作(声音基本编辑)**

选定区域之后,就可以对选定的音频编辑区进行编辑,常用的音频编辑如下:

① 删除音频片段　选定编辑区,单击工具栏中的"🔳"删除按钮,即可删除选定的声音片段。

② 静音处理　选定编辑区,单击"静音"按钮,即可将选中的波形设置为无声音。

③ 裁剪声音片段　选定编辑区,单击"剪裁"按钮,即可把未选中的部分删除,保留选中的部分。

④ 复制音频片段　选定需要复制的编辑区,单击"🔳"复制按钮,然后鼠标选择需要粘贴的位置(配合使用鼠标左键和右键来选择插入点),单击"🔳"粘贴按钮,即可完成复制音频片段。如果需要插入到一个波形文件中,则插入点之后的声音会被往后"挤"。

⑤ 剪切音频片段　要实现声音文件的移动,其操作方法和复制音频片段相似,不同的是单击"🔳"剪切按钮。

⑥ 恢复操作　误操作之后,单击"🔳"撤销按钮,即可撤销误操作。

熟悉上面讲述的声音基本操作后,即可实现对声音文件进行合成,即将两个或两个以上的音频素材合成在一起,形成新的声音文件。

### 8.4.5　增加特殊效果

**1. 添加淡入、淡出效果**

一首音乐的开头或结尾不能乍然惊见和戛然而止,这种感觉非常突兀,让人听起来不舒服，应该缓慢开始和缓慢结束，即淡入淡出。使用 GoldWave 可以实现这一效果。操作步骤如下：

① 打开音频文件，播放音乐，在开始约 10 秒处，选择结束点，确定选区位置，单击播放器中的"暂停"按钮，完成选取，如图 8-31 所示；

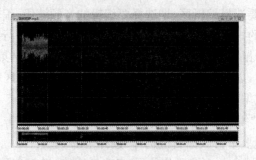

图 8-31 选取波形文件

② 单击工具栏中的"淡入"按钮，弹出如图所示"淡入"对话框，如图 8-32 所示，此时单击"确定"按钮，实现声音渐渐出现的效果；

图 8-32 "淡入"对话框

③ 在结尾前约 10 秒处，选择开始点，将尾部 10 秒设置为选区，单击工具栏中的"淡出"按钮，弹出"淡出"对话框，如图 8-33 所示，单击"确定"按钮，实现声音渐渐消失的效果；

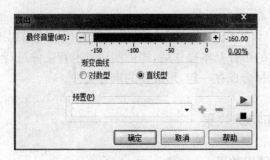

图 8-33 "淡出"对话框

④ 在上述的"淡入"、"淡出"对话框中,单击"▶"试听当前设置按钮,可以对效果进行预览,完成淡入淡出设置后的波形如图 8-34 所示,单击"播放"按钮,进行试听渐近渐远的听觉效果。

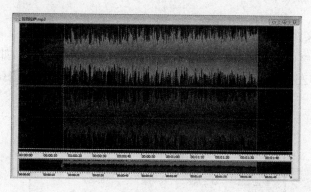

图 8-34　淡入淡出波形图

### 2. 制作回声效果

录制音频完成后,如果声音效果不好,可以使用 GoldWave 对声音进行回声效果设置,使声音效果更好。操作步骤如下:

① 单击"文件"菜单中"打开"菜单项,打开声音文件;

② 选择编辑区,单击"↘"混响按钮,弹出"回声"对话框,如图 8-35 所示,在该对话框中,左右移动滑块可以分别完成回声、延迟时间、音量和反馈参数的设置,单击"确定"按钮,完成回声效果设置;

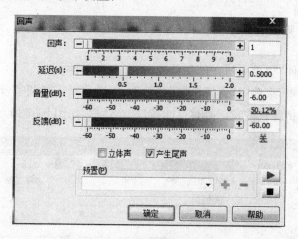

图 8-35　"回声"对话框

③ 单击"▶"试听当前设置按钮,可以对回声效果进行预览,效果满意后单击"确定"按钮;

④ 单击"文件"菜单中"保存"菜单项,保存声音文件。

**3. 机器人声音**

使用 GoldWave 可以把人物说话的声音调整为类似机器发出的声音。操作步骤如下:

① 单击"文件"菜单中"打开"菜单项,打开声音文件;

② 选择编辑区,单击"⚙"机械化按钮,弹出"机械化"对话框,如图 8-36 所示,在该对话框中,左右移动频率滑块,改变声音的频率,单击"确定"按钮,完成机械化效果设置;

图 8-36 "机械化"对话框

③ 单击"▶"试听当前设置按钮,可以对机器人声音效果进行预览,效果满意后单击"确定"按钮;

④ 单击"文件"菜单中"保存"菜单项,保存声音文件。

**4. 音量调整**

如果录制音频的音量不够大,可以使用 GoldWave 进行调整,增大音量,操作步骤如下:

① 单击"文件"菜单中"打开"菜单项,打开声音文件;

② 单击"编辑"菜单中"选择全部"菜单项,或者选择需要调整音量的区域;

③ 单击"⚙"音量按钮,弹出"更改音量"对话框,如图 8-37 所示;

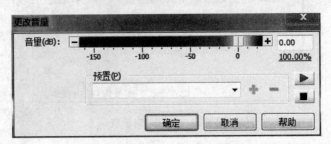

图 8-37 "更改音量"对话框

④ 在该对话框中,左右移动音量滑块,改变音量,效果满意后,单击"确定",完成音量调整。

# 8.5 视频处理软件

Premiere 是 Adobe 公司出品的一款非常优秀的非线性视频编辑软件,它集视频、音频编辑处理于一体,功能非常强大,可以实现视频组接、视频配音、过渡效果、视频特辑、字幕添加等功能,目前广泛应用于电视节目编辑、多媒体制作、商业广告等领域。

## 8.5.1 Premiere 的工作界面

Premiere 的默认操作界面主要分为素材框、监视器调板、效果调板、时间线调板和工具箱五个主要部分,如图 8-38 所示。在效果调板的位置,通过选择不同的选项卡,可以显示信息调板和历史调板。

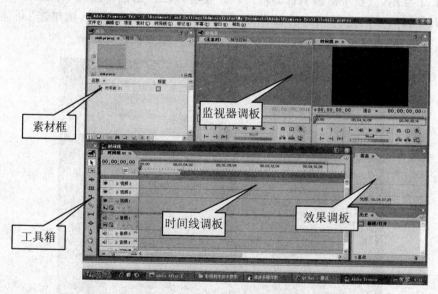

图 8-38 "Premiere pro"工作界面

### 8.5.2　Premiere 的基本操作

**1. 新建项目**

双击打开 Premiere 程序,使其开始运行,弹出开始界面,如图 8-39 所示。

图 8-39　"Premiere pro"开始界面

　　在开始界面中,如果最近创建并使用过 Premiere 项目工程,会在"最近使用的项目"下显示,只要单击该项目即可进入。要打开之前已经存在的项目工程,单击"打开项目",然后选择相应的工程即可打开。要新建一个项目,则单击"新建项目",弹出"新建项目"对话框,如图 8-40 所示,进入配置项目画面。

图 8-40　"新建项目"对话框

我们可以对配置项目中的各项进行设置,使其符合我们的需要。一般来说,我

们经常选择的是"DV-PAL 标准 48 kHz"的预置模式来创建项目工程,再选择文件的存放目录,输入工程文件名称,单击"确定"按钮,程序会自动进入如图 8-38 所示的工作界面。

**2. 导入素材**

选择"文件"菜单中的"导入"菜单项,或者在素材框空白处双击,会自动弹出"导入"对话框,如图 8-41 所示。选择需要导入的文件,导入的文件可以是视频、图片、音频等,单击"打开"按钮,"素材库"面板即显示导入的文件,如图 8-42 所示。

图 8-41　"导入"对话框　　　　　　图 8-42　"素材库"面板

**3. 添加素材**

用鼠标将素材框中需要编辑的素材拖动到时间线上,以便进行下一步的编辑,如图 8-43 所示。

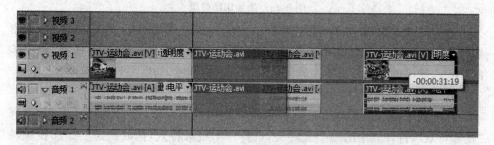

图 8-43　"时间线"面板

**4. 添加切换效果**

"效果"面板如图 8-44 所示,添加切换效果的步骤如下:

① 单击"效果"面板,选择"视频切换效果",打开其中的一个文件夹,例如,"叠

化”文件夹，再选中文件夹下的“叠化”，使用鼠标把“叠化”拖动到两段素材之间，就完成了特效的添加，如图 8-45 所示；

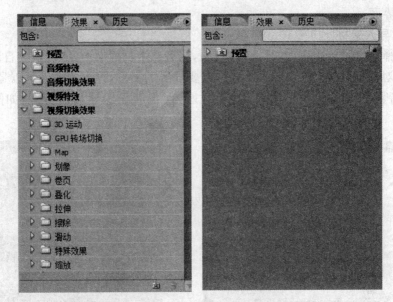

图 8-44　“效果”面板

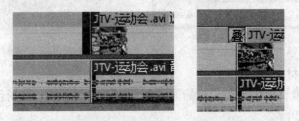

图 8-45　添加切换效果

②　将时间梭移动到视频特效添加的位置，在右上的监视器调板中就可以观察到视频切换的特效。单击时间线上的视频特效，在中间的监视器里，选择“效果控制”面板，就可以在调板里对视频特效的细节进行调整，如图 8-46 所示。

**5. 添加视频特效**

添加视频特效的操作方法与添加视频切换效果类似，单击“效果”面板，选择“视频特效”，打开其中的一个文件夹，选择一个视频特效，拖放到需要添加视频特效的素材上即可，不再详细介绍。

**6. 添加字幕**

①　选择“字幕”菜单下的“新建字幕”子菜单中“默认静态字幕”菜单项，如图 8-47 所示，单击“确定”按钮后弹出的“新建字幕”对话框，如图 8-48 所示；

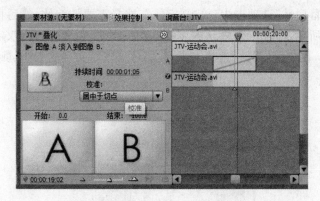

图 8-46  "效果控制"面板

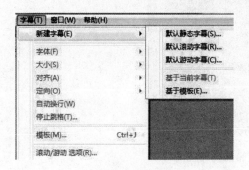

图 8-47  添加字幕

图 8-48  "新建字幕"对话框

② 输入字幕的名称,单击"确定"按钮,出现如图 8-49 所示的"创建字幕"界面;

图 8-49  "创建字幕"窗口

③ 在"字幕属性"选项卡中,单击"字体",选择需要的字体,然后再输入字幕内容,如图 8-50 所示,Premiere 默认的字体不支持中文,需要在输入汉字之前更改支持中文的字体,在"字幕属性"选项卡中,我们还可以对文字的大小、颜色、位置和效果进行设置;

图 8-50  "字幕属性"选项卡

④ 使用软件提供的字幕模板设计或制作字幕,可以省去很多时间,先选择要使用的模板,修改好名称之后单击"确定"按钮,出现如图 8-51 所示界面,此时可以对模板中的字幕进行修改,步骤与之前的静态字幕一致。

图 8-51  "字幕模板"窗口

### 7. 视频的渲染和导出

在视频编辑完成之后,我们可以直接通过右侧监视器上的播放键进行视频的预览,但是由于电脑性能所限,为了浏览的顺畅,可先进行视频渲染。选择"序列"菜单中"渲染工作区"菜单项,弹出"已渲染"对话框,自动开始渲染。

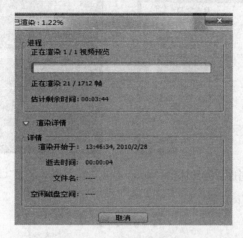

图 8-52 "已渲染"对话框

当文件渲染完成之后,时间线上会出现一条绿线,当时间线上都是绿线时,视频就可以顺畅地预览了。经过预览,无需做进一步修改便可导出影片,选择"文件"菜单下的"导出"子菜单中"影片"菜单项,如图 8-53 所示。

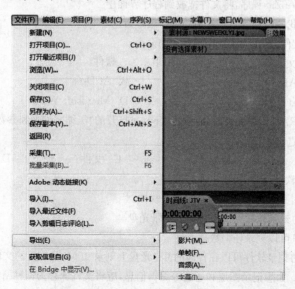

图 8-53 导出影片

此时弹出"导出影片"对话框,如图 8-54 所示,确定保存路径,修改名称单击"保存"按钮,软件弹出已渲染对话框,如图 8-55 所示,开始自动导出视频,完成后关闭软件即可。

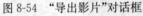

图 8-54 "导出影片"对话框

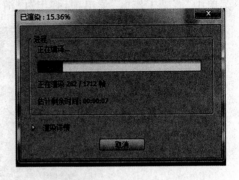

图 8-55 "已渲染"对话框

# 思考与练习

## 一、单项选择题

1. 下列选项中,错误的压缩文件方法是_____。

A. 将文件图标拖放到 WinRAR 程序快捷图标上

B. 打开 WinZip 程序,将文件拖放到程序界面中

C. 打开"我的电脑"窗口,使用"文件"菜单命令

D. 右击文件,从快捷菜单中选择压缩命令

2. 要将多个文件打包成一个文件,应使用_____软件。

A. WinRAR B. ACDsee

C. Internet Explorer D. Microsoft Word

3. 使用 WinRAR 压缩文件时,要设置密码,在打开的"压缩文件名和参数"对话框中使用的是_____选项卡。

A. 常规 B. 高级 C. 文件 D. 注释

4. 关于刻录软件,下列说法正确的是_____。

A. 刻录时必须使用随机赠送的刻录软件

B. 最好的刻录软件保证不会刻坏一张光盘

C. 刻录机可以刻录任何数据文件

D. 优秀的刻录软件可以在普通的 CD 光盘上刻录 10MGB 容量的文件

5. Photoshop 如想记录图层和通道等编辑信息,应将文件保存为何种格式?_____

A. PSD B. JPG C. PDF D. SWF

6. 如想实现声音缓慢进入、慢慢消失的效果,应使用 GoldWave 中的_____。

A. 机械化      B. 淡入淡出      C. 回声      D. 降噪

7. 使用 premiere 可以支持的文件格式不包括下列何种格式？ _____

A. mov      B. ppj      C. iso      D. avi

8. premiere 软件的源文件格式为_____。

A. psd      B. ppj      C. jpg      D. ppt

二、上机操作题

1. 选择一个文件夹，对其进行压缩并设置密码。

2. 打开自己的一张照片，使用 Photoshop 软件对其进行处理，调整亮度、大小等。

3. 选择一首比较熟悉的 mp3 音乐，对其进行编辑，添加音频特效。

4. 尝试使用摄像机录制视频，并使用 premiere 进行编辑添加字幕等。

# 附录1 汉语拼音方案

## 一、声母表

| | | | | | | | | | | |
|---|---|---|---|---|---|---|---|---|---|---|
| b | 玻 | p | 坡 | m | 摸 | f | 佛 | d | 得 | t | 特 |
| n | 讷 | l | 勒 | g | 哥 | k | 科 | h | 喝 | j | 基 |
| q | 欺 | x | 希 | zh | 知 | ch | 吃 | sh | 诗 | r | 日 |
| z | 资 | c | 雌 | s | 思 | y | 衣 | w | 污 | | |

## 二、韵母表

| | | | | | | | | | | | |
|---|---|---|---|---|---|---|---|---|---|---|---|
| a | 啊 | o | 喔 | e | 鹅 | ai | 哀 | ei | 诶 | ao | 熬 |
| ou | 欧 | an | 安 | en | 恩 | ang | 昂 | eng | 亨 | ong | 轰 |
| i | 衣 | ia | 呀 | ie | 耶 | iao | 腰 | iou | 优 | ian | 烟 |
| in | 因 | iang | 央 | ing | 英 | iong | 雍 | u | 屋 | ua | 蛙 |
| uo | 窝 | uai | 歪 | uei | 威 | uan | 弯 | uen | 温 | uang | 汪 |
| ueng | 翁 | ü | 迂 | üe | 约 | üan | 冤 | ün | 晕 | | |

## 三、整体认读

| | | | | | | | |
|---|---|---|---|---|---|---|---|
| zhi | 知 | chi | 吃 | shi | 诗 | ri | 日 |
| zi | 资 | ci | 雌 | si | 思 | yi | 衣 |
| wu | 污 | yu | 寓 | ye | 耶 | yue | 约 |
| yuan | 冤 | yin | 因 | yun | 晕 | ying | 英 |

## 附录2 86五笔字型键盘字根总图

| 35Q | 34W | 33E | 32R | 31T | | 41Y | 42U | 43I | 44O | 45P |
|---|---|---|---|---|---|---|---|---|---|---|
| 金钅勹几<br>夕夕角鱼<br>儿乂夂厂 | 人亻<br>八乂癶 | 月月舟彡<br>衣毛乜用豕 | 白手手扌<br>彡亠斤斤<br>厂 | 禾禾丿<br>竹竹彳<br>攵 | | 言讠文方<br>广亠丶<br>主 | 立氵丶辛<br>丷六辛<br>疒门 | 水氵小<br>小小小<br>氺米 | 火业灬<br>灬<br>米 | 之辶廴<br>宀冖<br>礻 |

| 15A | 14S | 13D | 12F | 11G | | 21H | 22J | 23K | 24L | 25M |
|---|---|---|---|---|---|---|---|---|---|---|
| 工弋匚<br>戈廿廿<br>艹 | 木丁西 | 大犬三手<br>丰青古石<br>長厂ナ | 土士二十<br>干寸雨 | 王丰一五<br>戋 | | 目具卜<br>上止忄<br>广卜丿 | 日曰刂刂<br>刂川早虫<br>曰 | 口<br>川巛 | 田甲四皿<br>车力口<br>罒 | 山由贝<br>几凡 |

| 55X | 54C | 53V | 52B | 51N | | | | | | |
|---|---|---|---|---|---|---|---|---|---|---|
| 纟幺弓匕<br>纟纟匕口 | 又厶巴马<br>ス マ | 女刀九彐<br>白 巛 | 子孑也山<br>了阝耳卩<br>巴 | 已己巳乙<br>尸尸心忄<br>羽忄小 | | | | | | |

| Z |
|---|
| |

### 五笔字型字根助记词

11 王旁青头戋（兼）五一
12 土士二干十寸雨
13 大犬三羊（羊）古石厂
14 木丁西
15 工戈草头右框七
21 目具上止卜虎皮
22 日早两竖与虫依
23 口与川，字根稀
24 田甲方框四车力
25 山由贝，下框几
31 禾竹一撇双人立，反文条头共三一
32 白手看头三二斤
33 月彡（衫）乃用家衣底
34 人和八，三四里
35 金勾缺点无尾鱼，犬旁留乂儿一点夕，氏无七（妻）
41 言文方广在四一，高头一捺谁人去
42 立辛两点六门疒
43 水旁兴头小倒立
44 火业头，四点米
45 之宝盖，摘礻（示）衤（衣）
51 已半巳满不出己，左框折尸心和羽
52 子耳了也框向上
53 女刀九臼山朝西
54 又巴马，丢矢矣
55 慈母无心弓和匕，幼无力

# 附录3 五笔字型基本字根总表

| 区 | 位 | 代码 | 字母 | 基本字根 | 口 诀 | 高频字 |
|---|---|---|---|---|---|---|
| 1 横起类 | 1 | 11 | G | 王丯一五戈 | 王旁青头戈五一 | 一 |
| | 2 | 12 | F | 土士二十干卅寸雨 | 土士二干十寸雨 | 地 |
| | 3 | 13 | D | 大犬三手古石厂丆長ナ犭 | 大犬三手(羊)古石厂 | 在 |
| | 4 | 14 | S | 木丁西 | 木丁西 | 要 |
| | 5 | 15 | A | 工匚七弋戈廾廿艹丗 | 工戈草头右框七 | 工 |
| 2 竖起类 | 1 | 21 | H | 目且丨卜卜上止齿广虍丨 | 目具上止卜虎皮 | 上 |
| | 2 | 22 | J | 日曰日刂川刂虫早皿 | 日早两竖与虫依 | 是 |
| | 3 | 23 | K | 口川川 | 口与川，字根稀 | 中 |
| | 4 | 24 | L | 田甲口四皿车力罒囗 | 田甲方框四车力 | 国 |
| | 5 | 25 | M | 山由门贝几骨 | 山由贝，下框几 | 同 |
| 3 撇起类 | 1 | 31 | T | 禾秆丿彳竹攵夂夂 | 禾竹一撇双人立<br>反文条头共三一 | 和 |
| | 2 | 32 | R | 白手扌手斤厂厂斤斤 | 白手看头三二斤 | 的 |
| | 3 | 33 | E | 月月彡舟凸豕以以豕乃用豕彐 | 月彡(衫)乃用家衣底 | 有 |
| | 4 | 34 | W | 人亻八癶夊 | 人和八，三四里 | 人 |
| | 5 | 35 | Q | 金钅勹鱼乂ル勺夕タⴆ | 金勹缺点无尾鱼犬留乂<br>(叉)儿一点夕，氏无七(妻) | 我 |
| 4 捺起类 | 1 | 41 | Y | 言亠讠言丨圭广文方 | 言文方广在四一<br>高头一捺谁人去 | 主 |
| | 2 | 42 | U | 立丬冫立丬六辛疒门 | 立辛两点六门疒 | 产 |
| | 3 | 43 | I | 水氵小氺水⺌业业 | 水旁兴头小倒立 | 不 |
| | 4 | 44 | O | 火灬米业⺌ | 火业头，四点米 | 为 |
| | 5 | 45 | P | 之辶廴宀冖礻 | 之宝盖，摘礻(示)衤(衣) | 这 |
| 5 折起类 | 1 | 51 | N | 已己巳乙尸尸心忄羽彐灬 | 已半巳满不出己<br>左框折尸心和羽 | 民 |
| | 2 | 52 | B | 子孑也山了阝耳阝巜 | 子耳了也框向上 | 了 |
| | 3 | 53 | V | 巛女刀九彐臼 | 女刀九臼山朝西 | 发 |
| | 4 | 54 | C | 又厶巴马マ | 又巴马，丢失矣 | 以 |
| | 5 | 55 | X | 纟纟母卜弓匕 | 慈母无心弓和匕，幼无力 | 经 |

# 附录4　二级简码汉字列示

| | | 11——15<br>G F D S A | 21——25<br>H J K L M | 31——35<br>T R E W Q | 41——45<br>Y U I O P | 51——55<br>N B V C X |
|---|---|---|---|---|---|---|
| 11 | G | 五于天末开 | 下理事画现 | 玫珠表珍列 | 玉平不来 | 与屯妻到互 |
| 12 | F | 二寺城霜载 | 直进吉协南 | 才垢坊夫无 | 坟增示赤过 | 志地雪支 |
| 13 | D | 三夺大厅左 | 丰百右历面 | 帮原胡春吉 | 太磁砂灰达 | 成顾肆友龙 |
| 14 | S | 本村枯林械 | 相查可楞机 | 格析极检构 | 术样档杰棕 | 李要权楷 |
| 15 | A | 七革基苛式 | 牙划或功贡 | 攻匠莱共区 | 芳燕东 芝 | 世节切芭药 |
| 21 | H | 睛睦睚盯虎 | 止旧占卤贞 | 睡 肯具餐 | 眩瞳步眯瞎 | 卢 眼皮此 |
| 22 | J | 量时晨果虹 | 早昌蝇曙遇 | 昨蝗明蛤晚 | 景暗晃显晕 | 电最归紧昆 |
| 23 | K | 呈叶顺呆呀 | 中虽吕另员 | 呼听吸只史 | 嘛啼吵 喧 | 叫啊哪吧哟 |
| 24 | L | 车轩因困 | 四辊加男轴 | 力斩胃办罗 | 罚较 边 | 思 轨轻累 |
| 25 | M | 同财央朵曲 | 由则 崭册 | 几贩骨内风 | 凡赠峭 迪 | 岂邮 凤嶷 |
| 31 | T | 生行知条长 | 处得各力向 | 笔物秀答称 | 入科秒秋管 | 秘季委么第 |
| 32 | R | 后持拓打找 | 年提扣押抽 | 手折扔失换 | 扩拉朱搂近 | 所报扫反批 |
| 33 | E | 且肝须采肛 | 胆肿肋肌 | 用遥朋脸胸 | 及胶膛 爱 | 甩服妥肥脂 |
| 34 | W | 全会估休代 | 个介保佃仙 | 作伯仍从你 | 信们偿伙 | 亿他分公化 |
| 35 | Q | 钱针然钉氏 | 外旬名甸负 | 儿铁角欠多 | 久匀乐炙锭 | 包凶争色 |
| 41 | Y | 主计庆订度 | 让刘训为高 | 放诉衣认义 | 方说就变这 | 记离良充率 |
| 42 | U | 闰半关亲并 | 站间部曾商 | 产瓣前闪交 | 六立冰普帝 | 决闻妆冯北 |
| 43 | I | 汪法尖洒江 | 小浊澡渐没 | 少泊肖兴光 | 注洋淡水学 | 沁池当汉涨 |
| 44 | O | 业灶类灯煤 | 粘烛炽烟灿 | 烽煌粗粉炮 | 米料炒炎迷 | 断籽娄烃糯 |
| 45 | P | 定守害宁宽 | 寂审宫军宙 | 客宾家空宛 | 社实宵灾之 | 官字安 它 |
| 51 | N | 怀导居 民 | 收慢避惭届 | 必怕 愉懈 | 心习悄屡忧 | 忆敢恨怪尼 |
| 52 | B | 卫际承阿陈 | 耻阳职阵出 | 降孤阴队隐 | 防联孙耿辽 | 也子限取陛 |
| 53 | V | 姨寻姑杂毁 | 旭如舅 | 九奶 婚 | 妨嫌录灵巡 | 刀好妇妈姆 |
| 54 | C | 骊对参骠戏 | 骒台劝观 | 矣牟能难允 | 驻 驼 | 马邓艰双 |
| 55 | X | 线结顷 红 | 引旨强细纲 | 张绵级给约 | 纺弱纱继综 | 纪弛绿经比 |

# 参 考 文 献

[1] 马丽. 计算机应用基础[M]. 2版. 北京:中国人民大学出版社,2011.

[2] 杨宪立,苏静. Office 2003办公软件应用基础教程与实验指导[M]. 北京:清华大学出版社,2007.

[3] 镇涛,廖骏杰,伍守意. 计算机应用基础案例教程[M]. 北京:北京邮电大学出版社,2008.

[4] 施博客研究室. Word 2003/Excel 2003商务办公与应用[M]. 北京:清华大学出版社,2007.